兒童與網路

››› 從批判角度探討偏遠地區兒童網路使用

林宇玲 著

自序

延續之前著作《網路與性別》的理念，我仍採用後結構女性主義者的立場，但將研究觸角延伸至兒童，尤其關切年齡、族群、階級如何交錯性別，影響偏遠地區兒童的網路使用。

從 2003 年迄今，我曾先後在 7 所國小進行長、短期的電腦營或電腦活動。本書之所以選擇 A 校，是因為它是唯一允許我們參與學校電腦教學的國小。在長達兩年的研究期間，我們除了參與 A 校的課堂教學、教會的電腦輔導課外，也拜訪學童的家庭、活動中心，甚至舉辦課後的電腦活動。由於全面的投入，讓我們對 A 校學童的網路使用，有更全面的瞭解。同時，我們也將 A 校的識讀經驗帶至 W 區的 B、C 校。

在 2006 年初，我們因種種原因，離開了 W 區改至平地國小，但我仍持續針對中低收入戶和原住民學童提供課後的電腦輔導課。由於 A 校的經驗，讓我們不論是在電腦教學、識讀設計或班級經營上，都得到莫大助益，這也讓我決定以 A 校的經驗來撰寫本書。

有關本書的書寫形式，曾一度讓我感到困惑，究竟是以田野的調查為主，還是化為更抽象的理論觀點？由於國內尚缺乏兒童與網路的相關研究，因此最後我決定結合兩者，除了回溯相關的理論概念外，也輔以經驗資料來說明。希望藉此形式，一方面讓讀者瞭解現有的研究概況與新視野；另方面，亦試圖就個案來說明如此研究的重要性與意義。

一本書的完成，需要集結眾人之力。在此，我要感謝國科會多年的經費補助，以及所有曾參與研究的國小師生和研究員，由於他們的付出、經驗分享，才讓我們有機會瞭解兒童使用網路的多樣面貌與處境性。其次，在撰寫期間，所幸有學校給予的半年休假，以及家人和同事的鼓勵；尤其是我的小粉絲——定軒（小學五年級），當他小心翼翼將我寫的〈學童與線上遊戲〉草稿收錄至他的檔案夾裡，並說：「他們的遊戲經驗很有趣，我要把它保存下來」。此舉對我而言，意義非凡，讓我相信 A 校學童的經驗，應能讓許多人獲益。最後，在完稿付梓之際，要感謝介妤、采婷、貞君的細心校對，以及秀威資訊科技公司林世玲、黃姣潔的協助，有了他們的付出，這本書才能如期出版。

本書只是一個初探性的研究，雖然有許多嘗試、想法與努力，但難免有疏漏之處，希望本書只是一個開始，能讓更多關心兒童數位未來的有志之士，能共同參與並關心此領域。

林宇玲　于景美

民國九十七年九月一日星期一

目錄

表目錄

圖目錄

第一章　緒論

壹、前言

今日的兒童又被稱為 ekids、cyberkids 或網路世代（Net generation），他們生長在數位傳播的時代，從小即接近、使用電腦和網路等新媒體。與成人相較，他們是媒體的先驅者（media pioneer），勇於連線上網去冒險，嘗試各種網路服務，不論是聊天、購物或玩線上遊戲，故兒童也成為媒體恐慌（media panic）的主要對象（Kline, 2000）。

N. Selwyn（2003）檢視過去 20 年英國報章雜誌、國會記錄、線上資料庫等對「兒童電腦使用者」（child computer user）的相關報導，發現有六種論述被建構出來，分別是：

一、天生的兒童電腦使用者：在 80 年代初，此論述蔚成風行，強調兒童具有與生俱來的稟賦，不須成人介入，便能輕鬆駕馭新科技。

二、成功的兒童電腦使用者：由於兒童擅長電腦，故能透過電腦學習知識，並在課業上有傑出表現。

三、成人的兒童電腦使用者：兒童將其電腦能力施展至成人領域，成功地創業，雖然只有少數案例，但已對成人的權威造成威脅。

四、危險的兒童電腦使用者：兒童的電腦使用可能產生反社會行為，如：主動搜尋暴力、色情等內容，而危及傳統規範與家庭價值。

五、被犧牲的兒童電腦使用者：兒童是天真的科技使用者，一不小心便可能掉入網路隱藏的陷阱中，故父母應介入兒童的網路使用。

六、貧乏的（needy）兒童電腦使用者：兒童缺乏數位技巧，必須加以訓練，未來才有可能成為專業、具有競爭力的工作者。

這六種論述雖然看起來互相矛盾，卻隱藏時下盛行的兩種有關「兒童與網路」的看法，一是網路樂觀者（cybertopians）所提倡的「科技賦權」——網路賜予兒童機會，讓其從事各種豐富的活動。譬如：D. Tapscott（1998）即主張兒童是「網路世代」，與身為「電視世代」的父母不同，他們對新科技感到滿意，不僅利用它來玩樂，也從事調查、分析、自我表達，以及發揮影響力（見表 1.1）。

二是網路批評者（cybercritics）的「媒體恐慌」——網路的負面內容不利於兒童的社會化。D. Buckingham（2000: 25）指出，網路批評者受到《童年消逝》（The Death of Childhood）一書的影響，認為電子媒體大舉侵入兒童的生活世界，讓其提早接觸成人內容，打破童年與成年之間原有的分界，造成童年的消逝。

儘管網路樂觀者和批評者的看法大相逕庭，但背後卻有相似之處：首先，兩者皆採用本質論的看法，將「兒童」視為同質性的團體，具有某種內在的特質（如：天生的科技稟性 vs.天真）；其次，兩者皆採取科技決定論的觀點，認為網路能對兒童產生直接的影響（如：科技賦權 vs.媒體恐慌）。如此的預設很容易將「兒童與網路」視為「一對一」的關係，而讓觀點流於兩極化——網路不是有利便是有害兒童，因此很難用來說明處境相異的兒童，在每日生活中實際使用網路的情況。

表 1.1　電視世代與網路世代的比較

世代	電視世代	網路世代
主體	戰後嬰兒潮：父母	當代兒童
觀看經驗	被動觀看者 不須思考：變愚蠢 提供世界單一觀點 孤立的電視觀看者	主動使用者 刺激思考：提高智力 提供各種觀點和民主、互動的機會 建立社群的網路使用者
科技經驗	科技恐懼者	科技熱衷者
道德價值	保守、階層化、無彈性、中心化	崇尚民主、開放、多樣性、去中心化

資料來源：作者整理

目前，有關兒童的經驗性研究仍相當有限。大多數的數位調查是針對成人和青少年，直到最近才有關於兒童的網路研究。國內也是在 2004 年才出現全國性的兒童數位調查報告。[1]S. Livingstone（2002b）在彙整相關的文獻後，也建議兒童的網路研究應朝三方面努力：

一、避免道德恐慌：研究應描述網路使用的本質與脈絡，而避免價值判斷。

二、脈絡化（contextualise）網路使用：網路並非外在於「社會」，故研究應避免採用科技決定論的假設，改從多面向去掌握兒童在不同脈絡中的網路使用。

三、兒童作為作用者（agents）：兒童在網路的相關實踐上扮演重要角色，因此研究應以兒童為中心（child-centred），而非視其為被動的受害者。

顯然，Livingstone 已注意到時下有關「兒童與網路」的論述中可能潛藏的問題。之後，我們將進一步介紹兒童與網路的相關研究，然後在說明本書的研究旨趣與涵蓋範疇。

[1] 如：教育部在 2004 年所進行的〈建立中小學數位學習指標暨城鄉數位落差之現況調查、評估與形成因素分析〉。

貳、兒童與網路

網路既是新科技，也是新媒體。網路樂觀者試圖從科技的作用，暢談兒童的主動性；批評者則從媒體的影響力，批判兒童的被動性。因此，我們也將從科技和傳播的角度來討論兒童與網路的關係。

一、兒童與科技研究

科技研究主要可分成科技心理學取向和科技社會學取向，兩者對兒童與網路，抱持不同的看法。

（一）科技心理學取向

科技心理學取向旨在調查兒童的內在屬性與特質，如何影響其電腦／網路使用。其有三個預設：

1. 電腦科技是創新且進步的工具，因此每個人都應該學習與使用它；倘若有人拒絕它，此人必定是不理性者（Grint & Woolgar, 1995: 58）。
2. 電腦科技是中性的工具——任何人以正確的方式使用它，都有相似的結果。所以，研究者可以採用相同測量工具，調查與比較不同時期、不同社群的電腦態度（Worthington & Zhao, 1999）。
3. 電腦態度會影響電腦的學習成效與使用意願。

基於這些假設，導致兒童若對電腦科技抱持負面的態度，就會被視為「電腦恐懼」（computer phobia）[2]，且被歸咎成「個人問題」——

---

2 與「電腦恐懼」研究相關的英文關鍵字主要有三個：「computerphobia」、「cyberphobia」、「technophobia」。在 80 年代中期，隨著網路的出現，

因個人的成見、怠惰、或不當的使用方式，皆有可能造成兒童無法接受電腦／網路，故此取向建議以資訊教育來改善此問題。

在方法上，科技心理學取向主要採用量化的調查法，以釐清個人特質與電腦態度或電腦使用之間的關聯，但研究並未獲得一致的結論，故也無法說明個人特質究竟能否影響兒童的電腦／網路使用。

國內學界受到國外研究的影響，也在 80 年代中期開始調查人口變項（如：性別、年齡）如何影響電腦態度和表現，並在 90 年代加入「電腦素養」和「網路態度」等變項。譬如：余民寧（1993）曾調查政大實小三至六年級的學生，發現電腦態度的性別差異與年級差異並不顯著，反而是電腦經驗會影響電腦態度。吳明隆（1998）則以 27 所國小五年級的學生為樣本，結果顯示女性的整體電腦態度比男性更積極。鄭綺兒（2002）進一步調查電腦態度與網路使用之間的關係。她以台北市 12 所國小高年級學生為研究對象，發現男性的整體態度較佳，對電腦網路有較高的興趣、喜好與信心，以及較低的電腦焦慮。顯然，針對國內學童所進行的研究，也仍未有定論。

另外，科技心理學取向對電腦的預設也遭受質疑。首先，每個人對電腦／網路的需求並不一致。對低社經地位者來說，電腦是一種奢侈品，使用它未必能改善其生活。其次，電腦科技並非中性的工具，其發展乃是基於國防工業的需要，而非來自純科學的發現（林宇玲，2002: 164）。

「cyberphobia」一字被鑄造出來，不過仍指個人對電腦科技的害怕（the fear of computers），特別是害怕或無法學習新科技（Chambers et al., 1998）。到了 90 年代，由於電腦科技全面滲透到社會的各個層面，因此學者又提出「technophobia」；以廣義的「科技恐懼」來說明個人面對高科技的負面心理反應（Spresser, 1999）。L. H. Harrison（2001）指出，此三個字在某程度上意思是相同，因此用來處理「電腦恐懼」的策略，也能用在「網路恐懼」或「科技恐懼」上。

而且從電腦的科技形式與表現方式來看，電腦不僅受限，也具體化既存的社會關係。在硬體方面，不論是螢幕、滑鼠或鍵盤的設計，皆強調手眼協調的能力，此顯示電腦主要是針對身心健全的年輕人而建造。在電腦語言方面，電腦偏重在演算法的動態結構設計，就像數學一樣，其包含邏輯推理、數值分析與數位理論。目前已有研究證實，數學能力可用來預測電腦的學習成效（麥孟生，1990: 35-36）。由於「理性」被當成一種男性特質，因此男生在數學課程上的表現優於女生（李田英，1988）。此現象也轉移到電腦上，有研究顯示，愈是強調男性特質的電腦課程（如：硬體結構或程式設計），女生參與情形愈不踴躍（林宇玲，2002: 286; Clegg & Trayhum, 2000: 617）。

顯然，電腦語言的設計不利於女性，也未考量到低下階層者的程度。R. Markussen（1995: 170）解釋，電腦不像傳統的機械，其要求智識技巧（intellective skills），使用者必須具有縝密思緒與診斷技巧，才能操控電腦；對於缺乏教育資源的低下階層者而言，這無疑是一大障礙。

此外，電腦語言對英文不好的人來說，也是一項挑戰。一些國內的研究已發現，英文能力會左右電腦學習——英文程度較低者在學習電腦時，比較容易對電腦產生恐懼與排斥的心理（吳明隆，1998；林宇玲，2002）。這是因為電腦應用程式以英文為主，若操作發生狀況時，通常會跳出英文的警示視窗，但對不懂英文者而言，往往會不知所措。

由此來看，電腦科技作為學習工具，在某種程度上，已賦予某些行動者在使用上的優勢，譬如：對擁有數理、英文能力的漢族男生來說，使用電腦是輕而易舉之事；但對來自中下階級的原住民學童而言，則變得困難重重。

最後，個人在使用電腦時，未必會採用標準化的方式，反而是配合特定脈絡的要求，賦予電腦不同的意義與價值。譬如：學童在學校利用電腦／網路學習專業知識和技巧；但在家裡，則用來玩遊戲或聽音樂。在不同場合，新科技有不同的作用，其所要求的數位技巧自然也不相同。

綜合上述，可以發現從科技心理學取向去探究兒童的電腦／網路使用，雖然有助於我們瞭解兒童的學習情況與使用意願，但無法說明社會脈絡、科技特性如何影響與限制兒童的電腦學習與使用，以及兒童如何知覺他們和科技的關係（Hubtamo, 1999: 97-8）。有鑑於此，M. J. Brosnan（1998）建議，研究者除了採用心理學取向外，也應從社會學、女性主義、或文化研究等觀點去探討兒童與科技的關係。

（二）科技社會學取向

科技社會學取向認為，科技無法獨立於「社會」之外，也缺乏內在的本質，必須依賴「社會」賦予其意義。當兒童使用新科技時，必然涉及權力脈絡而影響其使用與表現。對此取向來說，兒童的電腦／網路使用是一種社會實踐，是他們不斷和權力脈絡協商的產物，故研究者必須將所有要素（如：使用者、電腦、技巧等）放入社會脈絡內檢視，而非個別孤立出來研究（林宇玲，2003b）。

因此，兒童的電腦態度不再是自變項，而是受制於社會規範、文化信念、家庭與教室互動、或教學方式等因素（Sutton, 1991）。例如：S. L. Holloway 與 G. Valentine（2000）發現，英國學童不喜歡在校使用電腦，因為他們害怕被同儕譏笑為「電腦畸客」（computer geek or computer nerd）。顯然，兒童拒絕電腦，並非個人因素使然（如：電腦恐懼），而是權力運作的結果。

在此取向內，有兩個理論常被用來討論兒童與網路的關係，一是行動網絡理論（actor-network theory，簡稱 ANT）；二是科技消費研究。

1、行動網絡理論

ANT 強調，科技的作用並非來自其內在的屬性，而是受到所處網絡的牽制。M. Callon（1986）以轉譯模式（translation model）說明在創新採用的過程中，行動者（包括人類和非人類）[3]如何被招募、被動員形成一個網絡，達成其目的。在網絡內，人類行動者並未取得優勢，反而與非人類（non-human）行動者產生關聯，共同促成科技的穩定（Latour, 1999: 18）。

W. E. Bijker（1995: 251）指出，網絡的發展能被分析為「轉譯的連結關係」（a concatenation of translation），亦即，探究網絡裡的行動者如何調動其他行動者到不同的位置，以轉譯其利益。由於網絡內異質的行動者彼此互相牽制，因此特定的關係形構（configuration of relationships）不僅能左右網絡的運作，也會主導行動者對科技的反應與評價。

不同於科技心理學取向，ANT 不再以為創新是一種線性過程——沿著一個可預期的路徑前進，反而主張研究者應跟隨行動者（following the actors），追蹤其移動和反移動，以瞭解創新如何被採用。此觀點也被學者用來檢視電腦／網路進入教室後，如何影響教學（林宇玲，2003c; Fox, 2000; Simpson, 2000）和學生的識讀表現（林宇玲，2004a; Leander & Johnson, 2002; Leander & Lovvorn, 2006）[4]。

---

[3] 由於行動者（actor）容易與「人類」聯想在一起，而忽略非人類的行動者（如：無生命的科技），故 ANT 後來改用「作用者」（actant）來取代（Latour, 1999: 18）。

[4] 有關 ANT 理論在國內電腦教學的應用與評估，可參考作者的兩篇著作，如：

除此之外，Holloway 與 Valentine（2003: 13-5）也以 ANT 的觀點詮釋兒童與網路的關係，其指出電腦／網路沒有固定的屬性，兒童和它們的關係端視其所處的網絡而定。在不同場域裡（如：學校、家裡或網路空間），兒童和新科技發展出不同的網絡，共同在行動中不斷地建構彼此。

2、科技消費研究

科技消費研究旨在探討兒童如何在特定脈絡裡，選擇、挪用（appropriate）及評估科技。此取向以為，使用者並非被動的接受者，他們也像生產者一樣，試圖以不同的方式和科技協商，因此科技從頭到尾都是一個過程，而非已完成之物（an already-made thing; Mackay & Gillespie, 1992; McLaughlin et al., 1999）。

此取向主張，研究者不能只是探究科技如何在研發階段被定型，還必須進一步檢視個人如何在消費階段，重新打開「科技」的黑箱，並賦予其意義（McLaughlin et al., 1999: 199）。換言之，科技在生產階段雖然會設限科技的使用範圍，但無法決定科技的使用與意義。譬如：M. Na（2001）發現，韓國漢城的中產階級、中年男性不喜歡電腦，因其認為電腦是現代女性的打字工具。

科技消費研究除了強調科技的建構性外，也重視科技在日常生活中的應用，以及科技實踐與自我認同之間的關係。R. Silverstone（1994）等人即以「馴化」（domestication）概念，探討科技如何被「併入」（incorporated）家戶的道德經濟（the moral economy of the household）內。他們發現，兒童在家中使用電腦／網路，不僅會受到家戶的道德機制所約束（如：規定近用科技的時間與內容），同時

〈從行動者網絡理論來看電腦輔助教室教學〉，《教學科技與媒體》，第 66 期，以及〈從性別角度探討社會弱勢者的電腦學習〉，《女學學誌》，第 17 期。

他們也透過電腦實踐，建構其認同——女兒多利用電腦做功課或學習；兒子則玩遊戲，從而強化其性別特質。[5]

事實上，不論是 ANT 或科技消費研究，兩者皆強調科技的建構性和脈絡化研究的重要性。科技不是中性之物，而是權力運作下的產物，隱藏著宰制的價值與利益偏好。當兒童使用科技時，同時也從事社會實踐——藉此複製或挑戰既有的權力關係。如同科技消費研究所主張，個人透過消費科技去扮演和協商其認同，如：男生玩線上遊戲，女生則上網聊天，藉此建構其性別特質。

但由於科技實踐與自我認同之間只是扮演關係，因此兒童未必會受到性別、族群或階級意識型態的影響，而以主流的方式使用網路，或是他們在近用性別化、族群化、階級化的網路服務時，也可能推翻生產者的預設，自行挪用並重新賦予其意義。

由此來看，科技社會學取向不但有助於我們瞭解兒童如何受到權力關係、文化價值的影響，而傾向以某種方式近用科技；同時，此取向也能幫助我們解釋兒童如何利用科技，在日常生活中進行協商與反抗。

二、兒童與媒體研究

縱使網路作為新科技有助於改善學生的學習，但大多數的學童卻將其應用在娛樂上，導致批評者擔憂網路作為新媒體，其負面內容可能危害「童真」（childhood innocence）。從傳播角度來探討兒童與網路的研究取向，主要有二：效果研究和文化研究。

---

[5] 有關馴化研究，請參考第五章。

（一）效果研究取向

網路雖然不同於電視媒體，但主流研究受到效果研究的影響，仍從「電視暴露」（television exposure）的概念探究網路對兒童所造成的衝擊（impact），亦即調查網路的暴露程度（如：使用時間長短和頻率）、活動類型及內容選擇等，對兒童的身心發展、現實知覺、以及社會關係所產生的影響。儘管研究並未獲得一致的結論，但學者仍呼籲，兒童過度使用網路可能有礙身心發展或人際交往，而且近用不良內容（如：暴力、色情）也會誤導其對現實世界的認知（Shields & Behrman, 2000; Subrahmanyam et al., 2000）。

顯然，效果研究仍從發展心理學的觀點來看「兒童」，以為他們是心智未成熟者，容易受外界的污染和傷害。其次，效果研究從成人和媒體的觀點來看「網路」，強調網路若應用在資訊教育上（如：做學校作業），能提高學童的資訊技能和學業成就；但若應用在傳播娛樂上（如：玩電腦遊戲），則會讓兒童養成好逸惡勞的習性，甚至釀成網路成癮。由於娛樂性的網路應用被視為「不事生產」，因此 J. Sefton-Green（1998）指出，採用效果研究探討兒童和網路的關係，易流於二元對立——亦即父母擔憂 vs.兒童愉悅。

事實上，網路不同於傳統媒體，其整合並改良（reform）傳統媒體成數位電子形式，同時提供多種服務（如：聽音樂、聊天、看短片、找資料或玩遊戲等），並打破傳統生產與接收的界線（Bloter & Grusion, 1999; Sørensen & Olesen, 2004）。兒童不但能自由選擇（一或多個）活動，也能和螢幕上的內容進行互動。換言之，兒童不再是被動的接收者，而是具有能動性（agency）的行動者，能決定去哪裡、做什麼，甚至改寫內容生產新文本。

以觀看經驗來說，當兒童注視著銀幕時，他們透過電影去窺視片中的主角，將欲望和情感投射在其身上；但看著電腦螢幕時，他們不再凝視（gaze）而是瞥見（glance），不僅目睹且參與整個過程（Bloter & Grusion, 1999: 54）。兒童不再以線性的觀點藉由媒體去注視（look through the medium in linear perspective），而是採用多元、甚至反常的觀看方式（deviant ways of looking），盯著電腦螢幕上的媒體或出現在視窗上的多個媒體（look at the medium or at multiplicity of media that may appear in windows on a computer screen; Bloter & Grusion, 1999: 81）。這是因為兒童本身就是主角，直接參與各項演出，所以他們只要留神螢幕上的媒體，即時做出反應即可。

由此來看，兒童面對網路，已創造並獲得新的媒體經驗與愉悅。B. H. Sørensen 與 B. R. Olesen（2004: 18）也指出，兒童的電腦使用不能以先前的媒體經驗來分析和解釋。對兒童來說，網路是發展兒童文化（children's culture）的重要資源，兒童利用它來獲得資訊、形成認同，並建立關係及社群。因此，研究兒童的網路使用必須以兒童為中心（children-centred），而非以科技或媒體為主（technology-centred or media-centred; Livingstone, 2003: 159）。

（二）文化研究取向

不同於效果研究，文化研究將「閱聽人」重新定位在觀看的脈絡底下，並調查其如何參與傳播過程，尤其是以何方式和文本協商，重製或反抗文本的意義（Livingstone, 2006b）。儘管文化研究已察覺閱聽人的能動性，但其過去很少以「兒童」為研究對象，亦鮮少觸及兒童政治（the politics of the child），就連在「家庭收視」研究中，也是以家長的觀點為主。直到最近文化研究才挪用童年社會學（sociology of childhood）的觀點，重新檢視「兒童」概念，並正視他們與新媒體的關係（Buckingham, 2002; Holloway & Green, 2002; Jenkins, 1998）。

Sørensen 與 Olesen（2004）試圖從文化研究的傳統來說明兒童與網路的關係，其指出早期的接收分析偏重在文本解讀，較不適用於網路研究，因網路允許兒童同時從事多項任務、或在不同文本之間移動，兒童擁有較多的選擇與控制權，較容易掙脫文本的意識型態箝制。然而，媒體民俗誌（media ethnography）研究則有助於我們瞭解兒童使用網路的「脈絡」與日常生活的整體圖像。兒童使用網路，不光只是和單一媒體互動，還涉及脈絡的其他要素（如：其他參與者、媒體或文本等）與權力運作。藉由脈絡化兒童的網路使用，將能釐清兒童的網路實踐和其社會處境、生活型態，以及自我認同之間的關連。

媒體民俗誌不僅帶動「家庭收視」研究，也促成科技消費取向的「馴化研究」。L. Haddon（1992b: 85）指出，資訊傳播科技不只是科技產品，也是媒體（medium）和訊息（message），故科技消費也應包含媒體和內容的消費。研究者除了調查新科技如何進入家戶外，也須查明兒童如何在家戶道德的約束下，從事媒體消費與意義產製。顯然，文化研究已注意到網路的科技面和媒體面，並將其結合在一起，一面探討兒童的科技使用；一面關注其媒體消費。

當然，除了家庭外，兒童也可能在學校、社區中心或其他場域近用網路。不同場域對網路使用往往有不同的規範與限制，而使兒童的網路使用也出現異質、多樣的面貌（Lee, 2005; Livingstone, 1998）。為瞭解兒童與網路的關係，研究者應進一步檢視兒童為何、在何種脈絡下、和誰、以什麼方式、使用哪些內容與服務、去建構或重構何種認同／文化意義／愉悅，以及如此的使用如何關係至兒童的社會處境和生活。

綜上所述，我們可以發現科技心理學取向和效果研究都是採取本質論的立場，以為「科技」和「兒童」是既定、實質的概念，研究也缺乏脈絡分析，導致我們對兒童的網路使用所知有限。然而，科技社會學取向和文化研究則有助於我們重新檢視「科技」和「兒童」概念，尤其是在脈絡分析底下，將能說明兒童與網路如何在現實生活中互相建構彼此，並發揮權力的效果——影響兒童文化、社會關係、資訊識讀、自我認同的建構與重構。是以，本書也將採用這兩種取向來探究兒童與網路的關係。

參、研究旨趣與範疇

本書延續《網路與性別》一書的研究立場，從後結構女性主義的性別觀點切入，並配合科技社會學、文化研究、童年社會學、以及其他相關的理論觀點，檢視偏遠地區兒童與網路的關係，包括電腦學習和網路使用。

以下，我們將從四個面向，說明本書的研究旨趣與涵蓋範疇：

一、偏遠地區、族群與網路使用

「偏遠地區」的意義相對於「中心地區」，係指某地因地理偏僻、交通不便、資源有限、機會不足等因素造成其在經濟、教育、社會各方面的發展，落後於中心地區（李士傑，1998）。這種因地理位置而衍生的種種不利條件，隨著網路的問世，似乎也找到了解決之道。由於網路具有無遠弗屆特性，各國政府都試圖利用它來提升偏遠地區的競爭力並縮短城鄉差距。[6]不過，近來研究卻發現，資訊科技並未改善現狀，反而擴大並深化偏遠地區、弱勢族群、及階層間社經地位的差距（徐廷兆，2004；浦忠勇，2001; Lax, 2001）。

根據行政院研考會（2007）近四年的研究報告顯示，國內民眾居住地區的都市化程度與其近用資訊的機會成正比，亦即居住非偏遠鄉鎮民眾使用電腦與網路的機會顯著高於偏遠鄉鎮民眾，其中又以山地原住民鄉鎮的網路近用機會最低；且在家戶層次上，其電腦擁有率和上網率也都低於非原住民鄉鎮（見表 1.2）。另一方面，民眾利用網路從事休閒活動卻與居住地區的都市化程度成反比。換言之，居住在愈為偏遠地區的民眾愈多從事網路休閒活動（如：玩線上遊戲或聽音樂）。

表 1.2　台灣原住民鄉鎮家戶電腦擁有率與連網率的跨年度比較

	家戶電腦擁有率				家戶連網率			
	93 年	94 年	95 年	96 年	93 年	94 年	95 年	96 年
山地原住民鄉鎮	45.2	55.7	53.0	60.0	35.8	37.3	42.7	54.4
平地原住民鄉鎮	64.5	67.1	73.1	74.7	59.7	57.9	63.3	66.5
非原住民鄉鎮	82.2	80.2	82.3	83.2	71.5	71.4	75.4	75.4

資料來源：研考會（2007: 161）

若從族群來看，曾經上網的原住民，其使用網路的頻率與時間仍低於非原住民網路族（表 1.3）[7]。此外，原住民在整體數位表現的平均分數，也明顯不如客家（42.9 分）及非原住民族群（43.6 分）[8]。

[6] 網路被視為是當代最大的均衡器（the Great Equalizer），它能超越地理、身體或其他有形的物質限制，讓偏遠地區居民、身心障礙者、原住民或低收入戶等，免於遭受社會的排斥，並能直接近用公共資源，改善其生活（McNutt,1998; Mehra et al., 2004）。

[7] 根據研考會（2007: 124）的報告指出，「原住民雖是數位落差相對嚴重的群體，資訊近用情形多不如客家及非原住民族群民眾，但比較近三年的調查結

表 1.3 台灣原住民族群與客家籍族群資訊近用情形的跨年度比較

	個人電腦使用率				個人網路使用率			
	93 年	94 年	95 年	96 年	93 年	94 年	95 年	96 年
原住民籍	43.8	44.5	62.7	67.2	37.8	39.9	55.4	60.9
客家籍	67.4	67.6	72.2	72.1	60.5	63.1	66.9	66.5

資料來源：研考會（2007: 125, 161）

註：93 及 94 年調查原住民受訪樣本各 297 及 514 人，95 年調查原住民受訪樣本 1068 人，96 年調查原住民受訪樣本僅 327 人，其中 94、96 年抽樣誤差大，數字解讀宜保守。

從研考會的報告來看，地域、族群的確影響資訊近用的機會與數位能力。一方面，居住在偏遠地區的民眾（尤其是原住民）近用電腦與網路的機會較低；另方面，他們在有限使用機會中又以娛樂活動為導向，較少充實電腦技能或搜尋生活資訊，導致資訊素養無法提高，亦不能利用新科技改善其生活。

如前所述，現有數位調查研究多偏重使用層面，試圖解釋什麼因素左右了民眾近用資訊和參與資訊社會的情形，較少論及網路使用如何影響個人的文化生活，尤其是身份認同的建構。事實上，不同族群不僅在居住地區、收入、教育程度上有所不同，其文化價值也有差異，因此網路使用也對其文化認同造成不同程度的影響。

許多國內族群研究指出，原住民多處於低社經結構，不僅教育程度低、無固定工作與收入，且離婚率高，導致貧窮、酗酒、暴力、家庭破碎、隔代教養等問題層出不窮（朱慧清，2000；趙小玲、劉

果可以發現，原住民無論在電腦或網路近用程度都逐年提升，數位落差情況已有明顯的改善」。原住民曾使用電腦的比率從 94 年的 44.5%增加到 96 年的 67.2%；曾使用網路的比率也由 39.9%上升至六成（見表 1.2）。但因 94 及 96 年抽樣誤差大，故數字解讀宜保守。

8 原住民在整體數位表現的平均分數已從 94 年的 25.7 分上升至 96 年的 38.8 分，但仍不如客家（42.9 分升至 45.0 分）及非原住民族群（43.6 分升至 44.2 分）。

奕蘭，1999；譚光鼎、林明芳，2002）。再加上原住民的文化傳統強調「男狩女織」的性別分工模式，易造成其負向性別角色態度（羅幼蓮，1998），其中泰雅族又比其他族群更難接受男女平等的看法（黃田正美，2005）。

由於生產方式改變，原住民婦女為了生計也多加入勞動市場，從事基層工作，如：W 區的泰雅婦女多以打掃浴池、整理房間為業，因而無法在家陪伴小孩。在缺乏父母管教下，原住民兒童不僅容易沉溺於大眾媒體（如：不做作業而看電視或打電玩），也易受同儕左右，不論是上課或下課都試圖從同儕得到課業協助和情感支持（譚光鼎、林明芳，2002）。

由此來看，原住民兒童似乎更易受「男女有別」、大眾文化及同儕的影響。當網路進入偏遠地區後，其特有文化傳統和生存心態（habitus）[9]如何影響網路實踐，而其網路實踐又如何回過頭來影響其文化生活和生存心態。探討這些議題不僅將有助於瞭解偏遠地區兒童如何近用網路，也較能掌握網路對其處境和認同的影響。

二、兒童在不同場域的網路使用與兒童文化

前面曾提及，兒童使用網路的方式會因地制宜，以符合其利益與興趣。S. Bulfin 與 S. North（2007）認為，追溯兒童在不同場域的科技實踐，可以更清楚地掌握兒童的生存心態如何和場域的不同規則對話、協商，並產製意義，特別是學校並非一個與世隔絕的小世界（microcosm），而是和家庭、同儕團體、流行文化互相交錯。學童在這些場域裡向內或向外移動，從事各種不同的活動與實踐，形

[9] 生存心態指個人所擁有的稟性系統，能驅策其思想、知覺、表達及行動，並在每日生活中從事不同的任務（Kvasny, 2005）。有關此概念，請看第六章。

成動態的網絡與關係（Eisenhart, 2001）。藉由調查偏遠地區學童在不同場域（如：家庭、學校、教會等）的網路使用，將有助於我們瞭解兒童如何透過網路，建構其兒童文化與自我認同。

F. Mourtisen（1998）指出，兒童文化其實有三種形式：

（一）成人的兒童文化（adults' child culture），由成人為兒童所生產的文化／產品，如兒童文學、兒童節目、玩具、線上遊戲等。這些產品又能分成兩類，一是具有教育性，經常被視為「有品質」的兒童文物；二是以市場、娛樂為導向的流行文化，則被認為是污染童真的元兇。

（二）成人和兒童一起發展出來的文化，如學童在成人的介入下經營個人的部落格（學童能自己申請或和大人一起合作）。此類型是介於第一和第三類之間。

（三）兒童的非正式文化，由兒童和其同儕所發展出來的玩樂文化（play culture），如兒童利用電腦遊戲作為工具用來表達愉悅、建立關係或組織活動。

在不同場域裡，這三種文化形式都可能出現。一是由成人為學童所準備的各種教育／資訊教材，以及線上隨手可得的流行文化；二是學童在家長或師長協助下所製作的個人網頁或其他數位作品；三是學童利用練習／自由活動時間，獨自或和其他同學透過連線所進行的玩樂或文化活動。

過去，成人一直未正視流行文化或玩樂文化的教育價值，將其視為「玩物喪志」，尤其學校更將其摒棄在教室外。然而，透過網路連線，流行文化也公然出現在電腦教室或學習場域內，和正式學習一同爭奪兒童的注意與青睞。兒童在不同場域內，不時穿梭在線下／線上、場域內／外、資訊學習／傳播娛樂之間，他們不僅學習成人所教導的專業知識，也把自己所習得的數位讀／寫技巧（不論是自我摸索或他人告知）帶到不同場域和同儕或親友分享，因此有多種數位識讀（digital literacies）在場域裡互相競逐（林宇玲，2005a）。由此來看，兒童在不同場域的網路使用，其實能幫助我們瞭解當代兒童在建立其世界和文化的協商與抗爭過程。

三、兒童在電腦教室的網路使用、識讀技巧及自我建構

配合教育部的政策，偏遠地區的國民小學也從 1998 年起，陸續引進電腦、網路等新科技，同時增設電腦教室和資訊課程，試圖提供學童一套專業、標準的資訊識讀（information literacy）。

「兒童」是處境化的個體（situated individuals），來自不同的家庭、文化背景，也承受性別、族群、階級等社會勢力對他們的影響。當他們進入電腦教室後，面對不同勢力和論述的衝擊，他們會做出不同的反應，並發展出不同程度／面向的識讀技巧與兒童文化（見圖 1.1），其中尤以性別化的網路使用和同性同儕文化的發展，最為明顯。

（學校的電腦教室）

校方／師長重視資訊科技面
資訊課程：提供一套專業的資訊讀／寫技巧

↗

電腦／網路：資訊／傳播科技

↘

學童／同儕重視**傳播**科技面
非正式學習：私下交換或上網取得多元、非正式、個人的資訊讀／寫技巧

圖 1.1　學童在電腦教室的多元識讀管道

資料來源：作者整理

L. Gerrard（1999: 380）指出，電腦教室是一個強調陽剛性的電腦世界（the masculinist computer world），電腦不但被視為「男性機器」（a male machine），教室也充斥著各種競爭與階層的價值。事實上，不只是電腦教室，小學本身就是一個高度性別化的場域（Francis, 1998; Skelton, 2001）。兒童進入學校後，為了擺脫大人的控制，他們會轉向同儕尋求支持、關係及認同。由於學童偏好以「同性」作為選擇同伴與活動的依據，因此他們在班上形成性別化的同儕團體（gendered peer groups）。

為了避免被同儕排擠與打壓，學童在班上傾向採用性別化的方式去行動、互動及學習。因此，在電腦教室內，我們可以發現師生與同儕之間所發展出來的性別規範，也鼓勵學童採用「男女有別」的學習策略（如：男生對硬體感興趣；女生則擅長軟體應用與編排）和網路活動（如：男生喜歡格鬥遊戲；女生則是線上聊天或玩女性化遊戲；見林宇玲，2005a, 2005b, 2007a）。

儘管學童在電腦教室裡集體經驗了性別極化（gender polarization）的運作，但他們仍須各自面對性別的壓抑，並提出一套因應對策。L. Rowan 等人（2001）指出，學童在性別階層（gender hierarchy）的位置，並非單由性別所決定，而是交錯著其他因素（如：族群、階級等）一同影響並限制其在校的識讀表現。

過去有關國小學童的研究比較偏重在兩性差別（gender as difference），而非性別差異（gender differences）的問題，導致男／女性團體被當成同質性的群體，因而忽略同性之內的差異（Skelton, 2001: 22）。事實上，學童對性別的反應，乃是根據其處境，不斷地和脈絡中的各種勢力／論述進行協商，以建構其性別認同。

有關科技使用與認同建構的關係，後結構女性主義受到科技社會學取向的影響，也採用「互相建構」的觀點，其主張「性別」與「科技」是社會建構下的產物，而且兩者不斷地建構彼此。一方面，既有的性別關係會影響科技的建構；另方面，個人在日常生活中的科技使用，不僅會左右個人的性別建構，也會複製或挑戰既有的性別關係。前者說明科技並非中立，而是具有性別化的特徵；後者則指出科技使用與自我建構、權力運作有密切的關係（林宇玲，2002: 66-7）。

此觀點有助於我們檢視兒童在電腦教室的科技使用與自我建構。首先，電腦、網路是權力運作下的產物，其賦予某些行動者在使用上的優勢，並透過主流的文化價值來合理化此優勢。譬如：小學在教導中文輸入時以「注音」為主，對不擅長拼音的原住民學童來說，在資訊識讀表現上自然不如漢族學童。

除此之外，原住民學童由於缺乏教育資源，在使用電腦時，也比漢族學童更常碰到困難。譬如：他們無法從中文選單的功能表列，或顯示錯誤視窗的英文訊息裡，知道自己該如何做，因而較少採用探索式的學習方式。如此的使用，也反過來強化其在學習上的劣勢（林宇玲，2005b, 2007a）。

其次，電腦教室作為一個特定的脈絡，是由複雜、動態的社會勢力交織而成。當兒童在此脈絡「定位」（positioning）後，他／她會援引反／規範指導其科技／媒體使用，並建構其自我與性別認同。以女童在電腦教室為例，為了避免被同儕排擠，她會引用性別規範——「女孩不適合打鬥遊戲」，藉由不玩暴力電玩來表現其女性特質（林宇玲，2005a, 2005b）。

顯然，兒童作為性別化的主體，既非無助、被動，也不是完全自由，而是在權力運作底下做選擇。兒童在電腦教室裡，一再地與各種論述進行磋商，他／她會試圖瞭解什麼才是班上／同儕可接受、適當的性別存在方式，並藉此建構／重構其自我認同。不過，後結構女性主義亦強調，性別無法單獨決定個人在特定脈絡中的位置，它總是與其他勢力交錯，影響個人以特定的方式去經驗「為男人」或「為女人」。因此，學童在電腦教室裡，雖然會受到同儕的左右，而發展出「男女有別」的使用型態與識讀技巧，但因學童的處境相異，所以在同性之間的媒體使用與識讀表現，仍存在著差異，而呈現出異質、多元的男／女性特質。

由此來看，從後結構女性主義的性別觀點切入，能幫助我們掌握電腦教室裡複雜、動態的權力運作。一方面，探討特定脈絡如何限制學童的科技／媒體實踐，藉此凸顯資訊教育與數位落差的問題；另方面，則檢視性別如何交錯族群、階級影響並限制學童的新媒體使用和表現，以及學童的科技／媒體實踐又如何反過來建構其自我認同、同儕文化及社會關係（見圖 1.2）。

四、批判資訊／媒體識讀與認同解構／重構

過去以為，資訊識讀是一套中性的科技技巧（a neutral technical skills），適用於任何人與各種情境，因此課程偏重在技術與操作層面（Kerka, 2000; Lee, 2003）。國外的學者已發現，學校和教師為了配合國家的教育政策，傾向採用複製式的教育（reproductionistic education），亦即採用一套標準化的教材和評量方式去教電腦，導致學童只會依賴電腦預設的內容，而無法以批判的方式去使用它。他們表示，政府原寄望透過電腦課程來弭平數位落差，但制式的資訊教育卻可能強化或擴大既有的差距（Clark & Gorski, 2001: 41）。

國外學者已逐漸意識到電腦學習不僅受到權力運作的影響，同時也涉及意義的協商與認同的形塑，因而強調電腦／資訊識讀是一種意識型態的實踐（ideological practice; Alliance for Childhood, 2004; Jones, 1996; Taku, 1999; Williams, 2003）。他們指出，目前政府所採用的電腦

識讀標準，其實是由許多科技企業幕後策動的結果。這些企業藉由提供低價的軟、硬體，以及協助教材和測驗的研發，進一步干預政府的資訊教育政策，並藉此掌握更大的商機（Alliance for Childhood, 2004）。由於現有的電腦／資訊識讀已被社會制度和權力關係所模式化，因此傾向生產主流的價值，並抑止其他意義的出現。譬如：以商業為導向的網頁製作軟體，將「個人網頁」設定為「自我宣傳」，用來描述和誇耀個人的現狀，而非反思其處境（林宇玲，2005b）。

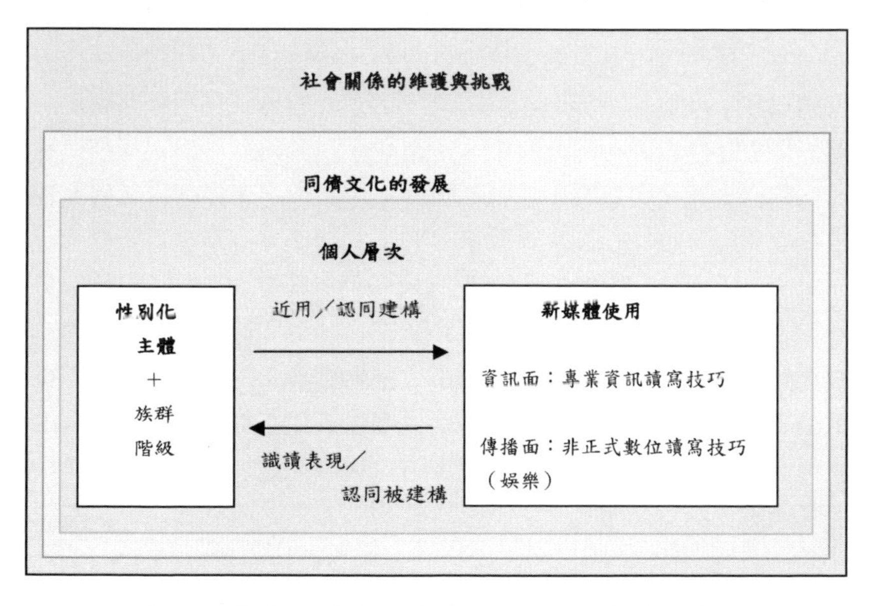

圖 1.2　學童的科技／媒體使用與認同建構的關係

資料來源：作者整理

由此來看，以科技能力（technical competence）為主的電腦／資訊識讀其實隱藏著宰制階級的觀點，未必能改善弱勢族群的數位問題，除非學校和教師能察覺電腦／資訊識讀的限制，並鼓勵學生發展批判的識讀實踐。

近年來，批判識讀（critical literacy）已被援用在媒體教育（media education）上，但鮮少應用在電腦／資訊識讀（林宇玲，2007b）。事實上，電腦／網路不只是科技，亦是傳播媒體。透過批判識讀，電腦使用者不僅能成為批判的閱聽人，亦能利用新科技的民主、解放潛力，成為更自覺的文化生產者。尤其是當學童的科技使用與校方的興趣相左時，將媒體教育融入資訊教育中，也不失為一種解決教／學衝突的方式。

為此，本書也將說明批判識讀如何應用在資訊教育上，教師應如何協助學生獲得基本的數位讀寫能力，同時鼓勵其利用新科技去探索自我、社群和世界，並以「科技賦權」的方式挪用網路資源，進一步去轉換自我和社群形象。

綜合上述，可以發現本書不同於主流研究，不僅從後結構女性主義的立場，檢視偏遠地區兒童與網路的關係，同時也重新概念化「兒童」、「科技／媒體」、「識讀」及「認同」（見表 1.4），以瞭解兒童和新科技／媒體、資訊識讀、兒童文化、認同建構之間的動態、複雜關係。研究範疇也從學校的正式學習到課後的非正式學習；從電腦學習到網路玩樂、批判識讀；從學校近用延伸到家戶、教會的使用，試圖從不同的網路活動與實踐，更深入瞭解偏遠地區學童所面臨的數位落差問題。

表 1.4 重要概念的定義

概念	主流研究的定義	本書的定義
主要取向	科技心理學取向、效果研究	科技社會學取向、文化研究
兒童	有相似的身心發展階段，屬於缺乏判斷力的心智未成熟者	來自不同的處境，屬於有能力的社會行動者
科技	有固定的屬性，能生產一套預設的效果	非完成品，其功能與效果隨不同脈絡而異
識讀	一套標準的讀寫技巧，通常譯為「素養」	受到處境的影響，且不斷演化出來的多種讀寫技巧
認同	實質、穩定的認同	片段、多元、流動的認同

資料來源：作者整理

肆、本書結構

本書主要根據國科會〈原住民學童使用電腦之研究，1/2〉（NSC 92-2412-H-128-006）、〈原住民學童使用電腦之研究，2/2〉（NSC 93-2412-H-128-001），以及〈數位學習網站——偏遠地區數位學習資源的建置〉（93 年度世新大學「傳播與社會發展學門」之公共新聞學研究），於 2003 年 8 月至 2006 年 1 月，在 W 區的 A 校與 B 校以及鄰近交界的 C 校進行研究，並以 A 校作為主要研究對象，輔以後續在其他 4 所平地國小所進行的識讀研究作為參照，[10]以釐清 A 校學童網路使用的獨特性。

本書之所以選擇 A 校為主要研究對象，原因有四：（一）A 校是唯一允許我們參與上課教學和學童自由活動的學校；（二）在 A 校進行周六電腦輔導課的市召會，也允許我們一同參與課後輔導，此活動正是 A 校學童口中的「電腦補習」；（三）透過 A 校老師的協助，我們取得部分家中有電腦者的同意，進行家庭訪問；（四）根據 A 校學童的使用方式，我們設計了一套批判的電腦課程，並利用暑期電腦營的方式，先後在 B、A 校進行實驗。

由於 A 校師生的鼎力相助，讓我們能從不同場域（如：學校、家戶、社區或課後活動）、多面向（不論是學習、玩樂或社會化），以更廣泛且深入的方式掌握 A 校學童的電腦／網路使用，同時也能辨明學童的網路實踐和數位落差之間的關聯。

本書共十一章：第一章旨在介紹有關兒童與網路的研究，並說明本書的研究旨趣與涵蓋範疇。由於後續各章各有其關注焦點與文獻回顧，故本章只是重新定義概念、確定立場和詮釋方式。

---

[10] 從 2006 年 2 月至 2008 年 1 月，在 4 所學校進行電腦和電玩識讀。其中只有 1 所學校是一般小學，其餘皆是族群混合的國小。

第二章則是方法學，除了檢視「兒童」概念與兒童研究外，也配合後結構女性主義的研究立場，提出以兒童為中心（children-centred）的批判方法學，並以此作為本書獲取經驗資料的基礎。由於本書強調脈絡分析，故此章也將介紹 W 區的在地文化與生活方式，並說明後續各章所採用的研究方法與資料來源。

第三章從「超越近用」（beyond access）的觀點，全面調查 A 校師生的網路使用，並試圖描繪 A 校資訊教育的實施現況，以及中、高年級學童近用和使用網路的情形，藉此探討其數位表現和數位落差之間的關聯。

第四章中檢視網路批評者所擔憂的「媒體恐慌」問題，但改由兒童的角度，從「風險社會」（risk society）和「異質空間」（heterotopias）的概念，探討 A 校高年級學生為何以及如何近用高風險的網路訊息與服務，並成為反身性的主體。

第五章透過科技消費取向和文化研究的觀點，尤其是「馴化研究」，探討電腦／網路如何進入 W 區的家戶，影響此地學童在家戶內／外的權力協商和家中的電腦／網路實踐，以及偏遠地區家戶所面臨的數位問題。

第六至第十章則以班級個案為主，分別探討學童在校的網路使用和電腦學習，以及課後的遊戲社群與批判識讀。第六章是從 P. Bourdieu 的「生存心態」和「場域」（fields）概念，探討 A 校六年級生在電腦教室內的網路使用，尤其是非正式的網路實踐，以說明數位落差的文化複製如何在電腦教室內形成，師生和同儕之間的互動如何影響網路使用與生存心態的建構。

第七章經由愉悅的相關理論，特別是愉悅的社會形式，檢視 A 校五年級生如何在校玩電腦遊戲，並說明他們如何受到數位資源的限制，而使其發展出獨特的玩法和愉悅，並影響其性別建構。

第八章從文化研究的「併出」(excorporation) 觀點，探究 A 校學童如何在暑假電腦營裡參與線上遊戲，進行個人／集體的意義產製 (meaning-making)。此外，A 校學童的遊戲經驗也被當成借鏡，進一步應用在電腦識讀上，並以「受壓迫者的電玩」(video games of the oppressed) 觀點，在 E 校從事線上遊戲的賦權實驗。

第九章以調查 A 校五年級生在校學習網頁製作的過程，瞭解教室權力運作、資訊識讀、網頁製作及性別實踐之間的複雜關係，並試圖說明缺乏族群、性別敏感度的電腦課程，如何影響學童的網路實踐，以及學童如何利用個人網頁去形塑其性別與族群認同。

第十章則是針對前面個案的一些發現，尤其是 A 校學童的網路使用模式，試圖配合其需求與興趣，重新設計一個結合「媒體識讀」(media literacy) 的批判電腦課程，利用暑期電腦營的方式，先後在 B、A 校進行實驗，並選以 A 校來說明批判電腦課程如何協助學童擺脫電腦的工具使用 (instrumental uses)，而以網路去關心自身認同和在地文化。

最後，第十一章結論，則從反身性 (reflexivity) 的概念，反省我們在 W 區和 A 校所做的研究，試圖從研究設計、方法及資料詮釋，解釋本書可能有的問題與限制，並提出建議。

第二章　兒童與網路研究：批判方法學

壹、前言

國內有關兒童與網路的研究多從效果取向著手，比較偏重在個人層次，因而容易忽略社會脈絡對兒童網路使用的影響。本書植基於批判典範，秉持對弱勢族群的關切，採用批判取向探討兩者之間的關聯，意圖釐清兒童的電腦／網路使用如何受到資源不均、主流價值、科技特性，以及在地場域的影響，並重新反省兒童和新科技／新媒體的關聯，尤其是有關「兒童」、「科技」、「識讀」及「認同」的預設。

由於學童來自不同的社經背景，且其日常生活總是交疊在多元場域中（如：學校、家戶、社區或網路空間），因此本書以多元方法在不同場域內進行研究，希望藉此說明學童的網路實踐如何受到場域的限制，以及他們如何根據其處境，發展出不同的使用策略，並賦予「科技／媒體」新意與價值。研究的議題涵蓋以下六點：

一、偏遠地區學童在資訊社會裡，因新科技而承受的各種壓抑問題，包括在地文化、正式學習、休閒娛樂所面對的數位不平等。

二、學童如何利用網路發展兒童的玩樂文化。

三、學校所提供的電腦資源（包括設備與訓練）如何影響學童的資訊識讀、網路實踐，以及認同建構。

四、學童如何在不同場域內近用和使用網路資源，以獲得識讀技巧和愉悅經驗。

五、網路使用如何透過特定脈絡的權力運作，再次強化學童（尤其是來自弱勢族群的學童）的現狀；而學童又如何透過自覺，以數位資源突破或挑戰現狀。

六、資訊識讀的能否、其又如何與批判媒體識讀結合，協助學童培養批判能力並改變處境。

為了闡明偏遠地區學童（尤其是原住民學童）所面對的數位不平等，本書將採用批判方法學。由於童年研究目前在國內仍屬於新領域，因此本章將先介紹童年社會研究的相關概念，然後從批判方法學的角度，將童年研究的主張納入研究設計中，並以此蒐集與分析偏遠地區學童使用網路的各種資料。

貳、兒童與童年研究

一、兒童：具有能力（competent）的社會行動者

過去兒童研究主要從發展心理學（developmental psychology）的觀點來定義「兒童」，視其為「3～12 歲身心發展未成熟者」，其中 3～5 歲的學齡前兒童又被稱為幼兒，而 6～12 歲則是一般通稱的兒童或學童（Atkinson et al., 1996／曾慧敏等譯，2004）。「兒童」被當作非社會（asocial）或前社會（presocial）的概念，強調其「不合格性」（inadequacies）與「未成熟性」（Jenkins, 1998a）。此定義背後隱藏兩個預設：

（一）兒童具有某種普同性（universal feature），因為童年（childhood）乃是人生發展的自然階段（Newman, 2002）。不論來自何處，幼兒或兒童擁有某些相似的身心特徵。

（二）兒童是「不完全的成人」（incomplete adult），無法成為政治、經濟或性慾（sexual）的主體。尚在成長的兒童既天真（innocent）又軟弱（weak），必須依賴成人社會提供其所需，並保護其免於受外界的威脅（如：暴力、色情等）才能長大成人。

傳統的定義強調兒童的「不完全性」（incompleteness）與「未來性」（futurity; Moss & Petrie, 2002: 58）。隨著年齡、發展階段的增長，兒童逐漸長大成「人」。在此過程，童年被視為「變成」（becoming）的過程——由不成熟的身心狀態發展為成熟的個體；而成年（adulthood）則是已完成的狀態（a finished state）——成人擁有理性、道德、自我控制及禮貌（good manners）的特性（Buckingham, 2000: 14）。

此種線性的預設將「兒童」建構成「能力不足者」，導致其經驗與意見不受重視，只能成為被研究的對象，並從成人的觀點關切其發展與社會化的過程。此外，「兒童」被化約成「某一年齡類屬」（age segment），也易忽略其成長的社會處境，以及兒童之間的多元差異（diversity）。

直到90年代，社會學者也逐漸意識到此問題，重新檢視「兒童」和「童年」概念，並提出童年社會學（the sociology of childhood）或童年的新社會研究（the new social studies of childhood）。此取向批判「兒童」的普同性、本質性及線性發展，主張「童年」是一種社會建構，研究者應探索其歷史、政治及文化面向，而非生物成長的歷程（Thore, 2007: 150）。

A. James 等人（1998: 207）也指出，兒童應被設想成「個人、地位、行動的過程、或一套需要、權利與差異——總之，作為一個社會行動者」。換言之，兒童不是客體，而是多元的社會主體（diverse social subjects），個別兒童所佔的位置並不相同，而且他們的現在生活（童年）和未來（成年）一樣重要（Holloway & Valentine, 2000: 764）。P. Moss 與 P. Petrie（2002: 106）也強調，

> 兒童應被理解為擁有權利的同類市民（fellow citizens with rights）、社會團體的參與者，在社群中他們可以發現自己、掌控其生活、以及互相依賴他人，成為知識、認同與文化的共同創造者。兒童與他人共存於社會中，基於他們是誰，而非他們將變成誰……。

儘管兒童在生理、經濟或政治方面不如成人，但這並不表示他們不是行動者。相反地，他們以自己的方式成為一個社會階級（a social class）、一個歷史世代（Lenzer, 2001）。不過，兒童作為少數團體（a minority group）並不像其他的弱勢者，他們不僅被成人邊緣化，也無法以法律途徑為其爭取權益，因此兒童成為弱勢中的弱勢。

Moss 與 Petrie（2002）並解釋，我們之所以研究兒童，並非為了預測社會的未來，而是為了瞭解兒童的他者性（children's otherness）。然而，若要掌握其生活全貌，我們不能只採用心理發展過程（psychological develop mental processes）或任何單一的觀點，而必須從兒童的角度，全面去調查他們的需求與想法，並提供機會去創造與發展兒童文化。

二、童年的社會研究

S. L. Holloway 與 G. Valentine（2000: 764）認為，從「童年社會學」發展至「童年的新社會研究」，多少已反映出有越來越多不同學科訓練的研究者紛紛投入此領域，共同關切兒童的社會實踐。因此，童年的社會研究具有跨學科的特性，試圖闡明兒童如何作為社會行動者。

兒童和成人一起組成社會，但他們有自己的行動、反抗，以及同儕之間的集體行動。W. A. Corsaro（2005: 27）指明，兒童同時參與兩種文化——兒童文化和成人文化，而且兩者經常交錯在一起。他並且提出「解釋性複製」（interpretive reproduction）的觀點，企圖以此說明兒童如何和成人、同儕一同協商、分享及創造文化。兒童參與社會，雖然受限於既存結構和社會複製（societal reproduction），但因為和他人分享一套文化慣例（cultural routine），一方面能藉此理解成人世界；另一方面，則和同儕共同生產自己的文化。基於此，兒童有自己的社會團體，而且在社會上也佔有一席之地。

James（1998）等人則根據現有的童年研究，提出一套理論架構。他們解釋，目前研究者多以四種方式想像「兒童」，但就內容來看，其實能被分成兩組來討論（James et al., 1998；轉引自 Holloway & Valentine, 2000: 65-8）。

第一組是社會結構取向（social structural approach），「童年」被當成一個結構的類目（a structural category），研究者雖然察覺童年的條件隨時空而異，但「童年」仍是一個普同的類目。James 等人（1998: 210）以為，社會結構的兒童（social structural child）能以「少數群體的兒童」（The minority group child）作為經驗性的描繪（如：Qvortrup 等人 [1994] 的著作）。在此取向，童年被政治化為差異的軸向（類似於性別、種族），能給予某些成人利益或對其他兒童造成不利。

第二組則是社會被建構的兒童（socially constructed child），由於社會建構論者認為「兒童」不是由自然或社會勢力所形塑而成，而是通過他們和成人的互動，並存在於自身所創造的意義世界裡。A. James 等人並以「部落兒童」（The tribal child）作為社會被建構兒童的經驗性描述（如：Jenks [1982]、James 與 Prout [1990] 的著作）。「部落兒童」取向以為，兒童的世界乃是蘊含真實意義的真實地方（real place），兒童在此行動有別於成人的系統，但其實踐能藉由民俗誌（ethnography）描寫出來。

James 等人（1998: 217）試圖以社會學的二分法（sociological dichotomies）來闡述此四取向的關係（見圖 2.1），並解釋在童年研究中，「社會被建構的兒童」和「部落兒童」似有緊密的關係存在；而「社會結構的兒童」和「少數群體的兒童」彼此間也有某種流動性。然而，其他方向的移動則較少見，因此將童年研究劃分成兩組、四面向的架構，超越過去的二元論，如：結構／能動性、認同／差異、唯意志論／決定論，同時此區分也保留了全球／在地、普同／特別、持續／改變。

針對此架構，S. L. Holloway 與 G. Valentine（2000: 767）指明 James 等人並未跳脫二元論，譬如：社會結構取向以為「兒童」是普同現象，屬於全球、鉅觀的研究，探索並比較不同國家的兒童位置；而社會被建構的兒童則調查在地兒童的特性，顯然架構仍缺少跨越連結（cross-linkage）的研究。

當代兒童其實同時生活在全球與在地，尤其是透過資訊傳播科技，他們也能從在地連線和全球互動。換言之，全球已影響在地兒童的生活，而個別兒童也以不同方式對全球做出反應。因此 Holloway

與 Valentine（2000: 768）建議採用社會建構論的部落兒童取向，探討兒童如何在全球／在地交互影響下，對全球化的網路文化做出反應，並在每日生活中以新科技去建構其生活世界。

三、兒童與新媒體研究

在緒論中，我們曾提及無論是效果研究或文化研究，皆以為「兒童」是能力不足（incompetent）或易受傷害（vulnerable）的依賴者——他們無法自己判斷與發聲，因此不僅實證研究偏重在調查「網路刺激—兒童反應」之關係，連文化研究也不重視兒童的網路經驗，導致我們對兒童如何知覺、解釋與使用網路的所知有限（Livingstone, 2003: 158-9）。

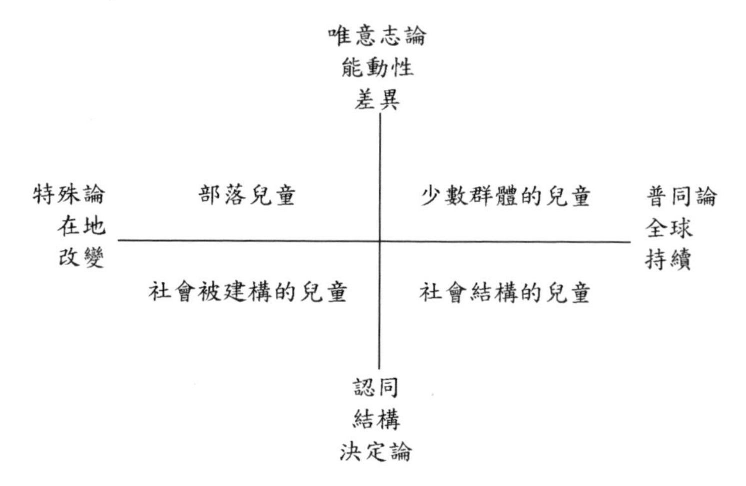

圖 2.1　童年社會研究的理論架構

資料來源：James et al. (1998: 206)

近年來，文化研究者受到童年社會研究的影響，也開始反省「兒童」概念，並將他們從知識的邊緣位置擢升至中心位置，承認其為合法的參與者，有能力成為媒體的主體、使用者，甚至生產者，所以文化研究者主張兒童的聲音也應該被聽見。

S. Livingstone（1998: 438）指出，童年社會學雖然注意到兒童是社會的一員，主動參與社會的建構，但忽略童年的中介（mediated）本質——亦即，兒童利用大眾媒體（尤其是網路）去建構其兒童文化。為了解兒童與網路的關係，她建議，網路研究應以兒童為中心並脈絡化其網路使用。來自不同社經、文化背景的兒童，有不同的價值觀、經驗及生活型態，他們未必有同等機會或以相同方式近用網路，因此研究者必須進一步檢視兒童如何利用網路去建構其世界。

由於兒童是有能力的解釋者（competent interpreters），故網路研究應將兒童當成合作者（collaborators）而非研究對象（child-as-object），和其一同做研究（doing work with），從他們身上獲悉並學習相關的知識，包括如何使用新／舊媒體、線上／線下傳播來支持社會網絡和建構其兒童文化（Johansson, 2000; Livingstone, 2002a）。

綜合上述，本書也視「兒童」為生活在特定社會脈絡底下的行動者，主動和他人（包括成人和其他兒童）一起利用（或爭奪）資源（如：電腦、網路），建構其生活與世界。儘管國內外研究皆指出，兒童上網主要是玩遊戲、聊天及下載音樂，但從「部落兒童」的觀點顯示，來自不同背景的兒童並未以相同的方式從事這些網路活動，因此我們有必要進一步釐清無遠弗屆的網路，究竟如何影響兒童的在地生活，而兒童（尤其是在地同儕）又如何以集體方式對網路文化做出獨特的反應。

參、批判方法學

配合緒論的研究旨趣和研究者的後結構女性主義立場，本書採用批判方法學，試圖從缺乏權力的兒童角度切入，探討他們在每日生活的電腦／網路使用，並藉此揭露和批判其所面對的數位不平等與壓抑處境。

受到童年社會研究的影響，我們認為兒童不僅被社會所形塑，也以自己的方式參與並建構社會。因此，透過調查在其使用網路周圍的人際網絡和傳播過程，將有助於我們瞭解偏遠地區兒童以何方式獲得和使用數位資源，進而改善或強化其現狀。

整個調查尤其關注性別層面，一方面是受限於研究者的訓練與背景；另一方面，則是小學場域和資訊科技都具有明顯的性別化特性，導致兒童在校的電腦／網路使用，較易凸顯性別認同。P. Lather（1992: 91）指出，女性主義者雖然主張性別在形塑意識、技巧、制度與權力分配上佔有重要地位，但並未否認種族、階級和性傾向也是有力的形塑勢力（shaping forces），因此她們也調查性別如何交錯著其他勢力而對個人處境造成不同程度的影響。我們也奉此為圭臬，意圖藉由性別的運作，深入瞭解其如何與族群、階級交錯，共同影響兒童的電腦／網路實踐。

為了說明壓抑形式和多元差異，批判方法學允許研究者根據其目的採用多元方法（Darbyshire et al., 2005; Nightingale, 2003）。S. Harding（1986）解釋，方法其實不同於方法學：前者只是研究工具，用來蒐集資料，而後者則涉及研究者對現實和知識本質的預設。因此在介紹方法之前，我們必須先闡明本書所採用的方法學。

一、後結構女性主義的方法學

後結構女性主義認為，現實並非固定不變、等待被發現的對象，而是不斷地被建構在權力／論述的脈絡裡，因此所有的解釋（或調查研究）都無可避免地只能提供主觀、局部和處境性的觀點（Kaufmann, 2001; Lather, 1992; Malin, 2003）。

在方法學上，後結構女性主義拒絕客觀知識的宣稱，主張所有知識／論述都是在權力關係之內被生產、被維持或被解構，同時權力也能展現、協商或挑戰在論述中（Kaufmann, 2001; Lather, 1992）。因此，研究的重點不是在尋找客觀的答案，而是以不同方式理解知識和處境之間的短暫、局部關係。

受到 M. Foucault 的影響，後結構女性主義認為權力不是某物能被擁有，而是被不均等且多變關係交互作用下的無數位置所操演（exercised），故研究應偏重在多元且變動的權力關係，而非有／無權力的問題（Ropers-Huilman, 1998: 16）。此外，主體性也被建構在權力關係和論述實踐的交錯網絡內。基於此，主體的位置會左右其認同的建構和意義的產製，因此不論是研究者或參與者，其觀點皆會受到所處位置的影響（Alvermann et al., 1997: 76-7），導致後結構女性主義特別重視「定位」（positionality）和「差異」問題。

由於強調現實的論述性（discursive）、知識的處境性，以及主體的建構性，女性主義者不再追求中立客觀，轉而承認研究本身也是一種社會實踐，不但研究者的處境、信念及利益會影響並限制研究方向和研究過程，研究結果也常被用來支持某種政治主張。因此，本書除了說明偏遠地區兒童的數位使用與表現外，亦有更大的企圖與批判關懷——試圖給予偏遠地區兒童聲音，讓其說出生活與壓抑問題，並進一步尋求改變的可能性。

二、批判的多元方法

批判方法學以脈絡研究為導向，為瞭解參與者在特定場域內所經歷之事，研究者一方面必須深入掌握他們的活動、價值、意義及關係；另一方面則鼓勵其說出自身的感受，尤其讓那些沈默或未被聽到的聲音能被聽見，藉此揭開他們所面對的宰制與壓抑處境。

由於後結構女性主義假設主體被建構在動態的權力關係中，因此研究者採用多元方法（如：問卷、訪談、焦點團體、參與觀察等），不僅能以不同方式和面向去描繪兒童，也能藉此提高結論的效度（Merriam, 2002; Morse & Chung, 2003）。P. Darbyshire 等人（2005）即發現，多元方法似乎比單一方法更能掌握兒童的世界，因為它能讓兒童以不同方式表達意見或參與研究。

不過，多元方法未必能彼此互補，有時也會出現衝突與矛盾（Meetoo & Temple, 2003）。這不但反映出主體／論述的處境性（即人們可能看場合說話或反應），也提供我們機會藉由這些矛盾檢視權力的運作（Nightingale, 2003）。為了釐清兒童的網路實踐和數位落差的關聯，本書也採用多元方法，並據此取得資料進行深入的批判分析。

承上所述，批判方法學旨在瞭解個人如何受制於壓抑結構，因此主張資料蒐集與分析可以同時進行並隨時調整，以獲得更多有用的資料（Merriam, 2002）。對批判學者而言，研究效度不在於資料是否客觀反映受訪者的想法，而是在其能否揭露這些想法是由權力與意識型態所建構（Lather, 1986; Wainwright, 1997）。因此，研究者並不重視方法程序或資料類型，僅試圖以豐富資料和批判分析去掌握個人與結構之間的關聯。

是故，本書也根據研究旨趣與需要，在研究期間不斷地調整方法，以獲得更多有用資料，一方面說明多元的權力／論述如何影響兒童思考自己與他人，並轉而左右其行動；另一方面則解釋個別兒童如何在結構限制底下製造歧異，以及多元化的差異究竟如何產生。

三、與兒童做研究

過去兒童研究多以成人的觀點解釋兒童的生活與想法，本書雖然試圖從兒童的角度瞭解其處境，但研究者的漢族、成人位置仍不免影響我們和偏遠地區兒童間的互動，以及對其文化的理解。

L. Holt（2004: 18）指出，成人研究者受限於成年經驗（adultness），無法完全分享兒童的世界觀。對兒童來說，研究者仍是他者，不論是在年齡、體型或權威上，都明顯有別於兒童，因此很難完全被兒童所接受（如：加入其遊戲或成為同伴）。James（2001: 254）也表示，成人和兒童之間的位階與差異其實是難以避免，研究者不必假裝成小孩，但須體認自己在兒童生活中只是扮演半個參與者的角色（a semi-participatory role）。

以往研究者常會以「過來人」的方式，想像兒童現有的遭遇，但批判方法學強調主體的經驗和觀點因處境而異，因此成人研究者並非兒童方面的專家，而是懇求者（supplicant），必須依賴他們的研究伙伴——兒童，協助其瞭解兒童的生活與知識（Holt, 2004: 17）。為此，研究者一方面必須放下權威的身段，以友善的方式和兒童相處；另一方面，也應避免並反省自己的研究預期是否被建構在他們與兒童的互動中。

基於此，我們在進行研究時，除了警覺成人和兒童之間的不均等關係外，也盡量避免採用任何權威性的陳述與指導，試以友善的態度邀請學童加入我們的研究並提供其看法。此外，因考量參與者的隱私與利益，本書也以英文字母為代號，取代所有參與學校、師生和家戶的真名。

肆、W 區的概述

W 區位於台北縣溫泉風景區內，原以泰雅族為主，但國民政府遷台後，一批外省族群遷移至此，致使原漢人口各佔一半。W 區的泰雅族以父系為系群基礎，原以「男狩女織」為主，誠如其名「Ataya」是「勇敢者」之意，不僅要求「男性」成為勇敢又獨立的勇士，也有明確的性別分工——男性負責狩獵、女性則是家務勞動（郭孟佳，2005）。

隨著 W 區改走觀光業後，也改變了泰雅族的傳統生產型態和分工方式，加上土地大量流入漢族手中，泰雅族因此面臨部落秩序崩解與生活壓力，尤其是泰雅男性無法找到固定的工作，只能打零工過活，致使家庭陷入低社經結構中。面對失志與失業，泰雅人藉酒消愁，反而更難找到工作，也助長泰雅社區的酗酒與暴力問題（郭孟佳，2005）。

在緒論中，我們曾提及泰雅族比其他族群更難接受男女平等的看法，因為泰雅文化崇尚英雄，所以男性出現攻擊行為時（如：酒後的口語攻擊或肢體暴力），比較不會遭人制止（趙小玲、劉奕蘭，1999）。羅健霖（2002）曾調查泰雅族男童的世界觀，發現男童對其族群意象的認知乃是偏向男性特質，例如：獨立、有男子氣概、強壯、敢做敢當等，顯示族群文化與性別運作間有某種關聯存在。隨著部落傳統的式微，原住民對其族群認知也多以外顯行為（如：唱歌、跳舞）與角色模式（如：勇士、織布女）為主。

從 2000 年起，W 區的觀光業轉型成溫泉型態。此舉雖然為該地帶來新的商機，但原住民並未因此而獲利，仍從事臨時或基層勞動工作，尤其是泰雅婦女為了生計也加入勞動市場，多擔任打掃浴池的清潔工或整理房間的服務員，因而無法在家陪伴小孩做功課。原住民學童在缺乏父母的管教下，大多不在乎學業且沉溺於玩樂（如：看電視或打電玩）。

此外，在文化方面，W 區仍以「文化異族風」(cultural exoticism）吸引觀光人潮，譬如：台北縣政府每年舉辦的「溫泉櫻花季」即搭配泰雅族播種祭（江桂珍，2004），A 校學童在活動期間也被動員一同參加相關祭儀。對他們來說，泰雅文化就是穿上傳統服飾、唱歌及跳舞供外賓欣賞。以泰雅文化帶動觀光活動，表面上雖然可以維繫泰雅傳統，但在活動中卻易讓泰雅族成為被凝視的他者，再次強化族群的刻板印象。

W 區內有兩所國小，A 校位於前山，學生人數約百餘人，其中漢族佔 1/6；而 B 校位於後山，學生人數不足 40 人且以泰雅族為主。由於前山漢化較深，A 校的泰雅族學童大多不會說母語，他們在家都說國語，平常交談則以國語和閩南語為主。因此，在教室裡，我們較難看到原住民文化對學童的影響，除了喜歡運動、唱歌外，較明顯的族群特徵是同學之間多沾親帶故。

就兩校的資源來看，在網路設備方面，可能因為學校人數的緣故，B 校的電腦數較少，但在軟體和網站的建置上則和 A 校沒有太大差別。在學習方面，我們發現居住在越山下的學童，對電腦的依賴性越大。根據我們舉辦活動的經驗，[1]B 校學童明顯比 A 校或鄰近

[1] 我們分別在 A 校的 2004、2005 年寒暑假，以及 B 校的 2004、2005 年的暑假舉辦電腦活動（暑假為期 15 日）。C 校則是在 2005 年 11 月至 2006 年 1 月的學期間利用每週三的下午（1 至 4 點）進行網頁製作教學。

W 區的 C 校學童更願意離開電腦，從事其他戶外活動（如：打球或游泳），A、C 兩校的學童在下課時，則多把握時間上網玩遊戲或聊天。在網路使用方面，A、B 兩校的學童除了學校的網站外，多連線到固定的遊戲或聊天網站，不像 C 校學童會點選小說或查看新聞，網路使用明顯較廣泛。

除此之外，與 C 校相比，A、B 兩校學童似乎受到 W 區在地文化的影響，在學習期間學童（尤其是男童）多出現口語或肢體暴力，且學習態度較散漫，不太在乎進度（如：老師的要求或上課進度），也不在意分組競賽。不過，兩校學童和師長之間較無距離，也較願意和研究者互動，此對我們研究的進行有莫大幫助。由於 A 校給予我們較多的協助，因此本書也將以 A 校學童的網路學習與使用為主。

伍、各章的研究方法與資料呈現

根據批判方法學的精神，本書以多元方法調查 A 校學童在多元場域（包括學校、家戶、教會會所）的網路使用。以下簡述本書各章節在不同場域所採用的方法。

一、教室

本書的第三、六、七、九章主要以學校為研究場域，尤其是電腦教室。為深入瞭解中、高年級學童如何受到教室脈絡與同儕的影響，我們採用參與觀察、半結構式問卷調查、深入訪談、焦點團體訪談等方法，於 2003 年 9 月初至 2005 年 6 月期間蒐集資料。

首先，在參與觀察部分，針對三至六年級各班，每周至少由一名研究員隨同學童一起上電腦課，除了觀察師生上課外，也紀錄學童在教師未到達教室之前、作業提早完成之時、課餘時間、其他開放時間的非正式電腦／網路使用。此部分的資料旨在確定何種網路活動發生在教室裡，而且是不斷重複出現，而學童又如何藉由這些活動與他人互動或區分彼此。

其次，為瞭解學童近用電腦／網路的態度與情形，我們針對中、高年級生進行兩次半結構式問卷調查；高年級生另被要求填寫三份有關電腦遊戲的問卷。我們之所以採用問卷形式，一方面是為了獲得學童近用網路的基本資料；另一方面則是因為早先進行訪談時學童多回答：「不知道」、「就是這樣」。為了讓訪談能更深入，我們改以半結構式問卷取得初步資料後再行訪談，每位學童至少一次。[2]

在訪談部分，我們尊重兒童意願，允許他們隨時中斷訪問或改用其他形式（如電子郵件或即時通）代替，每次訪問時間從 10 至 40 分鐘不等。我們盡量以兒童感到自由的方式進行資料蒐集，以減少成人和兒童之間因階層關係所引發的隔閡。為深入掌握學童在校行為，我們也多次訪談電腦老師、各班導師及母語老師。

在焦點團體座談部分，主要是針對高年級生進行有關高風險網路使用（如：交友、色情等）和同儕團體影響力等議題之分享，另外也針對五年級生進行電腦遊戲和網頁製作的座談。焦點團體不僅能創造一個非正式、互動環境，讓兒童對其感興趣的話題進行討論，還能看到同儕團體如何左右學童言談。

2　學童的編號以學校班級座號為主，例如：A_5F9 指 A 校五年級 9 號女童。老師則按照受訪順序編號，例如：MT1 是第一位受訪的男老師。

除此之外，我們也徵求高年級學童的同意，加入其所設立的家族、聊天室或其他線上活動，除觀察學童的線上互動外，亦進一步以文本分析解讀其線上表現（包括家族內容、網頁製作等）。

二、家戶

本書第五章則以家戶作為研究場域，我們於 2004 年 4 月至 2006 年 1 月期間，在 W 區內徵得 14 戶家庭的同意，進行以家戶為主的數位調查，旨在瞭解學童在家庭脈絡的日常網路使用，以及學童在家戶內／外（如：學校、社區）交錯的網路經驗。在家戶訪問中，我們邀請家人一同分享以下的問題：

（一）家戶的電腦史：包括購買電腦的過程、考量因素、擺放位置，以及更新或淘汰的經驗。

（二）家人在家的電腦／網路使用與活動：家人使用電腦的需求與目的，以及家人之間的衝突、合作經驗。

（三）父母對家人（尤其是小孩）的電腦／網路使用態度與規範：主要針對網路活動的道德判斷、規範的制訂與執行過程。

（四）家中其他媒體的使用情形：尤其是學童的其他媒體經驗。

（五）家戶內／外的網路活動：關切家人（尤其是小孩）是否將學校或社區所學習的網路技巧帶回家中？家中的網路經驗或資源是否會和同學或親友分享、交換？

除了訪談外，如果家戶同意，我們也參與觀察家人（尤其是小孩）的電腦／網路使用，並瀏覽其網路記錄，以掌握學童在家的網路使用。

三、課外活動

課外活動指時間不屬於正式上課或空間位於校外（如：教會會所）。本書第四章包含學童參與教會的電腦活動；而第八、十章則是我們在 A 校所舉辦的電腦暑期營。

第四章所採用的方法其實和教室場域雷同，主要以參與觀察、訪談及焦點團體座談為主，以瞭解學童如何利用課外活動從事高風險的網路活動。至於第八、十章則是在我們自行設計的電腦教學活動中，進行「批判調查」（critical inquiry）。

Lather（1986: 268）指出，批判調查應把握五項原則：（一）批判調查是對被壓抑者的經驗、欲望及需求的反應；（二）批判調查激勵並指導被壓抑者的文化轉換過程；（三）批判調查著重在基本的矛盾上，讓被壓抑者瞭解其對自身利益的看法如何受制於意識型態；（四）在某程度上，批判解釋能在參與者的反應上所發現；（五）批判調查刺激批判分析與啟蒙行動的過程。

為了符合批判調查，第十章以媒體識讀融入電腦教學的方式，邀請所有參與者和我們一起做研究。一方面，試圖藉此打破研究者／被研究者、老師／學生、研究員／學員之間的層級關係與二元區分，提供一個較民主且合作性的學習場所。另一方面，則給予缺乏權力者發聲（give voices to those who lack power）的機會，讓他們在對話的過程中，說出並反思其生活經驗。參與的研究員為世新大學的學生，曾修過「跨文化傳播」或「媒體識讀」課程，對原住民教育也感興趣。他們除了負責教學外，也要進行參與觀察並深入瞭解學童的學習狀況。在活動期間，他們雖是電腦營的講師，但扮演「協助者」的角色，一面以友善、誘導的方式，[3]協助學生學習；一面則協助研究者進行研究。

學童在電腦營期間除了參與我們的研究外，也私下集體發展出自己的網路活動。第八章則針對學童的自發性活動，進行深入分析。為了掌握學童的網路文化，我們也加入其遊戲活動，並將此次經驗轉成教材，繼續在其他國小（如：E 校）實驗遊戲賦權的可能性。

四、資料呈現方式

本書根據上述方法取得資料後，將其置入權力脈絡底下檢視，並依據各章的重點說明兒童與社會結構之間的關連，亦即社會結構如何限制並左右兒童的網路實踐，而其實踐又如何強化或挑戰現有的權力關係。由於批判方法學強調脈絡研究，因此在資料呈現方面，我們仍保留了個案的特性。

儘管如此，為了凸顯時下的新興議題，包括超越近用、數位風險、科技馴化、遊戲賦權等，我們還是以相關理論作為各章的架構，反思國內外相關的研究，並輔以個案來說明偏遠地區學童在這些新興議題上所遭遇的問題與可能性。

---

3 研究員的輔導步驟有四：一、請學童具體描述其所遇到的問題；二、詢問學童認為可能的解決方式；三、給予提示；四、親自示範或請其他學童示範。

第三章　數位落差：近用與使用

教育部於 1997 年提出「資訊教育基礎建設計畫」，並於次年 11 月配合行政院的「擴大內需」方案，增修其內容，包括培訓國小在職教師的資訊應用、補助國小充實與汰換電腦軟硬體設備、整合台灣學術網路（TANet）至中小學等。同年，教育部亦公布「國民教育階段九年一貫課程總綱綱要」，並於 90 學年度開始實施，將資訊教育列為「重大議題」（何榮桂，1999）。

除了硬體建設外，台灣的資訊教育在 1999 年後也開始充實內容，試圖將資訊教育全面延伸至中小學，讓國民能儘早接近與使用電腦，並透過各種資訊網路來縮短城鄉教育的差距（研考會，2006: 4）。

然而，實施資訊教育是否就能讓民眾擁有近用（access to）電腦與資訊的公平機會？尤其是對那些居住在偏遠地區的原住民而言，資訊教育能否解決他們長久以來缺乏教育資源的問題，還是囿於結構的限制反而讓其淪為「資訊貧窮者」（the information-poor），造成更嚴重的數位落差（digital divide）？

A 校是偏遠地區學校，配合政策也在 1999 年增設電腦教室和資訊課程，正好提供我們一個機會去瞭解基礎資訊教育的實施狀況，以及學童（尤其是原住民學童）近用和使用電腦的情形。

壹、前言

近年來，「數位落差」研究已受到國內學界的重視，累積相當多的文獻和實證成果，調查面向已從資訊近用程度（「量能」上差異）

拓展至資訊素養、使用技能及應用(「質能」上差異;見研考會,2002;曾淑芬,2002),甚至研究對象也從成人(一般民眾)擴大至兒童(國中小學生;見小蕃薯,2006;研考會,2006;教育部,2004)。

在學童的調查方面,根據教育部2004年的〈建立中小學數位學習指標暨城鄉數位落差之現況調查、評估與形成因素分析〉研究顯示,家庭社經地位、城鄉發展程度皆會影響學童的網路近用與資訊應用:城鄉發展程度越高的城市,學童的網路應用越頻繁,家庭社經地位越高的學童,網路近用越高、資訊技能及資訊應用表現也越好;反之,城鄉發展較差的地區(如:偏遠鄉鎮),學童的表現則有落後的情形(陳芳哲,2005;研考會,2006)。[1]

研考會(2006)也有類似的發現,國中小學童曾使用電腦的比例高達 99.7%,幾乎達到「人人用電腦、人人懂上網」的目標,但資訊能力仍出現程度不一的落差。「其中,偏遠地區學生除了同樣愛玩線上遊戲、線上聊天外,不論是電腦操作能力、電腦專業素養、套裝軟體使用能力或網路應用能力都比不上都會或工商市鎮學生,其中又以高偏遠地區學生的落差情形最嚴重(研考會,2006: 146)」。

除了全國性的調查外,也有一些研究針對特定地區的國小進行調查,包括苗栗縣(徐松郁,2004)、屏東縣市(李美靜,2005)、高雄縣市(楊雅斐,2005)、南投縣市(司俊榮,2005),以及花蓮縣市(周芳宜、張芸韶,2007)。這些研究發現,透過學校的介入,量能的數位落差正在縮小,但「第二層數位落差」——亦即,質能的資訊素養卻在擴大。相較於都市或一般地區學校的學生,偏遠地

---

[1] 值得注意,在教育部的大型研究中,城鄉發展程度最差的地區(如:偏遠鄉鎮)在「資訊技能」和「資訊應用」上並非是最落後的,反而是位於中後發展程度的地區(如:服務性鄉鎮、新興鄉鎮),學生表現較差(陳芳哲,2005)。

區國小的學生在資訊應用上略遜一籌。顯然，城鄉之間的數位落差不僅反映在個人，也反映在各區學校的學生上（王奐敏，2005）。

在這些研究中，只有後面兩篇涉及族群面向。司俊榮（2005）發現，不同文化背景會影響學童的資訊素養；原住民學童因學校缺乏師資和資訊設備，導致其資訊素養不如一般地區的國小學生。周芳宜、張芸韶（2007）也察覺，除了城鄉差異外，性別、種族及家庭社經地位，都會影響學童的數位表現；男孩、原住民、父母教育程度低者，在網路近用和資訊應用上皆偏低。

目前多數研究仍以量化調查為主，只有少數採用質性的個案研究。例如：陳芳哲（2005）以達邦社區為個案，從社區、學校、家庭深入瞭解達邦國小學童的數位學習與表現。他指出，偏遠地區的文化價值、生活型態不同於當代的數位環境，加上社區缺乏專業人才、家長又不瞭解新科技，因此學童只能仰賴學校獲取資訊技巧。然而，學校的資訊教育以操作技巧為主，學童因家中缺乏電腦設備，無法練習導致資訊素養無法提升，反而將電腦／網路應用在玩樂上。

另外，李宗薇等人（2007）在參與教育部的「大專青年志工」計畫時，以桃園縣某國小為個案，發現原住民學童對數位學習持正面態度，也具有基本的上網技巧，但因家中缺乏電腦設備，又不熟悉中英文輸入法，無法有效改善其資訊學習與應用。

這些質性研究有助於補充量化調查的不足，讓我們進一步瞭解偏遠地區學童的資訊素養為何偏低，但他們並未深入分析學童之間數位表現的差異，故容易將「偏遠地區學童」視為同質性的群體。由於地區不同，學校和學童所面臨的文化和結構限制也不一樣，因此，本章將以 A 校作為個案，試圖從「超越近用」（beyond access）

的觀點，說明 A 校學童如何受到偏遠性的影響，在學童之間的網路近用與資訊表現上，產生漸層式（gradation）的數位落差。[2]

貳、數位落差：普遍近用 vs.超越近用

「數位落差」原指近用新科技有（haves）／無者（have-nots）之間的差距（NTIA, 1999）。為了拉近兩者之間的距離，其有效的解決方式，就是讓缺乏者也能獲得物質近用（physical access），成為資訊有者（information haves）。如此的二元區分，不僅簡化了科技使用的權力運作，也易將「近用電腦／網路」等同於「數位機會」。

事實上，新科技無法自動為個人帶來生存和發展機會，除非個人瞭解自身的壓抑，並知道如何利用新科技轉換（transform）劣勢，否則數位機會其實很難兌現（林宇玲，2004c）。

M. Warschauer（2002）也強調，數位落差的討論不是為了讓所有人都能擁有新科技，而是關心資訊科技如何達成「社會含括」（social inclusion），也就是利用新科技讓那些原被排擠的弱勢者能重回社會，一同分享資源。由此來看，數位落差的研究重點不應放在有／無近用資訊的問題，而應深入探究：那些缺乏者為何沒有機會近用資訊？什麼原因限制其近用？一旦有機會近用資訊，他們會在何時、何處、以何方式、為何目的、近用什麼樣的電腦科技、技巧以及資訊？又能否得到社會支持？最後，弱勢者近用資訊科技能否改善其生活，還是仍被社會排斥？

---

2 傳統數位落差使用二元模式，但自從學者提出「超越近用」後，發現使用者之間其實存在漸層式的使用差距。

顯然，有關數位落差的反省，已從「近用機會」逐漸轉向「使用品質」（Livingstone, 2003; Selwyn et al., 2001）。除了關切弱勢者是否有機會近用資訊外，也開始注意他們的處境，如何影響與限制其近用數位資源，包括軟、硬體與各項服務。換言之，數位落差已不再是二元的區分，而是涉及多元且不同程度的近用差距；而且數位排斥也有累積性，會反過來強化或擴大個人劣勢（European Commission, 2001; van Dijk & Hacker, 2003; Warschauer, 2002）。[3]譬如：原住民學童因缺乏網路近用的機會，不但無法改善其在資訊社會的資訊表現，反而強化其原有的低學業表現。

J. van Dijk（2006）彙整 2000-2005 年數位落差的相關文獻，發現數位落差所謂的「不平等」（inequality）涉及十種可能性，分別是科技、非物質、物質、社會及教育的不平等（見表 3.1）。以往最常被論及的是「科技機會」，也就是近用新科技的機會不均，所衍生的不平等。其次，則關切與「人口變項」相關的三種資本（經濟、社會和文化）形式和資源。近年來，因政策試圖以「教育」解決數位落差的問題，研究轉向探討能力和技巧。

由於物質近用的差距正逐年縮小，幾乎快達到普遍近用，但數位不平等並未因此消失，反而出現明顯的「使用差距」（usage gap; van Dijk & Hacker, 2003）。學者因而呼籲「超越近用」或「重新定義數位落差」，並建議數位落差研究應從科技面向，轉向其他社會、心理及文化面向，從多元且動態的觀點，掌握數位落差可能帶來的不平等問題。

---

[3] S. Livingstone 等人（2005c）也指出，網路近用可能產生另一種「芝麻街效果」（sesame street），亦即網路創新並未讓缺乏資源的學童迎頭趕上，反而拉大其與資訊豐富學童之間的差距。

表 3.1　數位落差研究的不平等意涵

面向	意涵
科技	科技機會
物質	資本（經濟、社會、文化） 資源
社會	位置（positions） 權力 參與
教育	能力 技巧

資料來源：van Dijk (2006: 223)

參、van Dijk 的累積、循環模式

van Dijk（2006: 222）認為，傳統的「數位落差」是一種靜態的概念，不僅太過簡化（「有」對立於「無」），且暗示絕對的不平等（「包含」對立於「排斥」）。他因而提出近用數位科技的累積和循環模式（見圖 3.1）。

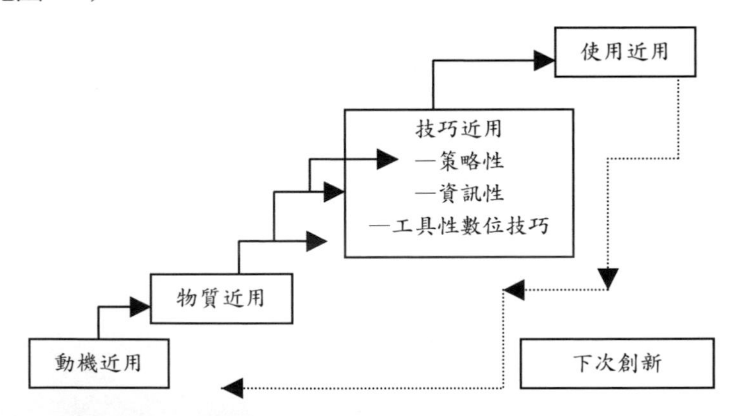

圖 3.1　van Dijk 的近用數位科技之累積和循環模式

資料來源：van Dijk（2006: 224）

此模式包含四種近用，分別是物質近用、動機近用、技巧近用，以及使用近用（見表 3.2）：

表 3.2　近用的種類

近用種類	定義
動機近用	因缺乏興趣、電腦恐懼、以及新科技不具吸引力等緣故，而缺乏數位經驗
物質近用	缺乏擁有電腦和網絡的連結
技巧近用	因使用者友善、教育或社會支持不足，而導致缺乏數位技巧
使用近用	缺乏重要的使用機會

資料來源：van Dijk (2003)

（一）物質近用

過去的數位落差研究偏重在物質近用，並發現收入、教育、年齡、性別、族群會影響個人的電腦擁有和網路連線情形。國內研究也有相似的結果，研考會（2007）近五年的調查顯示，個人的數位表現會因年齡、族群、[4]收入、教育程度，以及居住地區的都市化程度而有落差。曾淑芬（2002）指出，「使用者年齡較低、學歷與收入較高者，以及居住地區都市化程度愈高者，其家中擁有電腦且連線上網的比例也會愈高；然而家中沒有電腦的人，其原因則以『不需要』最多，其次為『不會使用』，接著是『無法負擔電腦設備費用』」。後者的三項理由已涉及 van Dijk 的「動機近用」。

（二）動機使用

在物質近用之前，個人必須先有動機或「連線上網」的欲望，促成其使用。但很多不用者不只是缺乏者，通常也是不想要者

4　研考會（2007）的研究指出，性別之間的差異正逐年縮小，但原住民的數位表現仍與其他族群有一段明顯的差距。

（want-nots）。從國內外的調查顯示（van Dijk, 2006；曾淑芬，2002），拒絕使用新科技的原因不外乎是：不需要、沒時間、無力負擔、缺乏技巧等。

表面上來看，不用者好像是個人因素使然，只要讓其瞭解新科技和生活的關連、降低科技成本、或協助其獲得技巧，就能引發其興趣。但 van Dijk（2006: 227）也提及，網路並非訴求低收入或低教育者，因此不是「引發動機」就能解決不使用的問題。對少數族群或勞工階級來說，他們之所以選擇不用，主要是因為新科技不符合其生活型態和文化價值（Rojas et al., 2001）。所以，除了加強個人的動機外，使用新科技的文化氛圍、[5]以及網路所提供的內容和服務，也是不容忽視。

（三）技巧近用

van Dijk（2006: 228）認為，數位技巧應包含三種連續的技巧：

1. 最基本的工具性技巧（instrumental skills）或操作技巧，指個人有能力使用軟硬體。
2. 資訊技巧或資訊處理技巧，包含形式資訊技巧（formal information skills）和實質資訊技巧（substantial informational skills）。前者指個人有能力處理電腦和網路的形式特徵（如：檔案和超連結結構）；後者則是個人能根據特定問題，在特定來源內，搜尋、選擇、處理以及評估資訊。

---

[5] 在不同場域裡，對科技使用可能產生迥異的文化氛圍。例如：S. L. Holloway 與 G. Valentine（2000）在調查英國學童的科技使用時，發現學生不喜歡在校使用電腦／網路，因為常用電腦者會被同儕視為不具社交能力的「電腦畸客」（computer geek or computer nerd）。V. Rojas 等人（2001）也針對 Austin 的貧窮社區進行調查，發現拉丁裔勞工階級的男童認為電腦是白人的反常設計（white geek），以拒絕使用來彰顯其族群認同。

3. 策略性技巧（strategic skills），則指個人能利用電腦和網絡來源作為特定或一般目標的手段，如改善個人在社會的地位。

van Dijk（2005）指出，一般學校偏重在操作技巧，因而忽略了資訊和策略性技巧。J. R. Valadez 與 R. Duran（2007）則發現，不同資源的學校在設計資訊課程時，有不同的教學重點：高資源的學校比低資源的學校更易採用創新教學策略，協助學生從事創造性思考，鼓勵其利用電腦來解決問題；反之，低資源的學校則讓學生以電腦進行重複性的操作練習，從而強化了學校和學生之間的數位落差。

學校雖然是培養資訊識讀（information literacies）的重要場所，但並非所有學校都具有相同的條件。J. Sterne（1998）也以美國學校為例指出，少數族群的學校，不論是在經費或教育資源上，都不如白人學校，因此少數族群在電腦使用與網路活動方面都明顯落後白人。他認為，以往資訊研究都不重視族群／種族問題，只是一味地相信資訊科技可以改變社會，因此他們所提出的解決之道，多半只是將電腦引進學校並融入課程之中，而未正視資訊科技如何以新的方式來強化種族政治，而學校又該如何透過數位技巧（或識讀）來改善此問題。

（四）使用近用（usage access）

「使用」指個人實際利用新科技所做之事，涉及使用時間、應用與多樣性、廣度或狹隘使用、主動或創造性使用。van Dijk 與 K. Hacker（2003: 321）指出，不同社會階級、教育、年齡、性別和族群之間，已發展出迴異的資訊使用方式，並產生「使用差距」。

其中，在兒童的數位使用方面，S. Livingstone 等人（2004, 2005c）發現，來自白人、社經地位較高家庭的男童愈會把握數位機會，發展出進階、多元、創造性的使用；反之，來自少數族群、勞工階級家庭的女童，則傾向採用簡單、狹窄、消費或娛樂性的使用。

這四種近用有助於超越傳統研究所關注的「物質近用」。除了 van Dijk 的模式外，5C 模式也常被應用在數位落差的研究上。[6]事實上，這兩個模式十分相似（見表 3.3），皆強調近用的多元和動態面向。

表 3.3　van Dijk 和 Bradbrook、Fisher 近用模式之比較

近用面向	van Dijk 的累積和循環模式	Bradbrook 與 Fisher 的 5C 模式
（個人）心理	動機	自信
（科技）物質	物質	連線
（文化）技巧	技巧	能力
（社會）使用	使用	內容
時間	（一再累積和循環）	持續

資料來源：作者整理

G. Bradbrook 與 J. Fisher（2004）解釋 5C 包含近用的五面向，分別是連線、能力、內容、自信，以及持續。

1. 連線（connectivity）：指近用網路的方式，如：個人採用電話撥接或寬頻、在家或工作場所，透過 IE 或其他軟體近用網路。不同近用方式，會影響其後續的網路使用與能力發展。
2. 能力（capability）：指個人不僅能操作軟硬體，也能藉由 E 學習，改善其生活並從事終身學習。
3. 內容（content）：指個人採用有用且相關的數位內容。
4. 自信（confidence）：指個人使用新科技時，不僅有自信，且能應用在生活和工作場合。
5. 持續（continuity）：指個人願意持續使用新科技。

---

[6] Livingstone 等人（2005c）的研究即參考 5C 模式的「階梯」（ladder）觀點，而提出數位含括的「漸層」（gradation）看法。

不論是循環模式或 5C 模式皆指出，個人的數位使用不是一時的物質近用可以窮盡，還涉及長期、複雜的心理動機、文化能力及社會使用層面。Livingstone 與 E. Helsper（2007）也強調，數位含括是一種連續的過程，而非包含／排斥、有／無的二元概念。今日兒童的網路使用幾乎已達到普遍近用，二元模式很難再套用在他們身上，因此必須超越近用，以多元的方式掌握兒童之間所呈現的複雜且程度不一的使用。故本章將挪用 van Dijk 的四種近用來探討 A 校學童的數位近用與使用情形。

肆、A 校學童的網路使用與數位落差

我們於 2003 年 9 月至 2005 年 8 月間，分別訪談 A 校師生並觀察其在校使用新科技的情形，[7]試圖藉此瞭解 A 校資訊教育的實施狀況，以及學童的網路使用與數位落差。

一、A 校資訊教育的實施情況

在政策的推動下，A 校於 1999 年成立了電腦教室（見圖 3.2）[8]，並添置 36 台電腦。次年，由各年級導師自行為學童安排一節資訊課，譬如：五年級學童曾在三年級學習【非常好色】軟體。直至 2003 年 8 月，A 校才正式為中、高年級學生安排每週一節的「電腦課」。

---

[7] 我們在研究期間，曾針對「電腦和網路使用」做過兩次問卷調查，但發現中年級學童的答案過於雷同，有相互抄襲之嫌，故本章分析以訪談和觀察資料為主。

[8] 電腦教室位於二樓，其位置正好是整棟大樓的「中間點」，可以連結國小教室（一至三年級在二樓、四至六年級在三樓）和行政單位，也方便學生來上課。

目前，電腦教室已有 8 台電腦故障，因為過了維修保固期，學校並未多做處理，只是將其擱置一旁。電腦老師 MT1 表示，由於每班的學生人數少，電腦硬體仍足夠學生使用，[9]比較大的問題在於缺乏軟體，「我們學校的預算只有兩萬多元，這些錢要應付耗材和一些設備的維修，基本上已經用的差不多了，所以沒有辦法再買軟體，像 PhotoImpact 也是去年（2004 年）才有」。他擔憂，在軟體快速更迭的今日，山上學生所學的可能是過時的軟體或版本。

在電腦課程方面，MT1 並未使用教科書，因為「這裡的小孩比較不愛惜書本，而且他們也沒辦法透過閱讀來理解操作」。他採用台北縣教育局的〈資訊教學計畫〉為教本，再依學生的程度來授課。中年級因為第一次上電腦課，所以課程偏重在電腦硬體介紹、基本操作（如：檔案複製、清除）、中英文輸入、小畫家等；高年級，[10]則是文書處理、簡報、繪圖、網頁製作。

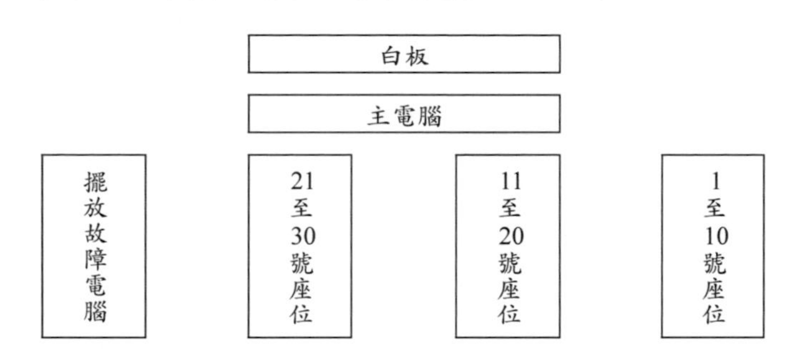

圖 3.2　A 校電腦教室內的空間配置

資料來源：作者整理

---

[9] MT1 指出，有些民間企業會捐贈電腦（不論新舊），但因與學校的系統不符合而無法使用。

[10] 五、六年級的導師分別是 MT1、MT4，他們先前都曾教過學生一些基本的電腦技巧。

上電腦課時，學生一人一台電腦，座位按照學號排列。離白板較遠的學童，上課多不專心，不是講話就是玩滑鼠或旋轉椅，不停發出吵雜的聲音。MT1 主要以主電腦來講解並示範操作步驟，有時也會利用白板來教學；然而，學生因無法「親眼」看到老師操作，加上不專心，所以每當輪到自己練習時，紛紛吵著，「老師，我不會！」、「這個要怎麼做啊？」，上課秩序並不理想。

在 2004 年 3 月，新聘的 FT3 因學分數不足，同時接下三、四、六年級的電腦課。由於電腦並非其專業，所以課程常因操作問題而耽擱進度。[11]MT4 解釋，「雖然很多學生抱怨 FT3 教的不好，可是其他課像國語、數學本來就有老師了，電腦課是新課才給她教」。這點與其他原住民國小的研究發現有些不同，A 校原有的電腦老師 MT1 其實具有資訊背景，但因學校整體的師資不足，而造成課程的安排不符合教師的專業。

除了電腦課外，有些老師因課程需要，也會借用電腦教室。譬如：負責國語課的 FT6 表示，「現在書商都會送筆劃光碟，有時候就讓學生到電腦教室去練習國字的筆劃」。MT1 也補充，「這裡的小孩比較不重視成績，他們主要把電腦拿來當娛樂而非學習輔助工具」，為了讓學童上課更專心，有些老師也會以「開放電腦教室」作為學習誘因和行為獎勵。

另外，各班教室也都有一台電腦。目前只有四、五年級的導師會開放讓學童使用。FT6 指出，「不讓學生使用是因為他們會上網亂抓遊戲，這樣電腦很容易中毒，還要找人來維修很麻煩」。MT4 也是因為班上男生打開色情信件導致電腦中毒，才禁止學生使用。顯然，在電腦維修不易的山上，教師為了避免麻煩並未確切執行「班班可上網」的政策。

---

[11] 相關案例請看第六章。

至於教師對資訊融入教學的看法，多數老師表示，e 化教學是未來的趨勢，不但方便，也益於教學。MT1、MT4 皆曾負責電腦課，自然比較熟知各種教育軟體，其他教師有時也會以電腦作為教學輔助工具。FT7 表示，「現在教書改變了，書商都會送我們光碟，像數學有演算光碟、英語有發音光碟，可以直接用電腦來上課，學生也比較感興趣」。有些老師也會上網查詢教學資料，以豐富上課內容。FT4 常連線到教育局或康軒文教網站，「看看有沒有什麼新資料，可以補充上課內容」。不過，教師大多採用現成的教材光碟或線上資訊，而較少自製教案或上傳教材。

儘管 A 校教師贊成資訊融入教學，但也承認 e 化對原住民學童的幫助有限。MT4 解釋，「大多數的學生家裡沒有電腦，所以不能要求他們回家查資料或做報告。如果讓他們在學校做，就會耽誤上課」。FT5 也補充，「這裡的小孩不太管作業或成績，上網主要還是想玩，所以網路對他們不會有什麼實質的幫助」。與原住民學生相較，教師反而變成 e 化教學的受益者——更快獲取教學資源並引發學生的上課動機。

除了學校的資訊教育外，W 區的市召會在取得 A 校的同意後，也在 2002 年 9 月至 2004 年 2 月間，於每周六早上 8 至 10 點在 A 校電腦教室，針對四至六年級學生開設「電腦班」，內容包括 Word、Excel、PowerPoint。由於是輔導性質，學生上課並不專心，大多私下玩電玩或上網聊天。

對此，市召會老師以為，「這裡的小朋友比較活潑、靜不下來，所以對他們要有耐心、慢慢來，只要讓他們多做練習，久了自然就能熟悉電腦操作」。他覺得「電腦班」的成效無法在短期看出來，所以教會決定持續開辦「電腦班」，[12]鼓勵 A 校學童多用電腦。

---

[12] 市召會從 2004 年 3 月起，「電腦班」改在 W 區教會會所上課。儘管市召會的「電腦班」並未設限宗教信仰，但有些非基督徒的家長因「教會」的緣故，

有趣的是，A 校學生口中的「電腦補習」，正是周六的「電腦班」。顯然，教會所提供的電腦輔導，對某些學童來說，也是獲取電腦／網路近用和技巧的重要管道和資源。

從 A 校的相關資源與教師的訪談中，我們發現在政策的推動下，A 校也開始實施資訊教育，包括電腦課、資訊融入各科中，同時也獲得民間的協助，不論是硬體捐贈（如：民間企業）或課後的電腦輔導（如：市召會）。表面上來看，學校已有效地縮短原住民學生在「物質近用」的落差——中、高年級學童至少每週有 40 分鐘可以近用電腦／網路。

但深究其執行過程，可以察覺「由上而下」的資訊推動，並未考量偏遠地區學校的需求。以 A 校為例，資訊教育的落實，至少有四個問題仍待解決：

（一）在資訊設備方面：偏遠地區學校的規模小、經費有限，無力負擔軟體的更新與硬體的維修。

（二）在資訊課程方面：偏遠地區學校的教師流動率大，造成課程／師資無法有效的配合。

（三）在 e 化教學方面：偏遠地區教師雖然願意將資訊融入教學中，但多採用現有的數位教材，並未根據學生的程度與需求，重新設計教案。

（四）在學生學習方面：偏遠地區學生多來自社經地位較低的家戶，不僅家中缺乏電腦設備，而且受到在地文化的影響，他們對正式學習也比較不用心，導致資訊教育難以發揮「改善學習」的成效。

而不讓學童參加。

二、A 校學生的網路近用與使用

從 van Dijk 的四種近用來看 A 校學生的數位表現，我們發現透過學校的中介，「近用機會」已逐漸普及，但學生之間的「使用品質」仍有若干差異存在。

（一）動機近用

不論年級，大多數學童對電腦／網路十分感興趣，男童尤其明顯，皆不諱言：「喜歡用電腦來玩遊戲」。只有少數女生因不熟悉電腦／網路，而覺得「電腦不好玩」，不具吸引力，但隨著技巧增加後，她們也逐漸接納新科技。[13]例如：A_3F8 原先對電腦很生疏，分不清左、右鍵；玩電玩時，也需同學協助或告知答案，因此當大家玩遊戲時，她常獨自一人跑到走廊跳繩或做別的事。直至四年級，A_3F8 對電腦已不太排斥，也會把握下課片刻，趕緊連線玩遊戲。

（二）物質近用

從調查顯示，A 校中、高年級學生家中有電腦者佔不到一半（46.24%），有網路者則佔 22.58%（見表 3.4），他們大多來自家長有固定收入的家庭。其中，漢族學童擁有電腦設備的比例仍高過原住民學童（見表 3.5）。這點和國內外的研究結果相符，家庭社經地位與族群背景會影響學童的網路近用與資訊應用。L. D' Naenens 等人（2007）指出，族群背景和父母的社經地位有某種關聯存在，由於少數族群經常被社會邊緣化，導致其兒童在家使用電腦或上網的比例偏低。司俊榮（2005）和周芳宜、張芸韶（2007）的研究也顯示，原住民學童比非原住民學童在家擁有電腦／網路的比例更低。

---

13 高年級女生的個案請看第六章和第七章。

表 3.4　A 校中、高年級學童擁有電腦設備的情形

年級＼物質近用	學童家中擁有電腦設備者		學童家中無設備者	班級人數
	有電腦者	能上網者		
三年級	8	(4)	11	19
四年級	10	(4)	9	19
五年級	11	(4)	15	26
六年級	14	(9)	15	29
總合	43	(21)	50	93
百分比	46.24%	(22.58%)	53.76%	

資料來源：作者整理

家中擁有電腦的學童幾乎是每日使用者，他們對電腦／網路的操作較嫻熟，也較願意嘗試並發展多元的電腦／網路應用。其他缺乏者主要使用電腦／網路的場所是學校；偶爾在放學後，他們也會到活動中心、教會或同學家上網。高年級學童，尤其是男童則會到網咖。[14]M. K. Eamon（2004: 106）指出，學童來自少數族群、低社經地位的家庭，無法在家裡近用電腦，只好到公共場所（如：社區中心、圖書館等）上網，而這些地方通常有較多的限制（如：連線時間或內容），造成他們的網路應用較有限且偏狹。

表 3.5　A 校中、高年級原住民和漢族學童擁有電腦設備的情形

年級＼物質近用	原住民學童擁有電腦設備者			漢族學童擁有電腦設備者		
	有電腦者	能上網者	缺乏者	有電腦者	能上網者	缺乏者
三年級	7	(3)	10	1	(1)	1
四年級	8	(3)	7	2	(1)	2
五年級	9	(4)	14	2	(0)	1
六年級	10	(6)	14	4	(3)	1
總合	34	(16)	45	9	(5)	5
百分比	43.04%	(20.25%)	56.96%	64.29%	(35.71%)	35.71%

資料來源：作者整理

14　高年級有 17 人常到網咖，五年級有 8 人（7 男、1 女）、六年級有 9 人（7 男、2 女）。

（三）技巧近用

A 校學童獲取數位技巧的方式有二，其一是非正式的學習：藉由玩樂的方式，學童自行摸索或由同儕、親友從旁協助；其次是正式學習：透過學校資訊教育而獲得。在此節，我們要特別著重於學童在校的正式學習。

首先，在操作技巧方面。中年級是第一次上電腦課，很多學生雖然會玩遊戲，但對電腦介面、鍵盤和輸入法卻不熟悉；然而，家中有電腦者則較少有操作的困擾。當教師上課時，他們會趁機做自己的事或和別人聊天，干擾其他缺乏者的學習，而造成資訊有／無者之間技能差距的擴大，也就是已經學會的學童始終操作如流，偶爾會遇到一些小問題；但不會操作的學童，卻總是教過即忘，老師必須一再反覆地向其說明和示範。學童之間的能力懸殊，已影響到電腦課的進行。

另外，中年級學生在操作電腦時，比較沒耐性。當電腦速度變慢時，他們會大力敲打鍵盤或滑鼠，並對著電腦大叫：「慢ㄟ！」、「你快一點！」。由於他們尚未養成電腦使用習慣，所以常忘記自己的密碼或儲存的檔案名稱，也常未按照正常程序開關機。

相較於中年級，高年級學生較無基本操作的問題，他們主要學習進階的電腦技巧。有些技巧太過專業（如：繪圖或網頁），就連家中有電腦者也沒有相同的軟體，既不能在家練習，也無法將技巧應用在日常生活中。高年級學童多抱怨進階技巧太複雜，而且很抽象，如同 A_6F19 所說：「不知道老師在說什麼，反正照做就好了」。

MT1 則以為，「學習電腦還是需要基本的語文能力，原住民學生連拼音都有困難，還要他們去理解電腦術語，更是難上加難」。他表示，原住民學童採用圖像記憶的方式學習電腦，一旦介面改變，他們就會感到困惑，何況是操作涉及複雜的電腦原理。van Dijk 與 Hacker（2003: 323）曾指出，數位技巧的發展依賴基本識讀（即：語文能力）和社會資源（即：支持的網絡）。但 A 校原住民學童在這兩方面卻是欠缺的，不但語文能力不如一般地區的學生，而且家人對新科技或新知識也不熟悉，無法從旁給予協助。

其次，在資訊技巧方面。原住民學童因語文的緣故，不擅長搜尋特定資料，但喜歡漫無目的地查詢流行資訊，尤其是圖片、影片或音樂。當三年級學童升上四年級，並開始學習網路搜尋時，MT1 以國語課正在教的「媽祖」為例，要求學童找出媽祖的名字。然而，學童分不清楚名字和別號、稱號有什麼不同，所以將網路上查到的名稱，全當成媽祖的名字，例如：A_3M19 的答案是「媽祖叫做天上聖母」。

接著，MT1 教學童縮小搜尋範圍，並要求學童繼續查詢「媽祖是哪裡人？住在哪裡？」由於有些廟宇已經 e 化，故有些學童連線到小廟的網站，答案千奇百怪，有「媽祖住在嘉義」；「住在台南」；「住在路邊」；「住在廟裡」。在網路搜尋的過程中，更突顯語文能力的重要性，學童除了需要準確地拼出關鍵字之外，也須進一步判斷資料的正確性。然而，小朋友因不熟悉台灣民間信仰，[15]加上缺乏語文能力，導致他們無法找到有用或正確的訊息。這種情形，也發生在高年級生的身上。

高年級的網路搜尋單元除了打關鍵字外，還包含利用加減號來縮小搜尋範圍，MT1 在教完此單元後，以「海馬」為考題，進行隨堂測驗。大多數學童只打了關鍵字「海馬」，結果出現許多日文網站。MT1 要求學生必須採用「＋－」的方式，只有 A_5F16 符合老師的要

[15] W 區居民的主要信仰是天主教或基督教。

求，她設了「海馬＋繁殖＋魚」，其他人的答案則是五花八門，如 A_5M2 的「海馬＋公馬＋母馬」或 A_5M4 的「海馬＋海」。許多學生在點進網站時，就向老師報告「我找到了！」，完全未先察看內容是否正確，直到老師過來才發覺其資料其實是錯誤的。

從隨堂測驗中，我們發現高年級學童的問題和中年級如出一轍。由於缺乏文化常識（如：海馬是魚，不是馬）或相關背景，學童搜尋時猶如大海撈針，找到資料後，因不習慣文字閱讀，逕自將出現的資料當成資訊，明顯缺少資料處理和評估的能力。

第三，在策略性技巧方面。van Dijk（2005）指出，一般學校比較偏重在操作和資訊技巧，而忽略了策略性技巧，亦即協助學童利用新科技解決其生活或學習上的問題。以 A 校為例，電腦課除了傳授學童操作技巧外，也須應付縣政府的各項資訊測驗。

台北縣政府於每年五月底，針對四、六年級生進行線上資訊測驗。在五月初，FT3 影印了資訊測驗題目讓小四生帶回家練習，並於考試前夕，讓他們進行線上模擬測驗，結果有 3/4 的人不及格。

研究員：題目你都看得懂嗎？

A_4F17：看不懂，就背答案。

研究員：那你怎麼還不及格？

A_4F17：就忘了。

A_4F8：我懶得背，都用猜的。

A_4F11、A_4F12、A_4M10：我也是。哈哈。

研究員：喔，你及格了，你都會啊？

A_4M20：我在家裡，已經上網做過這些練習了。

從訪談中，我們發現家裡有電腦且在意課業表現的學生，「資訊素養」的分數較高，其他學生因為不在乎成績，所以對資訊測驗完全不當一回事，反而是 FT3 擔心成績太低，會影響學校聲譽。

同樣，MT4 是六年級的導師，為了幫助學童應付線上測驗，也額外為其補課。不同於 FT3 的方式——全班一起唸題目，再宣佈正確答案，MT4 仍試圖向學童解釋題目背後的電腦原理，例如：電腦處理圖像時所用的「像素」，「就好比織布，一格只有一個顏色」，他認為，「這些題目的語彙，對學生來說太難了。只好印出來教他們」。MT1 對資訊測驗也有看法，

> 資訊測驗考的是文字的選擇題，很奇怪。這裡的小孩文字理解力比山下差，還要他們在電腦上作答，所以情況可能會很糟。資訊測驗不能這樣考，程度好的小朋友也未必能作答，因為小朋友看得懂電腦畫面、螢幕上的圖示，但轉換成文字、電腦術語後，大家就不會了，而且題目範圍是 Microsoft 這套軟體的所有應用，不也限制了老師的教學方向，會讓其他老師以後都只能教這套軟體。如果教其他應用程式，學生可能就不會作答。唉，這種測驗很難測出小朋友的程度。

從 A 校的經驗中，我們發覺現有的「資訊測驗」、「資訊素養」可能還是以傳統素養作為前提，測驗本身可能隱藏一些偏誤，無法正確地反映出原住民學童的電腦／網路應用能力。此外，測驗也設限了老師教學的方向，偏重在 Microsoft 軟體並以操作技巧（如：軟體應用）為主，而忽略策略性技巧（如：改善現實生活的問題）。

（四）使用近用

就 A 校學童的實際使用來看，家中有電腦者使用新科技的時間較長，而高年級學童又比中年級在家使用的時間更長。這是因為 W 區家戶以為電腦是教育工具，兄姐比起弟妹更有電腦課業方面的需求，所以兄姐具有新科技的優先使用權。[16] A_4F4 抱怨，「哥哥（A_6M3）在家老是霸著電腦，不讓我用，我只能等他去洗澡或寫功課時才可以用」。

如同 Livingstone 等人（2005c）的發現，高年級生因使用時間較長，故對新科技較有自信並累積較多的技巧，能從事廣泛且複雜的網路應用。例如：A_6M3 除了玩線上遊戲、聊天之外，也經營聊天室和線上家族。

相對地，中年級學童的使用則較狹隘。大多數人認為，電腦是「玩具」、「電動」或「能玩的電視」，因此電腦／網路的使用以玩遊戲為主。他們由於不熟悉輸入法，較少使用網路搜尋的功能，多連線到固定的網站，如：【史萊姆好玩遊戲區】、【亞洲最大遊戲區】。通常，他們會挑選與電視卡通有關的遊戲來玩，如：【哆啦 A 夢】、【蠟筆小新】、【神奇寶貝】等。此外，中年級學生也容易受到高年級學生或家中兄姐的影響，傾向玩【摩登原始人】、【阿ㄆㄧㄚˇ打壞人】。

在性別方面，與男生相較，家中有電腦的女童比較會利用電腦／網路做學校作業。另外，在電玩方面，中年級學童，不論男女皆喜歡玩電腦遊戲。小三生的遊戲選擇較多元，有時男生也會玩女性化的遊戲，如：烹飪、裝潢或化妝等；女生則是玩格鬥遊戲。但至

---

[16] 有關 W 區家戶購買電腦、網路的原因，請看第五章。

四年級，電玩的選擇逐漸有男女之別，大多數的男生幾乎不再玩女性化的遊戲，而且刻意貶抑這些遊戲為「娘娘的遊戲」。

女生到了高年級，對輸入法越來越熟悉後，除了遊戲外，也開始使用電子郵件、線上聊天、MSN 等傳播功能；其中，有 7 位女生成立了線上家族，用來聯繫女性之間的情誼。[17]相對地，男生則熱衷於線上遊戲，透過遊戲密技的分享和傳授來維繫男性之間的義氣。[18]

在族群方面，原住民學童受到文化和語文的影響，不喜歡上網閱讀新聞或資料，但常搜尋圖片或音樂，有時也會更換學校電腦的桌面。至於喜歡聊天的原住民女童，也多選用口語式的會話型態——打字時以讀音近似為主，而不必在意文法或拼音的正確性，故其語文能力並未因聊天而獲得改善。相對地，漢族女童因具有語文的優勢，不但能利用線上家族在線上學習電腦語法、網路功能，也能藉助聊天來強化打字速度。

整體來看，中、高年級學童已能近用新科技，但在使用上，學童之間仍因家庭社經地位、年齡、性別、族群等因素，而出現漸層的使用落差。在網路使用上，來自漢族、家中有電腦、高年級的女童，比較能發展出創造性的使用，例如：A_6F18 利用線上家族開闢一個屬於自己的創作園地。[19]相反地，來自原住民、家中無電腦、低年級的女童，則可能因為本身既對電腦生疏，又不喜歡電玩，而選擇不用新科技（如：A_3F8）。

17　A 校高年級學童從事線上家族共有 9 人；其中，女生有 7 人，包括 A_5F22、A_5F23、A_6F18、A_6F15、A_6F19、A_6F23、A_6F24；男生有 2 人（A_6M3、A_6M29）。

18　有關高年級學童的使用，請看第六、七章的分析。

19　來自漢族、家中有電腦、高年級的男童（如：A_6M4）則以玩線上遊戲為主，偏重在過關或晉級，反而網路應用沒有女童的網頁製作來得多元。

然而，誠如 van Dijk（2005, 2006）所言，科技使用並非靜態的「用／不用」二分概念，而是一個長期循環、累積的過程，不用者也可能因為獲得技巧和信心後，而變成使用者。

三、A 校調查的省思

從 A 校的調查中，我們發現學校資訊教育的介入，對學童的「動機近用」和「物質近用」有正向幫助，能有效縮小這兩種近用的差距，但卻不經意地拉大「技巧近用」與「使用近用」的落差。在「技巧近用」方面，學校電腦課旨在傳授專業的操作技巧和網路倫理，試圖培養學童所謂的「良好」或「正確」的科技稟性，但此屬於漢族、中產階級的稟性（包括：電腦學習以知性為訴求、網路使用以資訊為導向），並不符合原住民的學習型態。

對缺乏數位資源、又不擅長語文或不在乎課業的原住民學童來說，現有的資訊課程或測驗，都易拉大資訊有／無者之間的差距，而將缺乏者從正式學習推向娛樂使用，因為學校所教的技巧有些實在難以企及。由於網路使用是累積、循環性，原住民學童因缺乏技巧，故其使用也就相對變得有限且狹隘。

有關數位落差的討論雖然已從「科技機會」轉向「教育」的能力與技巧，仍鮮少觸及「社會」的位置與權力問題（見表 3.1）。我們對「不用者」或「資訊落後者」的社會性瞭解，其實是相當有限。

N. Selwyn（2004a）指出，新科技的使用不僅需要經濟資本，也須文化資本和社會資本共同配合。前者指個人具有某種文化知識，能學習且知道如何使用電腦／網路；後者則是個人能獲得外在的支持與協助，不論是在硬體維修、知識分享或情感交流等方面。他挪用 P. Bourdieu 的資本形式，發展出「科技資本」（technological capital）的概念（見表 3.6），並說明其他資本如何影響科技資本的形成，而科技資本也會和其他資本互換、強化彼此，造成社會階層之間社會不均依然存在，而且出現新的數位不平等。

由於大多數的資訊落後者處於不利的社會位置，表面上來看，他們落後是因為缺乏科技資本，但其實也缺乏相對應的一般資本。因此，資訊教育不能只從科技／技巧下手，還必須從其「不利」的結構面（如：語文技巧、社會支持）一起補強。

L. Kvasny（2002, 2005）也指出，數位落差的文化複製現象很難透過制式的資訊教育來改善，除非教育者意識到學習者的社會處境，願意配合其需求並採用他們的學習型態來傳授電腦技能。由此來看，「教育／技巧」不是全盤通用，而應該因地／因人制宜。這或許也是當前國內數位落差研究值得深思的課題。

表 3.6　科技資本的不同形式

資本形式	科技資本
經濟資本	ICT 使用的物質交換、物質資源及家戶空間 具有經濟能力購買 ICT 的軟硬體
文化資本	**形體化** 以非正式學習形式投資時間至 ICT 技巧、知識、能力的自我改善 參與 ICT 教育和訓練——包括正式的資格或非正式學習 **客體化** 透過科技文化物品（如：藉由雜誌、書籍和其他媒體瞭解 ICT）、家庭、同儕、以及社會化的其他作用者，社會化科技使用和科技文化 **制度化** ICT 訓練的正式資格證明
社會資本	科技接觸的網絡和支持。這些可能是：面對面的家人、朋友、鄰居、輔導者、其他有意義的他者、團體或組織的成員。 遠距的線上協助或商業性的求助線

資料來源：Selwyn（2004: 355）

伍、數位落差研究的反思

數位落差研究雖然有助於我們瞭解當前的數位使用概況，但 van Dijk（2006: 231-3）認為，研究本身仍有若干缺點存在，如下：

一、缺乏理論：過去 5 至 10 年的研究大多停留在描述層次，強調因收入、教育、年齡、性別及種族等人口變項所造成的近用差異，而未進一步說明近用不均背後所隱藏的深層社會、文化及心理問題。

二、缺乏跨學科的研究：大多數的研究主要從人口變項切入，偏重在「物質近用」上，而忽略心理、傳播及教育等面向。事實上，若要掌握數位落差的全貌，研究者還須進一步瞭解個人對新科技的態度、新媒體擴散所採用的管道、以及生活型態和科技使用之間的關係。

三、缺乏質性研究：量化資料的蒐集雖然有助於描繪出問題的圖像，並說明變項之間的關聯性，但無法解釋科技在每日生活中的挪用與區隔。而質性研究則能補充這方面的不足，深入檢視在特定脈絡內，個人對科技的態度如何產生，以及近用不均等如何被維持。

四、缺乏動態取向：數位落差研究受創新傳佈理論的影響，以為創新是以 S 曲線或下滴原則（trickle down）發展，只要科技成本降低且變得容易使用後，落後者自然就能迎頭趕上。[20]顯然，研究忽略了科技汰舊換新的速度，早先採用

---

[20] S. Wills 與 B. Tranter（2006）也指出，在美國，因性別、年齡、區域而造成的數位落差正在縮小，表面上來看，似乎有下滴效果，即創新是從精英擴散至大眾。但若仔細探究，則會發現有些障礙雖被傳統類屬（性別、年齡）所打破，但仍受制於新的社會階層模式，亦即地位、收入、生活型態和性別、年齡等交錯。

者會不斷地更新科技的軟硬體，導致落後者永遠在後頭追趕。

五、缺乏長期、多變項的分析：以描述為主的數位落差研究，仍無法說明數位落差所造成的結果，也就是不均等地近用 ICT 究竟會產生何種不平等，和傳統缺乏稀少資源有何不同。為了釐清此問題，數位落差研究尚需要長期、多變項的分析。

六、缺乏概念的闡釋與定義：數位落差研究所使用的概念，如：「近用」、「科技」、「技巧」一再引起爭議，究竟電腦／網路能連結什麼？電腦識讀和數位技巧是否是同義詞？這對量化研究而言異常重要，需要更細緻的操作定義。

本章以「數位落差」作為本書的研究起點，一方面是數位落差有助於勾勒 A 校的整體數位使用圖像，描繪學校資訊教育和師生的實際使用狀況；另一方面，則是國內已開始重視偏遠地區的數位落差問題，A 校研究可提供作為一個借鏡。為了縮減城鄉數位差距，政府推出許多新辦法，如：「偏鄉居民收視無死角」、「偏鄉學生家庭有電腦」、「村村通訊有寬頻」、「偏鄉處處有數位機會中心」等（研考會，2007），但仍以提供軟硬體設備和基本技巧為主，而忽略其他面向。A 校研究正好能說明為何我們需要「超越近用」，並關切在地的真實需求與學習者的生存心態。

本章雖然採用數位落差的概念來描述 A 校學童的網路近用與使用，但也如 van Dijk 所言，數位落差研究仍有些不足存在，因此本書也將在其他的章節，挪用其他理論並以跨學科的方式，尤其是借用社會學、女性主義、文化研究、電玩研究、批判識讀等觀點，從不同面向，深入瞭解學童的網路使用與表現。

除此之外，本書將以 A 校為研究對象，採用長期、動態的質性個案研究，以闡明特定文化如何影響學童的網路使用。目前國內許多量化研究皆指出，偏遠地區和一般地區的學童一樣，都喜歡玩電玩和聊天（研考會，2006；教育部，2004）。這些研究似乎暗示，學童不論在動機或使用上，並未因城鄉之別而有差異。不過，藉由脈絡化的分析（請看第七、八章），我們發現 A 校學童的電玩使用仍有其不同之處，其他網路活動亦是如此。是以，本書將陸續在其他各章節，從不同面向解析 A 校學童的網路使用，並說明其可能帶來的數位機會，以及背後所涉及的數位落差問題。

第四章　數位機會與風險

當代兒童在科技擴散的過程中，既是先驅者，也是受害者。他們可以藉由網路獲得數位機會，包括近用資訊、表達意見、結交朋友等，但也可能因此惹禍上身，像是因網路流言而被騙、因謾罵而被檢舉、或因網友而失身等。國內對兒童的網路使用多採用保護主義的看法，所以較少從兒童的觀點去瞭解他們為何及如何涉足網路風險。因此，本章將從「風險社會」（risk society）、「異質空間」（heterotopias）的概念著手，檢視偏遠地區的兒童如何近用高風險的網路訊息與服務，並成為反身性的主體。

壹、前言

有關兒童與網路的研究日益受到重視。樂觀者以為，出生在 e 世代的兒童是天生的網路小子（natural cyberkids），能利用新科技開創美好的未來。但隨著網路犯罪的增加，有識之士開始擔憂涉世未深的兒童，可能無法判斷網路資訊的真偽、虛實，進而蒙受其害（Buckingham, 2002; Friedman, 2000）。尤其當網路進入偏遠地區，兒童成為該地的早期使用者，在家長缺乏電腦經驗的情況下，他們的網路使用究竟是把握數位機會用來改善學習與生活處境，還是讓自己陷入更大的風險中？

由於網路使用的時間與風險成正比，當兒童使用網路的時間增多後，風險也隨之增加（Livingstone & Bober, 2004）。國內研究者也開始關切網路對兒童的可能危害，包括網路成癮、交友、色情等，研究多採用效果模式，並建議家長採取必要的保護措施（如：使用時間和內容的管控），讓兒童免於遭受網路的傷害。

然而，批判學者認為，效果研究低估了兒童的能動性與判斷力。事實上，兒童在近用風險資訊時，並非全然無知，而是有所考量，只是他們的看法與作法通常不同於成人，而被貶抑為幼稚或不理性。為此，本章將改從兒童的角度切入，並配合「風險社會」和「異質空間」的觀點，探討偏遠地區學童的網路風險使用。

目前國內尚缺乏網路機會和風險的相關討論，因此本章將先回顧國外的相關文獻。由於一般的數位機會在第三章我們已討論過，所以本章將偏重在高風險的網路機會，並以 A 校兒童的網路交友和色情為例，說明兒童如何知覺網路風險，並利用它們來成為反身性的主體。

貳、網路對兒童的效果：正／負作用

教育與傳播學者主要從效果取向，探討電腦／網路如何為學童帶來數位機會和風險，也就是調查學童在電腦／網路上所花費的時間量、近用的內容、以及從事的活動種類，是否會影響其身心發展、學業表現、社會關係，以及現實認知（Subrahmanyam et al., 2000; Wartella & Jennings, 2000）。

首先，在身心發展方面。電腦／網路有助於提升學童的手眼協調能力、反應速度及空間技巧，但若使用過度，則有礙其身心發展，造成頭痛、眼花、手肘扭傷、變胖等生理問題，以及心理上變得孤僻（Greenfeild, 1984; Berger, 2002）。

其次，在學業表現方面。學童使用電腦／網路，對其識讀有正向幫助，就算在使用上以休閒為導向，仍有利於學業學習，譬如：玩遊戲能提高解決問題的能力和計畫技巧；而聊天或收信，則能改善其文字和表達能力。儘管如此，但若過度使用，學童則易產生網路成癮，反而荒廢學業（Becker, 2000; Thiessen & Looker, 2007）。

再者，在社會關係方面。早期以為學童若將時間花在電腦上，則會減少戶外運動和人際互動的機會，變成社會孤立。然而，90 年代中期發現，新科技是互動性的媒體能促進人際間的往來，但學童可能因此轉向和陌生人交往、或沉迷於虛擬互動（Lesnard, 2005; Subrahmanyam & Lin, 2007; Wartella & Jennings, 2000）。

最後，在現實認知方面。電腦／網路涉及複雜的認知過程，能提高學童的歸納推理和後設認知分析的能力，但其流通的內容大多充斥著社會病態，舉凡血腥、暴力、毀滅、恐同，至性別／種族歧視，學童若過度使用將影響其對現實的認知，並發展出反社會行為（Hourigan , 2006）。

效果研究從科技的作用著手，如果電腦／網路對學童發揮正向效果，則被視為數位機會；反之，若產生負向效果，則被當作危險。不過，大多數的研究並未獲得一致的結論。以社會關係來說，過去研究偏向採用「替代說」（displacement theory），強調時間有限，若使用者花太多時間在新科技上，勢必減少其他活動，故使用電腦／網路時間愈長，愈易感到社會孤立。但許多研究發現，當學童使用新科技時，其實同時進行多項任務（multitasking），如：邊玩遊戲、邊聽音樂、邊用 MSN，新科技的使用被嵌入每日的例行活動中，兒童並未因此減少和他人互動、或其他傳播活動的進行（Gershung, 2000, 2003; Livingstone, 2006b）。

就此而論，效果研究不僅容易傾向科技決定論，也明顯忽略兒童的能動性，故 K. Subrahmanyan 與 G. Lin（2007: 675）指出，使用時間並非關鍵，而是他們上網做什麼、和誰互動、建立何種關係。S. Livingstone（2003: 159）也強調，網路研究應以兒童為中心，而非採取科技導向；藉由調查兒童在特定脈絡裡，為何、如何利用網路去做什麼，以說明兒童使用網路的本質。

參、兒童與網路：數位機會與風險

今日的兒童深受媒體影響，形成中介的童年（mediated childhood）。媒體不但經由內容，直接告知兒童所應關切或感興趣之物，也藉由形式，提供其個人化和風格化的傳播工具去標示身份（Buckingham, 2000）。

由於新媒體的出現，已模糊公／私領域、教育／娛樂、公民／消費者之間的界線，導致兒童的媒體使用有三個問題備受重視：(一) 私部門影響兒童的休閒活動；(二) 兒童參與公共領域的過程；(三) 兒童權利、隱私免於受到公共管制（Livingstone, 2005）。

Livingstone（2005）採用 J. Habermas 的社會領域（spheres of society）之分，提出一個架構闡析兒童和媒體的關係（見表 4.1）。Habermas 的社會領域乃是結合公／私和體系／生活世界（lifeworld）[1]的討論，包含四個領域，分別是國家、經濟、公共領域，以及個人／私人領域（intimate sphere）。儘管 Habermas 強調這四個分析領域「應該」有

[1] 體系／生活世界的討論類似於社會學者所說的結構／能動性。生活世界指涉人們的意義範疇，或相對於市場或行政體系（結構）的非正式之生活方式（能動性）。

所區別，但 Livingstone（2005）以為在後現代的資訊社會裡，領域之間並非壁壘分明，而是互相交錯、彼此影響。

表 4.1　Habermas 的社會領域作為媒體和兒童的分析架構

	公共 兒童作為公民	**私有**（private） 兒童作為消費者
體系 兒童作為對象（object）	國家（the State） 用在媒體工業的法律和管理架構，包括保護第四權 *兒童作為媒體教育的對象，透過其易受傷害的特性，形成內容的指導和控制*	經濟 媒體工業、媒體市場、媒體的商業邏輯、廣告、連結至消費市場 *兒童作為商品或市場，透過分級制、市場分享和無法滿足的需求所特徵化*
生活世界 兒童作為能動性（agent）	公共領域 媒體作為民主討論的論壇，中介社群參與和公共文化 *兒童作為主動且從事於有教養、參與性和／或反抗文化*	個人或私人領域 媒體提供形象、愉悅、習慣及物品用於認同、關係及生活型態 *兒童作為有選擇性、解釋、尋求愉悅、創造性進行認同工作*

資料來源：Livingstone（2005）

由於此架構涵蓋不同面向和觀點，有助於我們釐清兒童和新媒體的關係，故我們以它作為綱領，用來彙整數位機會和風險的相關討論，並從「個人領域」著手。

一、個人領域和經濟的交錯

個人領域和經濟之間的交錯顯示兒童的休閒活動、認同及生活形態，已變得越來越私有化和商業化（Buckingham, 2000: 102）。以商業為導向的媒體將閱聽眾細分（audience fragmentation），兒童變成了目標市場，不但有獨特的文本類型（如：兒童節目、童書），也有專屬的通道（如：兒童台、兒童報）。

在 80 年代，受到「解除禁令」(deregulation) 的影響，美國兒童節目走向與「玩具」相關的新型態，並朝向「跨媒體的互文性」(trans-media intertextuality) 發展；亦即，節目同時以其他媒體形式呈現（如：電影、漫畫、書籍、電玩等）。這些文本不僅促銷商品，商品也帶動文本的觀看 (Buckingham, 2000: 156)。由於文本已全面滲透到兒童的生活，鼓勵其消費特定的文本／商品和品牌來表達其認同，兒童不再只是閱聽眾，也是消費者；而「年輕」、「童年」也被商業／消費文化所中介，變成某種生活型態的選擇。

隨著新科技的出現，媒體的商業手法也更上一層。透過互動性，媒體在線上增設聊天室、留言版、遊戲等服務，讓兒童願意停留並探索文本／商品，以提高其對品牌的偏好與忠誠度 (Mitchell & Reid-Walsh, 2002: 144)。K. C. Montgomery (2000: 157) 指出，商業網站也發展出「一對一的市場」(one-to-one market)，試圖以贈禮來誘惑兒童填寫個人資料、或提供好友名單，同時亦針對其喜好，提供客製化的服務。

由於媒體／傳播科技的匯流 (convergence)，加上網路快速的商業化，已破壞網路作為民主教育的潛力，反而讓兒童暴露在更大的商業操控底下。儘管如此，兒童並非被動地遭受商業的剝削，而是主動地挪用文本建構其認同。新科技不像電視，兒童不再是枕背坐著 (sit back) 觀賞，而是趨前坐下 (sit forward)、手握滑鼠，在各式各樣的內容與服務中，不斷地點選、做選擇，甚至還能近用「十八禁」區，直接挑戰成人的價值。換言之，新科技跨越了成人／兒童之間的文本界限，兒童的媒體使用／消費也因此變得更流動、更複雜，充滿不確定性。

在文化消費的過程中，兒童除了挪用文本外，也從事文化生產，從消費者轉換成生產者。他們不僅利用流行文本來探索其歸屬、認同及愉悅，同時也進行文本的協商和轉換，重新賦予新意。例如：M. Ito（2005a）發現，兒童挪用卡通節目【遊戲王】（Yu-gi-oh）創造了在地的規則與價值，在同儕之間分享資訊、解釋情節，也從事卡片的交易或相關商品的交換。

然而，不容忽視媒體的商業化，已拉大貧窮／富裕小孩之間的數位／休閒落差——他們不僅生存在不同的社會階層裡，也擁有不同的媒體世界和文化想像（Buckingham, 2000: 102）。

由此來看，網路提高兒童近用流行文化並挪為已用的機會，[2]同時也讓他們跨越年齡的約束，近用成人文化。然而，這也為兒童帶來風險。由於不瞭解網站背後的商業運作，兒童很容易受到商業的蹂躪，例如：侵犯其隱私與個人資料、塑造假需求等。此外，在標榜自由近用的口號下，不僅增加兒童接觸不良訊息（如：含有色情、暴力或歧視的內容）的機會，也容易拉大兒童之間的數位／休閒落差。

二、個人領域和公共領域的交錯

個人領域和公共領域之間的交錯，以不同方式混淆了公／私領域的界限，並涉及「參與」的問題。兒童成長在網路時代，連線（connectivity）成了他們的習性，除了常上網消費數位內容外（如：玩／下載遊戲、音樂、圖片等），也主動參與網路文化的生產（如：發表意見、竄改圖片、網頁製作等）。網路促成不同形式的參與，從「消費者」在流行／娛樂網站中尋找資訊，至「公民」在社群／政治網站中關心社會問題（Livingstone et al., 2005a）。

---

[2] 譬如：線上遊戲【楓之谷】除了讓玩家打怪練功外，也允許其利用自行建置的角色，進一步編輯影片。

過去以為，兒童對政治、公共議題不感興趣，故不會主動接觸這類網站。然而，K. Montgomery 等人（2004）發現，兒童雖然不關心政策制定或政黨話題，但對社會問題（如：動物保護、家暴）仍然關切，會主動上網搜尋相關資訊。因此，若能培養兒童的公民識讀（civic literacy）、公民技巧和熱誠，將有助於協助他們成為網路公民（e-citizens）。

Livingstone 等人（2005c）曾調查英國兒童的網路使用，結果發現兒童的網路活動以娛樂為導向，主要是搜尋資訊、聯繫朋友和玩遊戲，而較少從事公民參與；其中，較常上網的女生比男生更有可能連線至公民性質的網站（如：慈善、人權、動物保護等）。從他們的研究顯示，網路雖然提供各種互動機會，但兒童顯然喜歡私下、個人或同儕對同儕的傳播（peer-to-peer communication），更甚於公開、以社群、公民為主的參與。

當然，兒童參與線上互動的同時，也可能結識陌生人，但他們並非一心想結交網友，而是利用網路來維護既有的同儕網絡，也就是透過線上傳播來刺激或補充親身傳播的不足。由於兒童同時採用多種的傳播管道（面對面、手機、MSN、電子郵件等）來強化同儕彼此間的關係，因此同儕對兒童的影響力也越來越深（Livingstone & Bober, 2004: 408-9）。一旦同儕以娛樂為導向時，也會吸引個人關心流行話題而遠離公共議題。

由此觀之，網路雖然增加兒童參與公共事務、獲取重要資訊的機會，但兒童未必會即時把握，反而著重在同儕網絡的維護和流行文化的近用。

三、個人領域和國家的交錯

個人領域和國家之間的交錯，涉及國家採用何種方式管理兒童和新媒體之間的關係。首先，我們將著重在個人領域，探討兒童使用網路可能遭遇的風險；然後檢視目前的政策與潮流，如何協助兒童避免風險。

（一）兒童使用網路的機會與風險

在個人領域，網路使用不僅為兒童帶來數位機會，同時也面臨風險。許多研究已發現，兒童的網路使用因性別、階級、族群，以及年齡而有差異。在性別方面，由於兩性偏好不同的網路活動，因此發展出不同的線上技巧和風險。一般來說，男生上網的時間比女生長，以玩遊戲為主，有時也會瀏覽色情網站（Holloway & Valentine, 2003: 93）；雖然他們有較高的自我效能（self-efficiency），但似乎比女生更易染上網路成癮、或受猥褻、暴力訊息的影響。反之，女生因喜歡線上聊天，所以比男生更擅長口語表達，但也比較可能與陌生人交往，或者遭遇線上性騷擾和攻訐（Livingstone, 2006b; Livingstone et al., 2005c）。

在階級方面，相對於勞工階級，來自中產階級的兒童較常在家裡上網，有較高的自信和線上技巧，也比較容易把握線上機會，發展出廣泛、多元且智識層次的網路使用（如：製作網頁、應用程式語言），但同時也需承受較多的風險，像是電腦病毒、垃圾信、網路交易或不實資訊等。反之，勞工階級的兒童受限於網路近用的問題，多只能在校使用，故使用的範圍狹窄，以娛樂為主，因此較難爭取或把握數位機會（Becker, 2000; Lee, 2008; Livingstone & Bober, 2005; Livingstone et al., 2005c）。

在族群方面，少數族群的網路近用機會低於白人，其兒童多在學校使用網路，且用於重複性的活動（repetitive activities）或練習。由於語言的緣故，他們較少利用新科技來做報告、搜尋資料或準備演說（Volman et al., 2005），反而偏向玩遊戲和獲取流行資訊，因此加劇了數位學習的落差（Kvasny & Payton, 2005; Nakamura, 2004）。

在年齡方面，囿於線上技巧，年紀小的兒童只能玩遊戲或做作業；而年紀大的兒童，則能從事較複雜的網路活動（Livingstone et al., 2005c）。由於年齡會與性別、階級及族群交錯，因此兒童發展出不同程度的網路使用，也承受上述的各種風險（Livingstone, 2006b）。

（二）針對兒童的網路管理

受到全球「解除禁令」的影響，目前的政策傾向採用「自我管理」（self-regulation），除了要求媒體自我約束外，也主張將國家的「管制」（governance）責任，轉移至父母、師長及兒童身上，要求其自我管理。

就師長和家長來說，網路使用應以「資訊」為導向，應用在教育上，增加數位學習的機會，但兒童的實際使用卻以「玩樂」為主，著迷於不切實際的幻想，讓自己陷入險境（Ito, 2005b）。在成人眼裡，「玩樂」也能以進步、發展為旨趣，尋找有益身心健康的玩法（如：使用教育遊戲軟體）；為了避免兒童沉溺於玩樂或近用不良訊息，學校和家戶皆提出一套對治的辦法。

在學校方面，除了安裝防火牆、過濾內容的軟體外，也增設電腦使用規則（如：禁止下載線上遊戲），並加派職員巡視和監控兒童的網路使用。有些兒童認為學校的管制太多，反而不願意在校上網（Selwyn, 2006）。然而，在家戶方面，家長為了兒童的安全，憂心其將戶外的危險（如：陌生人、色情等）帶進家裡，也對兒童的網路使用多加約束，尤其是時間的控制。[3]

兒童的網路使用已造成世代之間的衝突，一方面，兒童渴望自由、隱私，希望能自在、不受監控地使用網路；另一方面，成人擔憂兒童缺乏判斷力會蒙受網路的傷害，而採取若干保護措施。不過，由於兒童的線上技巧大多優於成人，所以常能突破或逾越學校、家戶的管制，而使網路安全和品質一再受到公／私領域的關注與撻伐。

肆、反身性的網路使用

兒童愈常使用網路，就愈容易遇到風險，這是因為資訊社會和風險社會並置的緣故（Winseck, 2002: 116）。雖然網路能提高兒童獲取資訊的優勢，但也創造更多的不確定性。尤其網路允許兒童從傳統的身份類屬（如：年齡、性別、階級等）、所屬機構（如：家戶、學校）以及文化價值（如：兒童是天真無邪）中掙脫出來，嘗試各種的可能性。不過，對於尚無法負責的兒童來說，卻可能因此身陷風險中，被迫面對自我決定的後果。

風險社會，是由 U. Beck 在 80 年代所提出來，指現代社會試圖處理和面對由現代化本身所衍生的不安與危險（Beck, 1992: 21）。「反身性現代化」（reflexive modernization）[4]是其重要的特徵，亦即「自我對抗」（self-confrontation）現代社會所產生的種種非意圖的副作

3　有關家戶的討論，請看第五章。

4　Beck 等人（2003: 1）指出，「反身性現代化」是現代社會的現代化。周桂田（1998: 96，註 4）解釋，「在（工業）現代化的基礎上社會自身（反身的）直接面對未意圖的、未預見的現代化後果。因此，現代社會自嚐其發展的惡果⋯⋯。對於這樣的現象，現代社會自身也成為自我批判、自我改變的對象。」

用（unintended side-effects），[5]並迫使社會、個人不斷地進行改革與重整（Beck et al., 2003）。反身性行動也因此成為解構／重構現代社會風險結構的最佳利器（周桂田，2000: 36）。

由於現代社會的風險都是由人類行動或決定所導致的結果，屬於人為製造的風險（manufactured risk），具有「回飛棒」的效果（boomerang effect），也就是當個人採用某種創新時，它的作用力會反過來加諸在個人身上。因此，個人必須學習如何去估量某種行動的風險與利益，並對其行動負責，擔負自身和依賴者（如：兒童）的安全（Nelson, 2008: 517）。

在反身性現代化底下，主體被要求自我管理（self-managing），採用計算理性（calculative rationality）評估個人的生活風險，並做出生活形態的選擇（lifestyle choice; Lewis, 2006: 465-6）。顯然，反身性（reflexivity）也伴隨著個人化（individualization）。U. Beck（1994: 13）指出，個人化是先「拔除」（disembedding），再「重新嵌入」（re-embedding）工業社會的生活方式，透過個人所生產、上演及修補自身傳記的新方式。個人的一生不再受制於傳統的桎梏，而是掌握在其手中，透過風險的評估與選擇，形成反身性的傳記（reflexive biography）或 DIY 傳記（do-it-yourself biography）。

Beck 等人（2003: 25-6）並以網路來說明反身性主體（reflexive subject）的自主與依賴（sovereignty and dependency）之雙重特性。

> 主體作為中心（a constellation），同時建立它和提供它玩樂的領域。一方面，網路是由個人所生產。他們獨自決定何時、和誰連線、以及時間多長。當然，同時他們不只

---

[5] 在工業社會，原以為工業科技的副作用能透過科學知識加以預測和控制，但至風險社會，副作用已超出預期，危及人類的生存（周桂田，2003: 8）。

> 是自己決定，也是他人決定（和科技安排）的俘虜。另方面，主體性現在是自我所選擇網絡（self-selected networks）的產物，透過自我組織被發展成某種領域，促成自我表達；以及透過公開認可強化它。自我和公共兩者一前一後的發展。

顯然，個人既是行動的創造者也是產物，選擇並維持自己的網絡。D. Parker 和 M. Song（2006: 583）認為，Beck 等人似乎暗示個人應承擔社會改變的責任，藉由規劃其傳記，譬如：個人藉由網路論壇分享其個人經驗，同時影響自我和他人／公共的發展。

不過，在反身性個人化（reflexive individualization）的過程中，並非每個人都能成為反身性的贏家（the reflexivity-winners）。由於風險分配和知識有關，對於那些無法近用風險知識的人（如：勞工階級、少數族群等）來說，就可能淪為反身性的輸家（Beck et al., 1994: 127）。由此來看，在風險社會裡，儘管傳統勢力已經式微，不平等的問題依然存在——經濟寬裕者或受過良好教育者，因為擁有資源（金錢或知識）能利用資訊避開風險；而貧窮者或教育程度低者，則可能連風險是否存在都不清楚。風險的處理能力與反身性，已成為現代社會新形式的不平等。

這種情形也發生在網路使用上。中產階級的父母比較會利用網路資源（如：連線自助，wired self-help）讓他們在抉擇時做出明智的決定（Burrows & Nettleton, 2002）。[6]此外，他們也常協助兒童以反身性的方式使用電腦和網路，也會購買過濾內容、保護隱私、防毒等軟體來保護家戶使用網路的安全（Heim et al., 2007; Livingstone,

---

[6] R. Burrows 與 S. Nettleton (2002)認為，線上的自助、傳播及社會支持乃是屬於中產階級的現象（a middle-class phenomena）。

2006a; Mumtaz, 2001）。然而，勞工階級的父母則可能連開機都不會，更遑論掌握兒童在線上的風險，或培養他們反身性的網路使用。

缺乏反身性的使用，不但容易讓弱勢族群的兒童蒙受新科技的危害，也易強化其缺乏自制力的刻板印象。T. Lewis（2006: 472, 475）指出，反身性個人化的背後其實隱藏兩個預設：其一，個人是有意識地評估風險並做決定；其二，風險是外來、客觀的，而非被文化定義或社會脈絡所影響，導致風險理論普遍化一種中產階級世界觀（bourgeois cosmopolitans）的反身性；亦即，一個負責任的主體必須選擇化減風險的生活型態（risk-reduction lifestyle）。反之，未採用此種反身性的個人，則被視為不理性者或不負責任者。

目前，有關兒童與網路的論述，似乎也是植基於中產階級世界觀的反身性。譬如：E. Lievens（2007）指出，保護兒童在新媒體的環境中，尤應採用「自我管理」和「使用科技工具」（如：安裝過濾內容的軟體）的策略。[7]一方面，尊重兒童使用媒體的權利；另方面，則透過學校和家庭教育，提高兒童的自覺和批判能力，近用有品質的內容和服務。Livingstone（2006a）根據《英國兒童上網》（UK Children Go Online）的調查報告，也建議家長應信賴、尊重兒童，並提高其安全意識，尤其是協助他們學習如何去平衡風險和機會。這樣的建議對缺乏資源的弱勢族群來說，無疑是難上加難（因其缺乏網路相關的知識與購買軟體的費用），除了凸顯他們在處理網路風險的無力外，也易否定其經驗網路的反身性方式。

是故，為瞭解不同階層的兒童如何發展其反身性使用，我們將配合 M. Foucault 的「異質空間」概念，進一步探討偏遠地區的兒童

[7] 保護兒童使用網路的方法，有法律規範、共同管理機制、自我管理，以及使用科技工具。Lievens（2007）以為，後兩者較能兼顧兒童的網路使用權和網路安全。

如何把握線上機會並經驗風險。在風險社會所謂的「自作自受」(即：回飛棒效果）的主張下，兒童處理風險的方式如何讓他們成為反身性的主體，並發展出反身性的認同。

伍、異質空間與網路風險

Foucault（1986）在〈其他空間的文本／脈絡〉一文中，簡短地回溯西方的空間史觀。他認為，現代對空間的看法已被「場域」(site）所取代。場域是「由兩點、兩元素之間的接近關係（relations of proximity）所界定」；就形式來說，場域被描述為「序列、樹狀、格子」，且被連結至技術工作的資料儲存（1986: 23)。同時，他亦觀察到現今社會的某些空間仍採用對立原則，[8]如：私密／公共空間、家庭／社會空間。

不過，Foucault（1986: 24）比較關心場域和其他場域之間的關係，並區分出兩種場域：「烏托邦」和「異質空間」。「烏托邦」是一種虛構的空間(unreal space)，沒有位置的場域(sites with no place)，試圖以完美的形式呈現社會。「異質空間」則是真實的空間，有位置存在，但屬於對立場域(counter-sites)，是「一種有效建立的烏托邦」(a kind of effectively enacted utopia)，其位置處於所有位置之外，但確實存在現實中。

在陳述「異質空間」時，Foucault（1986: 24-6）提出了五項原則：

---

[8] Foucault(1986: 22-3)指出，在中世紀時期，空間被知覺為一套階層的位置，根據對立原則而設置。但至文藝復興，伽利略以「無限開放」(infinitely open)的空間，挑戰了這種固定空間的看法。

一、異質空間出現在所有文化、所有時期中，但可能採取不同的形式。

譬如：在原始或早期社會存在著「危機的異質空間」（crisis heterotopias），將一些特權、神聖或禁忌之地，保留給處在危機狀態的個人（如：青春期男女、月事期或懷孕期婦女）使用。直至較複雜的社會，才被「偏離的異質空間」（heterotopias of deviation）取代，如：精神病院、監獄等，專門用來安置那些偏離常規者。

二、當社會改變時，其異質空間也會以不同的方式運作。

譬如：在十八世紀末，墓園仍座落在市中心並緊臨教堂，但隨著社會的變遷，對死亡的看法也從「不朽」轉變成「病禍」，墓園因此迫遷至郊區。

三、異質空間將幾個不相容的場域，並置在單一的真實空間中。

譬如：電影院位於長方形的空間內，其 2D 的銀幕投射出 3D 的空間。

四、異質空間經常連結至時間片刻（slices of time）。

異質空間可能是無限累積時間之地（如：博物館、圖書館），或是享有短暫時間之地（如：露天市場、度假村）。

五、異質空間預設一個開放且封閉的體系，能隔離並讓他們進入其中。

異質空間不像公共地方可以自由出入（freely accessible），總是有些限制。譬如：在南美洲的農場，過路的旅客一開門即是休息的臥室，但無法進入農場的家戶內。

除了這五項原則外，Foucault（1986: 26-7）並強調異質空間和其他空間的關係，存在著兩種可能性：其一是創造一個幻想空間，以凸顯其他空間更為虛幻；其二是創造一個理想但真實的空間（如：

完美、拘謹、精心安排的空間），相對於現實的雜亂無章。後者的作用旨在補償（compensatory）而非幻想。

Foucault（1986: 27）最後並以「船」作為異質空間的形象，「船是空間的一個漂浮片段（a floating piece of space），一個沒有位置的位置，以其自身存在、自我封閉，同時又能駛向無盡的大海」。此段描述正好與當代的網路使用不謀而合，個人上網被稱為衝浪（surf），而每一據點（如：網址、信箱）都有可能是個人所乘坐的船，讓其在網海中盡情航行（navigation）。

網路並非「烏托邦」，因其真實存在（有數位據點）且位於所有位置之外，能提供兒童作為（相對於現實社會的）幻想或補償之地。C. Mitchell 與 J. Reid-Walsh（2002）即以網頁作為「異質空間」，調查兒童如何利用網路活動，反抗家長的監視。他們發現，異質空間的第三、第五原則特別適用於兒童的網頁製作。首先，根據第三原則，兒童製作個人網頁多半是在家中，尤其是臥室。臥室作為「一個真實空間」，允許兒童透過電腦、螢幕、數據機連線進入網路空間，並在線上創造一個理想空間，尤其是女孩試圖以完美形象呈現一個私人空間，並將其置放在公共領域裡。透過個人網頁，女孩同時穿梭在幾個不相容的場域裡，例如：臥室／戶外、私密／公共素材、自我／他人之間。

其次，根據第五原則，兒童的個人網頁屬於「一種開放且封閉的體系」，兒童在網頁上鮮少提供個人基本資料，素材也多來自其他網頁、或可連線至其他網頁，而且網頁具有某種的「不可見性」（invisibility），除非訪客知道網址，否則無法連線進來。Mitchell 與 Reid-Walsh 認為，一般家長對女孩的行動限制多於男孩，但她們透過個人網頁，也能逃離家長的控制，不但在線上形塑一個理想空間補償自己，也能藉此上網玩樂與外界互動。

除此之外，K. McNamee（2000）也以電玩作為「異質空間」，調查兒童如何利用休閒活動，發展逃逸策略。他發現，男童多利用電玩，逃離成人的控制，從事一些真實世界所禁止的事（如：暴力）。除了獲得成就感、滿足幻想外，他們也藉此維繫和其他男孩之間的情誼。儘管女童在家中較少玩電玩，但透過聽音樂和閱讀活動，也發展出另一種「異質空間」，一個屬於私人、隱密的空間，讓她們也能躲避家長或其他男孩的干預，沉浸在自己的天地中。

由於「異質空間」比較強調個人的能動性；亦即，關切個人如何利用險境或在險境中化險為夷，似乎比風險理論更能接受不同方式的反身性，故本章將以此討論兒童如何近用大人眼中的「危險」訊息，包括網路色情和交友等。

陸、國內研究現況

隨著兒童使用網路的日益頻繁，國內研究也開始正視網路對兒童的不良影響，例如：網路成癮、涉足網咖、結交網友及近用色情等問題。許淑惠（2006）曾調查國小六年級學童的網路使用，發現上網時間越長、頻率越高、且以玩遊戲和聊天交友為主者，越容易網路成癮；但若以資訊為導向者，較不易成癮。王建翔（2005）也針對桃園市高年級學童進行調查，發現學童最常在家裡上網玩遊戲；高度使用者無法有效分配和管理學習時間，進而影響其學習意願。

至於涉足網咖，柯文生（2003）以高雄市高年級學童為對象，發現有四成以上的學童有網咖經驗，其中有一成二者，平均每週使用時間超過 15 小時，已有沉迷現象。男生、衝動性格、學業成績較差、及破碎家庭的學童，涉足網咖的比例較高、使用時間也較長。他認為，國小學童沉迷網咖和偏差行為有相似的成因，兩者皆肇因於個性衝動、家庭破碎或父母疏於管教；而且網咖沉迷日久，也會使偏差行為加劇。

在交友方面，根據行政院研考會（2006）的〈國中小學生數位能力和數位學習機會調查報告〉顯示，國中小學生的交友途徑和過去有很大的差異，有 37.8%擁有網友，其中小六、小四有網友的比率，分別是 39.4%和 23.7%。家長學歷越低，學生有網友的比率越高（應和管控鬆緊程度有關）。在有網友的學生中，13.1%表示網友知道其真實身份，6.5%曾和網友見過面。從分析顯示，女生比較懂得自我保護，和網友見面比率較男生低 2 個百分點。此外，家長學歷越高，不僅電腦管控越嚴格，學生自我保護傾向也越強，透露真實身份和網友見面比率都顯著降低。

在色情方面，蕃薯藤（2006）曾調查兒童的網路行為，發現他們上網主要是為了電腦遊戲、查資料、上網學習課程，但有近三成的兒童曾近用色情網站。施文超（2006）也有相似的發現，他以彰化縣高年級學童為對象，發現有 33.6%曾近用色情網站，71.7%在線上接觸過性資訊。然而，網路使用除了閱覽新聞和下載檔案外，其餘使用都和性態度呈顯著低相關。

而研考會（2006）的調查報告則顯示，有 56%的國中小學生曾收到色情垃圾郵件，其中居住在偏遠地區的學生，因較少使用電子郵件，故反應收到色情垃圾的比率也偏低，僅 39.5%。此報告在建議中指出，網路潛藏兩個威脅：一是接獲色情郵件；二是結識網友，故「國中小資訊教育應該更強調學童自我保護教育，另外也應該針對不懂電腦的家長進行教育，方能確保學生能在安全的環境下享受電腦帶來的便利與樂趣」。

歸納上述，我們發現國內研究雖然關心網路對兒童的負面影響，但研究以科技為主，較少從兒童的觀點或使用權益去討論網路風險和機會之間的關聯，更遑論檢視兒童如何涉足（和利用）險境。因此，本章將從「風險使用」和「異質空間」的觀點，探討 A 校學童如何近用大人眼中的不良訊息（如：色情）和結識網友，並藉此獲得網路機會，發展出獨特的反身性使用。

然而，網路的負面使用涉及道德與倫理問題，使得研究不易進行。因此，我們也只能利用時機（如：學童偶然的使用）並配合訪談，試圖從中掌握一些端倪，主要的問題有：

一、兒童如何知覺網路風險，包括對網路使用和網咖的認知？

二、學童如何以聊天室或遊戲作為「異質空間」，用來結識或抗拒網友（包括聊天或玩遊戲認識的網友），磨練異性交友技巧？

三、學童如何近用色情（如：色情圖片或遊戲），用來對抗成人價值？

我們主要以 A 校高年級學童作為訪談與座談的對象，因其網路使用較頻繁且多元，比較容易遭遇各式風險。基本上，本章只是一個初探性的嘗試，企圖以不同角度去瞭解兒童如何面對網路風險。由於學童在上課期間比較不會出現風險使用，加上問卷調查也不易獲得實情，因此我們只能從非正式的電腦活動，包括市召會的電腦課，[9]以及我們在 A 校寒／暑假所舉辦的電腦輔導課／電腦營，透過零星、偶發的事件來掌握兒童的風險使用。

---

[9] 市召會的電腦課原是安排在 A 校的每週六上午，但從 2004 年 8 月起改在教會的教室進行。

柒、偏遠地區學童的網路使用與反身性

一、學童的風險與安全意識

Livingstone（2004）指出，提高網路的風險意識，是保護兒童網路安全的不二法門。從調查中，我們發現 A 校學童受到學校和家長的影響，對網路風險也能朗朗上口。在過度使用方面，A_5F9 說，「上網太久對眼睛不好，也會傷到身體」。A_5F15 也附和，「玩上癮可能會天天不讀書，只想玩」。儘管男、女生都能列舉使用網路對身體或學業的傷害，但男生總是在陳述風險後，又加上但書。譬如：A_5M12 說，「可是玩是不會累的，只會變得更有精神」。A_6M4 則表示：「但是玩得更久，我的頭腦變得更聰明」。A_6M1 也附和，「更會應付各種狀況」。男童以為，使用網路時間越長，似乎讓其更具有競爭力。

在涉足網咖方面，A 校女生對網咖的印象相當負面，常以「很臭」、「很髒」、「有壞人」來形容網咖。譬如：A_6F26 指出，「我不敢去網咖，媽媽說那裡的人會喝酒，而且我們去會被強暴，因為有壞人」。A_6F22 也提供親身經驗，「我跟姐姐去過網咖一次，有菸味、好臭！……不會想要再去，覺得不好，臭死了」。有些女生則是因為學校和家長的規定而不敢去。A_5F1 說：「我不敢去，怕被老師發現，我們班上有男生去被老師抓到，難看勒」。A_5F15 則說：「如果去，被我媽發現就慘了」。

男童的家長其實也不同意他們在無大人的陪伴下到網咖，但因為想玩，所以下課後男生還是會結伴偷偷跑去。A_5M2 說：「如果被我媽發現了，我就會被扒皮，可是想玩，怎麼辦？！」。

從問卷調查顯示，高年級學童有 17 人（14 男、3 女）[10]常到網咖，主要是因為「家裡無法上網」或「家長限制上網」。女生是在假日由兄長陪同前往，男生除了假日外，平時也會趁放學後和同學私下跑到網咖玩遊戲。

然而，常到網咖的男童對網咖也有所選擇。A_6M29 指出，「這裡的網咖比較髒，人也很雜，常常有人抽煙，空氣不太好。我和弟弟（A_5M21）是到山下的 XX，那裡的人不會抽煙，也有很多 X 國小的學生在那裡玩。……我最喜歡用視訊，可以和台中的表哥聊天」。A_5M21 也說：「網咖的電腦比學校好，而且沒有人管，可以玩遊戲，查資料也很快」。學童之所以到網咖，是為了使用網路。他們也察覺，網咖是一個是非之地（髒、亂、雜），所以很少獨自前往，大多會邀約家人或同學陪同。

在交友方面，學童一致認為，「網友」只是偶然在線上相遇、聊天的對象，故不會向對方談及自己的隱私。A_6F15 說：「老師上課都會提醒我們:『填資料時，要把後面的改一改，就是生日、身份證號、地址、電話等。』，所以我們和別人聊天時，也不會告訴他們，『我們是誰？』」。A_5F22 也表示，「我最討厭那種打探隱私的人，一直問你多重、多高，有人超沒水準，還會問:『你長陰毛沒？』，我就回他:『你是誰？大變態！』」。

女生主要是在線上聊天室裡認識網友，而男生則多利用玩遊戲組隊的方式。

> A_6M1：A_6M6 有一個婆，是她自己找他的。
>
> A_6M6：我不知道她是誰，沒看過。

---

[10] 五年級有 8 人（7 男、1 女）、六年級有 9 人（7 男、2 女）。

A_6M3：喔，就是那種野雞。你只要送他東西，他就說要跟你在一起，當你的婆。對吧。

A_6M4：我沒有婆。我是在組隊的時候認識一個網友，他會打電話給我，叫我一起上線玩。

和女生一樣，男生除了線上傳播外，也會利用手機、電話和網友互動。不過，所有學童都表示，從未私下和網友見面，「因為沒有這個必要」。網友似乎僅止於功能性，對女生來說是培養溝通技巧；對男生則是遊戲技巧。

在色情方面，學童異口同聲地表示，色情網站是學校和家人所嚴禁之事。但男童偶爾還是會近用線上色情素材，如：打開色情垃圾信件、或玩「十八禁區」的小遊戲。A_6F19 即指出，「我們教室的電腦壞了，好像是男生打開了色情信件。現在老師不准我們用那台電腦了，反正也只有男生會搶著玩」。女生覺得男生很無聊，老是做一些幼稚的事；而男生則認為自己敢看、或秀給別人看，都是因為男人本色使然。

綜合上述，我們發現學童其實瞭解網路風險，但之所以甘冒風險，那是因為自我評估後仍認為「有此需要」。不過，受到同儕的影響，學童處理風險的方式有明顯的性別化。以下，我們分別就交友、色情來討論聊天室和遊戲如何作為「異質空間」，讓學童發展出男女有別的逃逸策略。

二、學童與暗藏春色的聊天室

高年級學生不論男女，都曾使用線上聊天功能和陌生人（尤其是異性）交談。但與男童相較，女生花更多時間在聊天室交友或經營家族。

（一）女生的逃逸策略

起初，喜歡聊天的六年級女生先是進入同學自設的聊天室（位於奇摩的國中小類組），原本是同班同學在閒聊，卻突然來了一些不速之客，漸漸地她們也從中摸索出對付外來討厭者（尤其是豬哥）的方式。

A_6F18：本來大家在聊天，可是有人會進來煩。

A_6F19：他會說：「妹妹，給虧嗎？」然後，我就回他：「虧你個頭啊！」。

A_6F18：不然就是「妹妹出來玩？」我不理他，他就一直煩。我就叫 A_6F25 來回他。

研究員：你怎麼回？

A_6F25：就是把他臭罵一頓。

A_6F18：那個男生很差勁，居然說：「妹妹，你好辣。這種個性我喜歡」。我就火了，就回他：「你給我小心點」。然後就不理他了。

研究員：你們常常遇到這種人嗎？

A_6F16：對，奇摩聊天室常有這種人。有的還會說得更白：「給你三千塊要不要約出來做那件事？」。

A_6F19：他就講得很噁心。

研究員：你們都會互相討論啊？

A_6F16：對，碰到了，就會告訴大家，然後一起整他。

A_6F18：A_6F16、A_6F19、A_6F22 最喜歡整豬哥。

A_6F19：就叫他出來，跟他說早上七點在哪裡等喔。

A_6F16：晚上那人就說：「你怎麼騙我，害我在那邊等好久」。

A_6F19（笑）：對，她就回他：「我有等啊，只是不知道你是誰。那再約一次？」。

大多數的女童都是先參加同學的聊天室，有了一些應對技巧後，再轉到其他聊天室，繼續磨練與人搭訕、對抗性騷擾和言語攻訐的能力。小六女生也將交友心得傳授給喜歡聊天的學妹們，如：A_5F22、A_5F23。

在 2004 年的「寒假電腦輔導課」期間，[11]我們發現女童之間似乎私下在進行交網友的競賽。A_6F21、A_6F22、A_6F25、A_6F27 一有空，便上聊天室和異性攀談，然後向對方要手機號碼，詳記在一張紙上。

研究員：你都跟誰在聊天？

A_6F22：男生。

研究員：為什麼選男生？

A_6F22：因為我是女生啊。

研究員：你怎麼選呢？

A_6F22：看他名字，寫的比較……我不會說啦，反正就是男生一點、比較好聽的，而且年紀不要超過 20 歲。

研究員：為什麼要向他們要電話？

A_6F22：交朋友啊！

研究員：你會給他們你的電話嗎？

A_6F22：不會，那不安全。

研究員：你會打電話給他們？

A_6F22：會啊。不過就今天打，打完之後，隔天就不會再聯絡了。

---

11 我們在 2004 年 1 月 28 日至 2 月 6 日期間，協助 A 校舉辦「寒假電腦輔導課」，幫助學童複習電腦課所學的技巧。

下課後，她們拿著紙條群聚在一起交頭接耳，並用手機確認是否有其人，但她們矢口否認競賽一事。A_6F22 說，「我們只是喜歡認識新朋友，學校的人都太熟了，所以想認識一些外面的人」。不過有趣的是，這些網友都只是一日之友。過去認為，男人可以主動釣女人，但聊天室讓小女生也能反轉權力，揚棄傳統乖乖女的形象——主動出擊追男生，而且追到即甩掉。

由於網路不能填寫真實資料，女童有了好藉口可以假扮他人。她們通常佯裝自己已經 18 歲，並以英文名字（如：Happy、Cindy）作為暱稱，等待或主動尋找和異性聊天的機會。如同 P. M. Valkenburg 等人（2005）的研究發現，前青春期的少女試圖藉由線上聊天學習自我呈現和探索異性愛，故傾向扮演年紀較大、美麗且善調情的女人。

高年級女童已步入前青春期，對於異性充滿好奇，但在現實世界裡，成人總以「年紀太小」為由，不准她們和異性交往。聊天室作為「異質空間」，既偏離又正常、既危險又安全、既虛幻又真實、既短暫又長存、[12]既公開又封閉，符合 Foucault 所說的五項原則，允許女童逃離線下的注目與道德評價，在線上開闢一個對立空間，學習如何和陌生人搭訕、交談，甚或互嗆。一旦情勢不利，她們可以選擇立即下線，或是改邀同伴合力擊退騷擾者。藉由聊天室，女童一面培養同性情誼；一面學習表達自我和異性交往的技巧。

然而，我們亦發現，聊天和玩遊戲一樣，有些女童玩久了也覺得無趣，A_6F19 說：「現在不太聊天了，我還是比較喜歡和朋友講講電話、談心事」。家裡有網路的女孩，也改經營線上家族。家族就像 Mitchell 與 Reid-Walsh（2002）所謂的「個人網頁」，是一個理想之

---

[12] 聊天室作為「異質空間」也連結至時間片刻，交談可以是短暫的互動，也可能成為無限時間的累積，譬如：將談話的資料永久儲存。

地，用來實現女童想要表達的心境，同時也提供同伴一個相濡以沫之地。

從女童的家族經營來看，不難發現她們深受商業文化的影響，網站充斥著漫畫、卡通、音樂等內容，但她們並非簡單地複製，也涉及文本的挪用與協商。由於家族主要是招攬同儕或志同道合者，較少發生大人所擔憂的風險問題，故我們將它放在第六章討論，這裡就不再贅述。

（二）男生的反叛策略

不像女生，男生很少成群結隊地上某個聊天室，大多是隻身前往。在市召會上課時，A_6M12 常常上網聊天；他很少到奇摩聊天室，而是隨便點選。

研究員：你都在聊天啊？

A_6M12：對。這是我第二次來的【哈拉聊天室】。

研究員：你都和誰在聊天？

A_6M12：女生。現在我和一個 AV 女優（指螢幕）在聊天。

研究員：怎麼取這種名字？

A_6M12：女生在聊天室都很騷，都會叫自己辣妹什麼的。

研究員：你怎麼和她們聊天？

A_6M12：就問她們體重、身高、住哪裡、電話號碼。

研究員：為什麼要向她們要電話號碼？

A_6M12：騙她們，把她們約出來，再放鴿子。

研究員：你常這樣做？

A_6M12：沒有啦（笑）。我只做過一次。不知道那個女生有沒有上當。

以聊天為樂的男生，也會假裝自己已成年，並取一個帥氣十足的暱稱，如：酷哥、俊哥，開始學習把妹術。有趣的是，他們所使用的招數正是班上女生所努力抗拒並還擊的方式。

男生在聊天室裡，通常要等很久才會遇到一位女生，所以有些男生會起鬨改上十八禁的聊天室，甚至反串成女生。

> A_6M3：上次我選了「慾望城市」，是一個十八禁的聊天室。
>
> A_6M12：他把年紀調到十八歲，還假裝自己是女生。很多男生來跟他搭訕。
>
> 研究員：你怎麼知道？
>
> A_6M12：那次他叫我們一起過去看。
>
> 研究員：怎麼裝女生呢？
>
> A_6M3：只要把暱稱改成像女生，別人就會以為你是女生。
>
> 研究員：你取了什麼暱稱？
>
> A_6M4、A_6M12：呂秀蓮（大笑）。
>
> 研究員：他們有向你要電話嗎？
>
> A_6M3：沒有，是我跟他們要電話，準備鬧他們。
>
> A_6M4：那次鬧很大，因為他跑到 A_6F21 家，要她打電話給其中一個男生。結果那人晚上又打回去，正好被 A_6F21 的媽媽接到，大家被臭罵了一頓。

不同於女童對性／騷擾的嫌惡與抗拒，男童對此顯得興致勃勃，主動尋求騷擾他人的機會。他們的目的並不是在交網友，而是以輕率的方式（如：使用家裡電話）捉弄對方，與線下捉弄同伴的方式如出一轍。誠如 G. Valentine（1997）所述，相較於男生，女生有較高的自覺與責任感，能以安全的方式在公共空間裡和他人協商；相反地，男生因缺乏責任感，多採用不理性的方式，反而容易成為受害者。在研究中，我們亦察覺男童對個人隱私較不在意，所以容易在線上洩漏個人資料（如：家中電話），而成為網友持續追蹤的對象。[13]

歸納上述，我們發現聊天室作為「異質空間」，允許高年級學童扮演男／女性特質。表面上來看，結交網友似乎強化異性愛的運作，但學童在變造身份的過程中，也可能因為反串而有另類的「同性相吸」經驗。此外，學童經由線上聊天，也可以練習發展新關係、表達愛慕之情、甚至性慾，並保護自己免於暴露在不想要的資訊（如：騷擾、歧視或惡言等）底下。在現實生活裡，這些都被視為「危險」或「荒誕」之事，但對身心開始產生變化的前青春期學童來說，卻是亟待澄清之事，尤其是女童，在同儕的協助下，不但學習如何開展兩性關係，也學會如何面對登徒子。就此而論，線上聊天實有助於女孩自我賦權。

三、學童與線上色情

學童平常很少直接近用色情網站，比較常見是玩超齡的小遊戲。【史萊姆好玩遊戲區】的遊戲是由網友所提供，並未分級。其中，有些遊戲是外來的，畫面會先出現「over 18, yes or no」，如果選 yes，就可以開始玩；反之，則登出。這些遊戲是以「性吸引」（如：【沙灘美女網球】）或「性挑逗」（如：【美女猜拳】）為主，以美色作為噱頭，引誘玩家來玩。另外，一般遊戲也會出現有關「性」的橋段，例如：女孩常玩的【整理房間】，玩家必須在父母回家之前，將保險套找出來並丟掉；或是【摩登原始人】，如果玩家成功過關，會獲得

[13] 在進行家戶研究時，A_6M4 的母親即抱怨，A_6M4 交了一位網友，網友持續打電話來，但不知為何家裡的電話費卻暴增？

美女的親吻；反之，失敗則被迫和原始人肛交。這個遊戲不論男女都常玩，所以「搞 gay」、「死 gay」也成了學童用來罵人的話。

此外，男童也常連線至【亞洲最大遊戲區】，並點選十八禁區的遊戲來玩，最常點選的遊戲是【射飛鏢】、【小雞雞】、【雜耍】。[14]男童玩十八禁區的遊戲時，通常是呼朋引伴，一群人圍在一起玩，口中不停叫囂：「插得很大力」、「真是性無能」之類的話。此時，班上的女生多嗤之以鼻，覺得男童的行徑實在幼稚無比。

在 2005 年暑假電腦營時，A_4M6 玩遊戲時不小心點到「天生名模」的廣告，立即連線至色情網站，他大叫一聲：「好精彩！」，全部的男生立刻蜂擁過去，開始點選並觀看無碼的 A 片劇照，還不斷地說：「舔 BB」，並問我們：「想不想看？」由於之前有過類似的經驗，如果我們表現出震驚，硬要男童將色情網站關掉時，他們會藉故引起更大騷動，反而是當我們回應：「那種電視就看得到」時，男童就會悻悻然地散去，因為對他們來說，原本預期的師生對抗並未發生，還不如回座位玩自己的遊戲，畢竟遊戲比色情圖片來得有趣、好玩。

在我們的調查中，只有 A 校男童會在電腦營裡一同圍觀色情素材，其他國小的男生若不慎點到色情網頁，多會尷尬地關掉頁面，以表明自己不是好色之徒（林宇玲，2007c）。然而，我們發現「好色」對 A 校男童而言並非壞事，可以藉此向同儕證明自己是男兒之身——不但喜歡看女人，也有膽識挑戰成人的道德與價值。

整體來說，女童對色情的反應是嫌惡，但對小遊戲中「性」的橋段，卻覺得有趣，「因為很變態」。她們認為遊戲的安排很突兀（如：

---

[14] 小遊戲都是以 2D 的方式呈現，【射飛鏢】是將美女綁在靶上，玩家用飛鏢射美女，射中的部位會血流不止；【小雞雞】、【雜耍】則屬於性交方面的遊戲，輸的被迫要和同性性交。

找保險套），所以感到可笑不已。至於男童，對色情的偏好並非早熟緣故，而是環境使然。由於社群文化強調男性的勇猛特質，因此他們除了玩暴力遊戲外，也試圖藉由色情素材來強化自己的男子氣概。

捌、結論與建議

從調查中，我們發現高年級學童比中低年級者擁有更多的網路技巧，也勇於把握線上機會並嘗試各種活動，因此容易遭遇風險。在兒童與網路風險的問題上，與國外的研究發現相似，在性別方面，由於兩性偏好不同的網路活動，男童易受猥褻訊息的影響；女童則易和陌生人互動並遭受性騷擾。在階級方面，偏遠地區的學童多在校上網，男童也常到網咖玩遊戲。由於時間受限，他們的網路使用範圍比較狹隘，且以娛樂為主（包括玩遊戲、聊天、獲取流行資訊等），不但較少瀏覽公民網站，也未將網路應用在學業上，因而未能有效地把握數位學習，改善其學習情況。

其次，偏遠地區的學童在缺乏家長的協助或干預下，較少發展出理性、自制的反身性使用，反而是在同儕的慫恿下，主動選擇高風險的網路使用與生活型態，例如：積極結識網友或近用線上色情。乍看之下，他們的行為是極不理性且缺乏判斷力。但若仔細探究，則會發現大多數的學童雖然置身於危險中，但仍保持警覺，試圖從風險中創造契機，譬如：女童學習如何結交異性、應付性騷擾；而男童則學習如何讓同儕接受，並表現男性特質。此說明學童面對網路風險，會根據其生存心態（habitus）與社會脈絡的運作，而有不同的評估與計算方式，並發展出不同的反身性，讓其處境變得更好（至少不會受到同儕的排擠）。

以聊天室來說，作為一個「異質空間」，它提供兒童一個屬於自己的天地，讓其採用自己的方式、道德及價值去處理事物，或經驗大人的情愛世界。對男／女童來說，聊天室有助於他們以同儕認可的方式去轉型；亦即，從男／女孩轉換成男／女人。然而，此反身性通常與風險社會的主流價值相反，而被視為「反身性的輸家」。

不過，我們也必須承認，學童所採用的反身性策略對其現狀的改善有限，甚至不利於他們在資訊社會的整體發展。然而，這不能僅歸咎於他們缺乏風險知識所致，更牽涉文化和其所處脈絡對風險的定義，譬如：男性近用色情，被當地視為無法避免的風險，因此男童也以好色作為男子漢的本色。

由此來看，保護政策所採用的阻絕方式或風險社會所建議的自我管理，並不能有效地解決兒童近用風險訊息的事實，因為網路使用還涉及更廣的社群文化與同儕互動。因此，成人（不論是研究者或師長、家長）應從兒童的角度，深入瞭解他們為何和如何近用風險訊息（包括使用目的、社會期望、以及認同作用），並從旁給予協助，才能幫助他們以更安全的方式成為反身性的主體。如此一來，成人與兒童之間的網路衝突，也能迎刃而解。

最後，在色情方面，成人多只擔憂「小朋友是否看到性？」，關心身體裸露的程度，而忽略文本背後所隱藏的性／別信念。以網路遊戲來說，不同遊戲所放的「性」料，香辣、鹹濕程度不一；但其內容都以異性愛為主，不論是「性吸引」或「性行為」都以「異性相吸」作為操作原則，且以極盡刻板的方式來形塑男、女角色和兩性關係，藉此貶抑女性、肥胖者或同性戀者。就像我們在研究中，經常聽到學童辱罵他人是「婆豬」、「死 gay」。這些問題遠比「性」料加的多寡（如：身體裸露尺度）來得重要，因為「性」料放得少些，口味雖然變得清淡（如：【整理房間】），但內容卻還是阻礙性別平等的發展。

目前我們面對帶有「性」意涵的線上素材，還是習慣採取保護隔離的方式——讓小孩遠離這些性素材。但在媒體如此豐富、科技如此進步的今日，這樣的作法難免防不勝防，可能學童走在路上，迎面而來的公車廣告就是大幅男女熱吻的電影劇照。所以面對「性」問題，除了消極要求學童不要尋找性刺激外，也必須積極正視其內容，瞭解文本究竟以何方式呈現性／別角色、兩性關係、情／愛價值、性愉悅及性態度，讓小孩能以更批判的觀點來使用或拒絕這些文本。

第五章　新科技使用與家戶的道德經濟

網路同時帶來機會與風險，當它進入偏遠地區的家中，又會對此地家庭帶來何種衝擊？網路的民主性，是否能改善學童在家的學習情況，還是危及家庭的例行事務，打破家中的權力結構？家庭和學校都是重要的社會化機構，但相較於學校，其限制較少，加上大多數的家長不熟悉新科技，學童因此有較多自由，能逃離家長的控制。本章將從文化研究的觀點，尤其是馴化研究（domestication studies），探討電腦如何進入偏遠地區的家戶（household），影響學童在家的電腦／網路使用。

壹、前言

過去媒體研究較不重視科技面向，以為傳播科技是中性、已完成之物，獨立於「社會」之外，有其內在的運作邏輯；而「使用者」則是個別的採納者（adopters）。兩者雖然各自存在，但使用者的態度會影響其傳播科技的學習與使用。[1]文化研究批評，傳統的媒體研究太重視個人層次而忽略了社會脈絡，其實不論是「媒體／傳播科技」或「使用者」都存在於特定的脈絡裡，並深受社會過程、行動與結構的影響（Habib & Cornford, 2001; McLaughlin et al., 1999）。換

---

[1] 個人對科技的態度包括三層面，分別是在認知層面上知覺科技是有用／無用；在情感層面上對科技的喜愛／討厭；以及在行為層面上是否接受／拒絕科技（林宇玲，2003b）。

言之，不僅「使用者」是社會、文化與經濟體系中的一員，「媒體／科技」亦然。

J. McLaughlin 等人（1999: 6）指出，科技是社會建構下的產物，本身即是社會關係、意義與利益的承載者（carrier）與中介者（mediator）。但「科技」並非已完成之物，而是一種社會協商的過程（Berg, 1994: 96）。儘管在生產階段，科技設計者已預設「誰」能「以何種方式」使用此科技去「做什麼」，但其最多只能侷限科技的使用範圍，而無法完全控制科技的最後用途與使用方式。「使用者」仍可以在消費階段，與此「科技」協商，並賦予其新意（林宇玲，2002: 62-65）。

由於文化研究關切科技在每日生活中的應用，而「家」（home）又是日常生活的主要場域，因此發展出科技的家戶研究，並以檢視電視的家庭收視為主。隨著傳播科技的推陳出新，科技的家戶研究也開始調查資訊與傳播科技（information and communication technologies, 以下簡稱 ICTs）[2]如何被併入家戶的道德經濟（the moral economy of the household）。[3]

不同於傳統的大眾媒體（如：電視或廣播），ICTs（如：電腦或網路）在使用上比較難與全家共享，且設有使用者門檻——亦即，使用者不僅需要負擔軟、硬體的花費，也需具有基本的資訊技能，因此並非所有家庭都有能力將 ICTs 帶回家。

---

[2] 有些學者宣稱文化研究的科技取向為 ICT 研究，亦即資訊與傳播科技研究（Haddon, 1992a）。

[3] 「道德經濟」一詞，原是由 E. P. Thompson 所提出，用來描述英格蘭農村在十八世紀末面臨市場擴張而產生的經濟行為。人類學家則將此概念應用到私領域，並且調查家戶如何決定其家庭生活的特色與方向（Silverstone & Haddon, 1996: 71）。

尤其是在偏遠地區，家長多缺乏資訊技能，一旦配合學童的要求在家中安裝電腦、網路，勢必影響親子互動、生活作息及家庭關係。而且這些學童也會將家裡的經驗帶至學校，進一步左右班上缺乏資源者對 ICTs 的認知與使用。因此，藉由調查這些擁有電腦者在家中的科技實踐，將有助於我們釐清偏遠地區的學童、家庭及社群參與資訊社會的過程。

目前國內有關 ICTs 的家戶研究，仍相當有限，故本章將先介紹國外的相關研究，然後以在 W 區所進行的家戶研究，說明偏遠地區學童在家中的新科技使用，如何受限於家戶的道德經濟、世代／性別的權力關係、以及家庭生活形態，而發展出獨特的使用模式，並衍生文化複製的效果。

貳、新科技的馴化過程

傳播科技的家戶研究在 80 年代末被提出來，主要用來檢視閱聽人如何在家中收看電視，並影響其對電視文本的詮釋與評價。直到 1992 年，R. Silverstone 等人才開始調查 ICTs（尤其是電腦）如何被帶回家中，並以「馴化」（domestication）來描述 ICTs 置入家中的過程（Haddon, 2007）。

「馴化」原指野生動物被豢養變成家禽的經過，Silverstone 試圖藉此隱喻新科技作為外來之物，也擁有不可預期的狂野特性（如：感染病毒、散佈色情），一旦進入家裡，將被有效地管理並併入日常作息與儀式中（Habib & Cornford, 2001; Haddon, 2007；見表 5.1）。

家戶是最小的經濟、社會與文化單位；作為道德經濟，它是交易體系的一部分，總是涉及公領域的商品生產和交換之過程。但是家戶並非被動地涉入其中，而是基於家庭預算、生活需要、道德價值等考量才做出決定，以維持家庭的自主性和認同（Silverstone et al., 1992: 19）。對電腦／網路的擁有，也是如此。

由於電腦不只是一台機器，也是媒體（medium）和訊息（message），不僅能改變家戶之內家人的互動，也能影響家戶之間，以及家戶與外在世界的關係（Haddon, 1992b: 85）。因此，當電腦在公領域被生產、分銷後，如何被介紹到私領域，並對家庭、家人造成何種影響，也就變得格外重要（Silverstone & Haddon, 1996; Silverstone & Mansell, 1996）。

表 5.1 馴化過程的概述

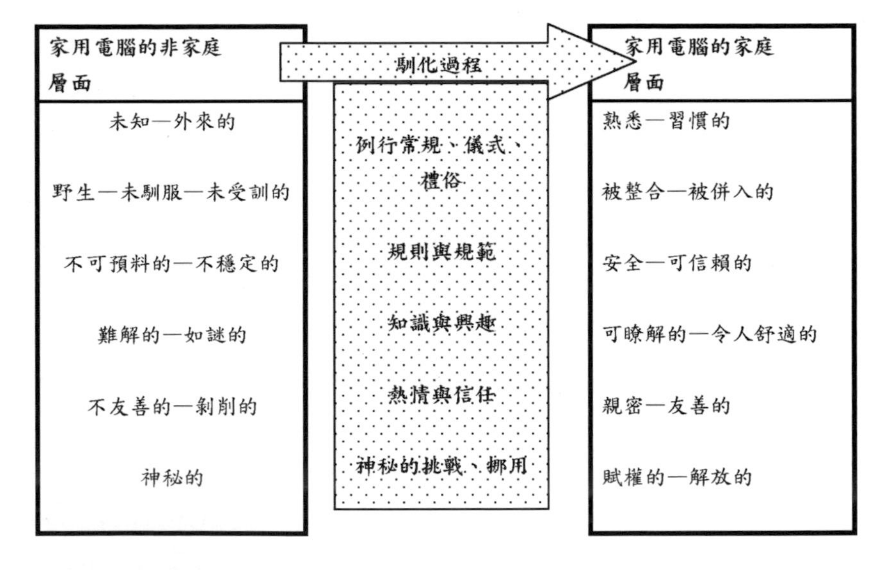

資料來源：L. Habib & T. Cornford（2001: 135）

一方面，家庭成員藉由購買電腦與相關配備，加入市場經濟；同時家人也透過日常的電腦使用，參與了外在世界的運作。另一方面，家戶作為道德經濟，家人可以透過道德去管控來自公領域的電腦，以維持「家」的安全與和諧。以網路為例，儘管它能提供各種內容和服務，卻也帶來道德危機（如：兒童沉迷於電玩），因此家長必須研擬一套管理辦法，規範「誰」在「何時」近用「何種」網路內容和服務。

Silverstone 等人（1992）認為，ICTs 從公領域被轉移至私領域，整個馴化的過程歷經四階段：

一、挪用（appropriation）：家戶取得或擁有科技的途徑，將科技商品從正式經濟（formal economy）納入家戶的道德經濟中。

二、客體化（objectification）：科技進入家戶後，透過空間的安排與陳列而獲得意義。

三、併入（incorporation）：家庭成員根據其在家中的地位、角色、年齡及性別等因素，將科技併入其每日的例行活動裡。

四、轉換（conversion）：科技促進家戶之內、家戶之間，甚至家戶與外在世界的對話，並調整其社會關係。

首先，在挪用階段。不論是電腦或數據機，都是市場上流通的商品，既是器物也蘊含著象徵意義。當家人在考慮是否擁有新科技時，除了經濟因素外，也會考量其背後所賦予的宰制意義。G. Murdock 等人（1992: 146）指出，電腦科技至少連結著兩種論述：一是由政府主導的官方論述（official discourses），將電腦定位在教育與工具性用途上；另一則是由電腦業者主導的商業論述（commercial discourses），將電腦定位在休閒與娛樂功能上。每一種論述都試圖提供使用者某種使用模式與自我認同。因而在此階段，家戶不僅接觸一台機器，也面對著環繞此機器的各種象徵意義，家戶的決策者必須從中做選擇與評估。一旦決定擁有，電腦就會跨越正式經濟和道德經濟的界線，從商品轉換為家中之物（object），用來彰顯家戶和個人的認同（Silverstone et al., 1992: 21-2）。

其次，在客體化階段。當電腦進入家中，必須為其安排一個合適的位置。透過它們在空間上的陳列，不但顯露家人對事物的認知、美學標準及分類原則，同時亦呈現「空間分殊化的模式（包括私人、共享、競爭的空間；成人與小孩的空間；男性與女性的空間等），作為家庭地理學的基礎（Silverstone et al., 1992: 23）」。藉由位置的擺放，電腦不僅被整合至家中已有的空間配置，也反映出家戶對科技的感受，不論是在美學或使用上（Silverstone & Haddon, 1996: 64）。

第三，在併入階段。一旦電腦的位置被確定後，緊接著就是使用的時間安排。為避免新科技所可能帶來的「威脅」與家人之間的衝突，家戶會建立一套使用規則與規範，也就是按照家人的身分（如：角色、性別、年齡等），編排使用的順序，並決定其可近用的時間、方式及內容，以維持家戶的道德經濟。透過時間的安排，新科技不但能配合家人的生活作息，同時也確定家中的使用階層（hierarchies of use）與使用模式。

最後，在轉換階段。當家庭成員在家中獲得科技經驗後，除了家人彼此間會互相分享資訊外，也會據此和外界互動，作為談話和轉換的基礎，可能挑戰或強化科技商品的意義，抑或改變家中的使用模式。

Silverstone（1992: 25）等人指出，第二、三階段屬於家戶內部對新科技的控制和管理；而挪用與轉換階段，則涉及家戶和外在世界的互動。由此來看，科技的馴化研究試圖將每日的科技使用連結至更大的社經環境，藉由公／私領域、家戶內／外之間的不斷地互動與協商，來解釋個人（作為家戶的成員）如何參與社會的創新過程，以及科技使用如何受限或突破其所處的社會條件（見表 5.2）。

表 5.2　科技馴化的研究架構

新科技從公領域被挪用至私領域的過程		
階段	關注面向	研究問題
挪用	家戶外／內的物質消費	在家戶中，「誰」有權決定「以何方式」將「何種科技」帶回家中？
客體化	家戶內的空間結構	「誰」能決定將科技放在家中的「何處」，以達成「何種目的」？
併入	家戶內的時間結構	家人「如何」受到權力關係（如：性別、年齡、種族等）的影響，「以何方式」認知、使用與評估科技，並藉此建構自我？
轉換	家戶內／外的文化消費	透過科技使用，家人「以何方式」和外在世界（如：同儕、鄰居、社群）聯繫起來？

資料來源：作者整理

參、電腦、網路的家戶研究

目前，在國外（尤其是歐洲）已有不少學者採用「馴化」的研究架構，進行電腦／網路的家戶研究，並且有重要的發現。

首先，在挪用階段。Murdock 等人（1992）指出，家戶的社經地位和收入，會影響其是否擁有電腦和周邊設備。由於電腦需要額外支付一筆費用，因此家戶的經濟能力在此階段扮演重要的角色，也會影響後續的使用模式（如：家戶是否安裝寬頻網路）。儘管有經濟的考量，許多家長仍接受官方論述，相信電腦是當代重要的文化資本，對兒童的教育和未來出路有正向幫助，而為家戶添購了電腦（Angus et al., 2004; Selwyn, 2004b; van Rumpaey et al., 2002）。

其次，在客體化階段。有關電腦的擺放位置，因家戶而異，但位置大多由家中的合法使用者（legitimate user）所決定。一般來說，電腦若擺放在共享空間（如：客廳或走廊），雖然較無隱私，但電腦使用比較能成為家人共同的活動。相反地，若擺放在私人空間（如：臥室），個人雖能獲得較多隱私與自由，卻也減少和家人互動的機會（Bakardjieva, 2005; Holloway & Valentine, 2003; Lesnard, 2005）。

除此之外，Anne-Jerunn Berg（1994）與 S. Livingstone（1992）也發現，性別會影響電腦在家戶的挪用與客體化過程——亦即，男性對電腦科技的取得與更新較感興趣；[4]女性則對科技的擺放位置和陳列方式較有意見，試圖讓它們看（和使用）起來更舒適。

第三，在併入階段。相較於電視，父母對新科技的控制多在時間而非內容。一方面，大多數的父母察覺小孩的資訊技巧已超過他們；另一方面，則是因為新科技屬於昂貴物品，無法人人擁有，因此家人之間必須分享，採取輪流或共同使用（Lesnard, 2005; van Rumpaey et al., 2002）。

在使用模式上，小孩在家中的使用時間多於父母。其中，年紀較大的小孩擁有較多的資訊技巧，較常上網。兒子用電腦的時間又比女兒多，且以玩遊戲為主，女兒則是用來聊天或聽音樂（Mumtaz, 2001; Murdock et al., 1992; van Rumpaey et al., 2002）。

由於小孩的科技使用偏向娛樂訴求，違反父母的初衷，因而產生世代之間的緊張與衝突（Facer et al., 2001; Selwyn, 2004b）。如果父母受過良好教育或熟悉電腦的運作，較能協助小孩將電腦／網路應用在學習與創作上，而非只是用來玩樂（Mumtaz, 2001; Heim et al., 2007）。相反地，父母若不懂電腦，小孩較易利用新科技開創自己的空間，並挑戰家長的權威（Murdock et al., 1992）。

科技進入家戶，不僅對父母的權力產生衝擊，同時也加重其責任，亦即父母必須對小孩進行適當的科技與道德教育（Livingstone,

---

[4] V. van Rumpaey 等人（2002）發現，父親是科技的購買者。

2004; Vestly, 1996）。M. Bakardjieva（2005: 156-8）也指出，新科技增加了母職的負荷。由於家戶內的性別分工，母親大多負責小孩的教養工作，為了保護他們免於受到電腦／網路的威脅，必須時時監視其使用。

最後，在轉換階段。在家戶內，電腦促成家人之間的對話。除了協商電腦的使用外，家人也會互相給予建議、協助及分享發現（Wellman & Hampton, 1999）。由於小孩是家中的主要使用者，他們會將電腦經驗帶至戶外，尤其是男孩和其同儕發展出電腦談話（computer talk），將虛擬／線上經驗融入日常對話中，並透過交換秘笈、軟體、絕技等，形成與電腦相關（computer-related）的男孩次文化；而女孩則鮮少涉及電腦談話，她們大多利用新科技（電子郵件或聊天室）來增強人際間的交往（Oleans & Laney, 2000）。

此外，N. Selwyn 等人（2005）也發現，社會網絡會影響家戶的科技使用，一旦家人遇到軟、硬體的問題，可以隨時向親朋好友或左鄰右舍求助；而不善用電腦的家人，也能要求他人代為使用（use-by-proxy）。Murdock 等人（1992）也指出，中低收入戶因缺乏社會網絡的支持，在使用電腦時無法獲得有效的建議和技術援助，故較難對電腦培養出長期的興趣，且易中斷使用。

歸納上述，我們發現電腦／網路不但被帶回家中，也被整合至家戶的每日生活中。家人利用它們連結至例行的活動與儀式（如：男孩玩遊戲；女孩聊天或收信），並和外界保持聯繫。由此來看，電腦／網路的使用並未改變家戶、個人的生活方式，反而強化既有的家戶運作與生活型態。

肆、馴化研究的反思

在國外有關科技的家戶研究，已累積相當多的成果。Silverstone 等人在探討 ICTs 進入家戶的過程中，發現今日的家庭結構已經改變——有愈來愈多的單親、孤獨老人、失業及離婚家庭。這些家庭對資訊科技的需求與應用，自然不同於核心家庭，科技已變成他們填補生活、或和外界聯繫的重要管道（Haddon & Silverstone, 1995, 1996; Silverstone & Haddon, 1996）。

此外，家戶以不均等的方式取得科技，而擁「有」（haves）者並不能保證生活機會因此而獲得改善；相反地，家戶的科技使用大多只是強化現狀（例如：中低收入戶的小孩因電腦而無心於學業；見 Angus et al., 2004）。此顯示，擁有或挪用乃是複雜的概念，受到家戶的社會動態所影響，因此「科技到達家戶」並不等於「家戶擁有數位機會」，還必須考慮家戶所處的社經條件與生存心態（habitus）[5]。

其次，傳統的家庭研究以為，「家」乃是提供安全、親密、支持及保護之地，故研究焦點偏重在「家」如何讓人感到和諧與信任，而較少提及衝突與緊張（Haddon, 1993）。但在科技的家戶研究中，L. Habib 與 T. Cornford（2001, 2002）發現，家用電腦已造成家庭衝突，因為家人對電腦有不同的興趣、需求與道德標準，而且不同型態的家戶，馴化電腦的方式與策略也有差異。因此，研究者應進一步檢視在不同型態的家戶中，不同性別、年齡、階級的家庭成員如何為了電腦，互相較勁、牽制及妥協（Habib & Cornford, 2002; Hirsch, 1992; Putnam, 1992）。

---

[5] 文化研究的科技取向雖然也引用 P. Bourdieu 的概念，但主要是「資本」（capitals），亦即探討家戶可供運用的物質、文化和社會資本；較少提及「生存心態」。有關「生存心態」的概念，我們將在第六章討論。

再者，私領域的「家」被視為是壓抑女性之地，尤其是透過家庭勞務的分配，女性被侷限在家事（domestic work）上，而難有機會去追求自我的發展。儘管家用科技試圖簡化繁重、瑣碎的家事，但女性的勞力仍必須貢獻在此，這也影響女性在家中的電腦使用。Selwyn 等人（2005）指出，在家戶內，科技使用的本質仍是性別化，母親／妻子因家務的緣故而較少使用新科技，一旦上網的時間太長，她們便會產生罪惡感，也常因為先生或小孩的需求，而自動放棄使用的機會。

M. Na（2001）曾調查韓國家庭的電腦使用，也有類似的發現：女性使用電腦是為了善盡母職，例如協助小孩作功課；而男性使用電腦，則是為了休閒和自我表達。她強調，儘管電腦是促進社會改變的利器，但因為我們在既存的權力結構、性別關係與文化價值底下挪用，導致電腦的使用只是複製現狀。

過去的家戶研究，較少觸及「母親」在科技使用上所扮演的角色。事實上，家戶的微政治和性別動態，不僅讓母親的科技使用淪為次等——主動禮讓先生、小孩，同時「科技進入家中」，亦加重其工作與責任（Bakardjieva, 2005: 156）。除了須平息家人為了電腦所產生的爭執與衝突外，母親也需時時擔憂小孩因新科技，而可能面臨的道德危機。

最後，家戶之內的世代差異，也會影響電腦使用。大多數的父母之所以購買電腦，主要是為了幫助小孩學習，提高其未來的就業機會，但小孩被電腦吸引，卻可能是因為電玩或交友；此將造成兩代之間的衝突。為避免小孩沉迷於電玩或網路色情，家長可能藉由限制小孩的電腦使用，包括使用時間、頻率及內容，來維持家庭和諧（Wheelock, 1996）。

D. Holloway 與 L. Green（2002）指出，大多數的家戶研究視「兒童」為「被管教者」，故以成人為主要的研究對象，因而忽略小孩在家戶內使用科技的能動性。他們認為，家戶相較於其他制度（如：學校）給予小孩更大的空間，而且新科技不同於傳統媒體，提供小孩更多的選擇與服務，更能協助其逃離家長的控制，因此研究者應重視小孩的聲音與自主性。

綜言之，科技的家戶研究雖然採用馴化的概念，但不同於創新研究，其不關心個人的動機、需求或接受新事物的程度，而是在乎人和科技如何在微政治中互動，故有助於我們瞭解個人在資訊社會使用科技的複雜過程。

然而，目前國內有關這方面的討論，仍付之闕如，僅有零星研究觸及家庭與電腦使用。孫曼蘋（2001, 1997）曾以調查法、焦點團體及深度訪談法，探討青少年如何在家裡使用電腦。她發現，家用電腦已成為青少年休閒生活的一部分，並能改善他們和家人的互動，譬如：青少年協助父母學習電腦，重新建立兩代關係。

陳碧姬、吳宜鮮（2005）則針對資訊豐富的家庭，調查不同性別成員在家戶的數位機會，結果發現女性成員在家中的數位機會明顯低於男性。不論是在資訊科技的使用空間、時間、設備購買、及進修機會上，男性（兄弟）都比女性（姊妹）占優勢。在網路使用上，男性喜歡上網搜尋科技、新聞方面的資訊，且熱衷於電腦遊戲；女性則是偏好流行、健康資訊，且無法理解其兄弟對遊戲的喜愛。此外，此研究也指出，母親是家中最缺乏數位機會者，其態度可能影響女兒對科技的看法。

另外，薛淑如（2002）[6]也探討母親在青少年電腦使用上所扮演的角色。她察覺，受訪的母親對子女使用電腦持正面的態度，但對交友聊天、網咖存有負面的印象；她們對子女使用電子郵件、網路聊天及遊戲的規範，會因其教養互動的風格而異。

這些研究雖然有助於我們瞭解性別角色、親子互動如何左右青少年的電腦使用，但研究所選擇的家戶多是中產階級，且未顧及家戶內／外的權力動態，故無法解釋「科技進入家戶」對青少年的電腦實踐，所造成的文化複製效果。

為此，本章改用馴化研究作為研究架構，並以兒童為中心（child-centered），調查偏遠地區的學童（以 W 區為例）使用電腦／網路的情形。主要的研究問題如下：

一、挪用階段：偏遠地區的家戶如何引進電腦／網路？「誰」有權決定採用何種方式，將科技帶回家中？

二、客體化階段：電腦如何被擺放在家戶內（如：公共空間或私人房間）？如何與其他媒體並置，形成一個傳播網絡？

三、併入階段：不同家庭成員（由不同族群、年齡、性別、階級交錯而成）如何根據其家庭地位、角色與義務去使用（或拒絕）電腦／網路？他們是否發展出不同的使用策略？又是否將電腦／網路活動併入每日的家庭生活中？家用電腦是否威脅到既有的家庭生活與文化傳統，造成家人關係的緊張、或促進不同世代的溝通？母親在家人的科技使用上，扮演何角色？

四、轉換階段：學童如何將學校的電腦知識帶回家中，並帶動其他家人或親友學習與使用電腦？學童又如何將家裡的電

---

[6] 薛淑如（2002）的研究對象是 9 位母親，居住在大台北地區且有使用電腦、網路的經驗。

腦經驗帶至學校，他們如何面對學校電腦與家用電腦的差異，並賦予其新意？此外，電腦如何促成不同家戶之間的對話與社會關係的轉換？

我們於 2004 年 4 月至 2006 年 1 月期間，在 W 區針對家中有電腦的學童進行調查，共有 14 戶家庭同意接受家戶研究，其中 16 位學童分別來自 3 所學校，共有 43 人接受訪談（見表 5.3）。

表 5.3　受訪家戶的基本資料

家庭編號	地理位置	受訪學童	家庭的族群背景	學童是否與父母同住	受訪的親人		父母職業或家戶收入來源
					未成年	成年	
H1		A_4F14	泰雅族	是	二哥	爸、媽	父母皆是國小教師
H2		A_6M6	漢族	否（奶奶）		奶奶	未交代
H3		A_6F18	漢族	是		媽、表姊	經營溫泉旅館
H4		A_6M4 A_3F9	漢族	是		媽	父母皆是公務員
H5	位於前山	A_5F7	泰雅族	是		爸、媽 大姐	父：母語教師 母：編織工作室
H6		A_6F23	泰雅族	是		爸	鄉長
H7		A_4F15	漢族	是	二姐	媽	父：公務員 母：小吃店
H8		A_4M6 A_3M4	泰雅族	是		爸、媽	失業
H9		A_4M8	泰雅族	是		媽	父：工程工作
H10		B_5M1	泰雅族	否（奶奶）		奶奶	未交代
H11	位於後山	B_4M2	泰雅族	是		爸、媽	父：校車司機 母：服務員
H12		B_4M3	泰雅族 布農族	是		爸、媽	父：建築工作 母：休閒商店
H13		B_5M4	泰雅族	是	姐姐	爸、媽	父：農場管理 母：學校職員
H14	前山	C_3F1	泰雅族 阿美族	是	舅舅	爸、媽	父：工程工作

資料來源：作者整理

伍、偏遠地區的家戶研究與學童的電腦實踐

偏遠地區的家戶，不同於城市，家庭型態比較多元，有夫妻子女同住的核心家庭（如：H4）、祖孫的二代家庭（如：H10）、三代同堂的主幹家庭（如：H1）[7]或親友同住的大家庭（如：在 H5 家中，已婚的大姊、表姊和 A_5F7 同住在一屋簷下），因此也間接影響到學童在家戶中的電腦使用。

一、挪用階段

我們發現，在挪用階段，家戶的社經地位和收入會影響家戶所擁有的科技種類、數量及方式。家長若是公教人員或自營業者，比較有能力為家戶購買電腦和周邊配備（如：寬頻網路、印表機等）。而居住在後山的家戶，相對於前山，經濟能力比較差些，電腦多是親友贈與或使用二手電腦，且無力負擔電腦以外的配備，故後山的學童比較難在家中近用網路（見表 5.4）。

W 區的鄉長（A_6F23 的父親）指出，「前山是這個地方水平比較高的地區，但也只有一半的居民家中有電腦，而且這一半擁有電腦的居民，大部分都分布在 W 區靠近都會區的地方。越是往後山，經濟狀況越不理想，大多數的人都沒有電腦。除非是年輕夫妻，才比較知道電腦是一種潮流，會想到為小孩準備。」

除了經濟考量外，大多數的家戶之所以增添電腦，都是為了小孩教育。譬如：H4 的母親說：「電腦啊，學校都有在教，這是一種

7　主幹家庭又稱「折衷家庭」，指由祖父母、父母和未婚子女所組成的三代家庭；「大家庭」則是三代家庭中，任何一代包含兩個以上的同代已婚家人——有無配偶皆算在內。

趨勢！我希望他們能夠跟得上學習」。受訪的家長皆表示，對小孩而言電腦是必要的學習工具。

表 5.4 受訪家戶的電腦挪用情形

家庭編號	地理位置	受訪學童	誰做決定	電腦取得方式	電腦週邊設備	取得電腦的主要原因
H1		A_4F14	爸爸	自行購買	ADSL、印表機、掃描器、數據機、燒錄器	父母工作需要
H2		A_6M6	姑姑	自行購買	ADSL、印表機、數據機	當初姑姑為了課業需求才買
H3		A_6F18	媽媽	委託公司購買	ADSL、印表機、掃描器、數據機、燒錄器	為了獎勵小孩和小孩教育
H4	位於前山	A_6M4 A_3F9	媽媽	同事拼裝	ADSL	為了跟上潮流和小孩教育
H5		A_5F7	爸爸	大姐購買	ADSL、印表機	為了小孩課業需求
H6		A_6F23	爸爸	自行購買	ADSL、印表機、掃描器、數據機、燒錄器	為了跟上潮流和小孩教育
H7		A_4F15	媽媽	姑丈拼裝	ADSL、印表機、手提電腦	為了獎勵小孩和小孩教育
H8		A_4M6 A_3M4	媽媽	自行購買	ADSL	為了小孩教育
H9		A_4M8	爸爸	自行購買	無	自己休閒需要
H10		B_5M1	奶奶	阿姨贈送	無	為了小孩教育
H11	位於後山	B_4M2	爸爸	向學校購買汰舊的電腦	無	為了小孩教育
H12		B_4M3	爸爸	朋友贈送	ADSL、印表機	為了小孩教育
H13		B_5M4	爸、媽	委託表哥購買	無（考慮安裝網路）	為了小孩教育
H14	前山	C_3F1	爸、媽	委託朋友購買	ADSL	為了小孩課業需要

資料來源：作者整理

受訪家戶中只有 H1 和 H9 購買電腦的動機，是為了家長的需求。H1 的父親解釋，「我們很早之前就買了電腦，是用來處理學校的公事。但小孩長大後，學校就開始教電腦。現在電腦幾乎都是他們在用，我們只能等到他們睡覺以後才能用。」不過，H9 仍以家長的使用為主。H9 的母親表示，A_4M8 的父親在三年前，為了玩電腦遊戲才買電腦，現在他還是家中的主要使用者，當他不用時，其他家人便能使用。

在 W 區的調查中，我們發現女性在家戶擁有電腦的決策上，也扮演重要的角色。這是因為受訪家戶的父親，大多從事以體力為主的工作，對於新科技並不熟悉，因此當小孩需要電腦時，就由家中的女性（如：母親、姐姐、阿姨等）負責打聽或託人購買。

由於大多數的家長不懂電腦，這也間接影響到家戶後續的電腦使用（不論是維修或更新）。一旦電腦出問題，家戶就只能拜託親友、或委請山下的電腦公司上來維修，但曠費時日。H3 的母親談及，「我們以前有一台舊電腦，因為中毒，叫了電腦公司來修，三催四請都不來，來了又要給車馬費，但又修不好，很麻煩，所以我才拜託監視器公司幫我買電腦。當他們來旅館做維修時，就可以順便幫我們看看電腦。」

然而，對有經濟壓力的家戶來說，著實無法如此輕鬆地解決擁有電腦後，接踵而來的技術問題。H12 的母親表示，「小孩子會上網亂弄一些東西，不知道為什麼就要另外收費，不然就是弄壞電腦，必須拜託人來修，那都是要花錢！」，這些因小孩所引起的事端，最後也變成家戶養護者（如：母親）所需擔憂與面對的難題。

二、客體化階段

電腦擺放的位置，因家戶而異。一般都是以合法使用者的需求為考量，擺放在私人房間為主（見表 5.5）。譬如：H7 家中的電腦，是大姐以第一名成績換來的獎勵，她自然是電腦的主要使用者，為配合其需求，電腦擺放在她的房間，其他人必須徵得同意，才能使用。H7 的母親笑說：「A_4F15 經常苦苦哀求姐姐讓她玩一下。」

電腦擺放在私人空間，不僅其他家人較難共享，而且使用者也會減少和家人互動的機會。H7 的母親抱怨：「大姐、二姐（手提電腦）自從有了電腦後，都把自己關在房間，也不出來吃飯。唉，都說不聽。」

至於 H3、H5、H10 和 H14，電腦是放在公共空間。H5 的電腦放在二樓的工作室，因母親工作時，可能需要上網查資料；其他家戶，則是為了方便監看小孩的舉動。H14 的母親說：「哥哥當初一直吵著要把電腦放在他的房間，可是我說不行，這樣你們玩多久我都不知道。」電腦放在共享空間，家人使用時雖然會受到干擾，但電腦使用較易成為集體活動，家人可以隨時加入，給予意見或協助。H14 一家便是如此，當妹妹在玩時，其他人會在旁邊教她；而哥哥玩時，她則站在旁邊觀看、學習。

其次，擺放電腦的周邊空間也會左右學童的使用方式。譬如：H3 家的電腦，放在客廳的電視旁邊，其母說，「A_6F18 很厲害，一隻眼睛看電視；另一隻眼睛看電腦。」家人用電腦時，通常會配合周邊的其他媒體一起使用。H12 的母親描述 B_4M3 使用電腦的情形，「之前電腦是放在我們的房間，和電視放在一起。B_4M3 打電腦時可享受，一邊看電視，一邊用電腦，有時還能一邊吃零食。現在電腦換到姐姐的房間，他就會開音響，邊打還邊聽音樂」，他的姐姐也是如此。電腦不但被整合至既有的家戶空間，和其他電子媒體並置，也被家人融入原有的媒體活動中，發展出新的家居休閒風格。

表 5.5　受訪家戶的電腦擺放與使用情形

家庭編號	合法使用者	電腦擺放位置	家中主要使用者	使用模式
H1	爸媽	爸媽房間	爸、媽	小孩睡覺後使用，製作教材或打公文
			大哥	玩電腦遊戲
			二哥	搜尋飛機模型資料
			A_4F14	聊天、玩小遊戲
H2	姑姑	姑姑房間	姑姑	聊天、查資料
			A_6M6	玩 RO、收信
			大伯	查工作相關的資料
H3	A_6F18	客廳	A_6F18	線上家族、MSN、玩小遊戲
			媽媽	查政府公告和招標訊息
H4	A_6M4	A_6M4 房間	A_6M4	玩 RO、收信、MSN
			A_3F9	查學校資料、小畫家、玩小遊戲
			媽媽	打公文、報告
H5	大姐	工作室	大姐	玩天堂
			A_5F7	MSN、玩小遊戲
H6	A_6F23	A_6F23 房間	A_6F23	玩遊戲、聊天、收信、留言
H7	大姐	大姐房間	大姐	查資料、聊天
			三姐	玩魔力寶貝、楓之谷
			A_4F15	玩楓之谷、MSN
H8	A_4M6 A_3M4	爸媽房間	A_4M6	玩楓之谷
			A_3M4	玩楓之谷
H9	爸爸	爸媽房間	爸爸	玩電腦遊戲（如：大富翁）
			媽媽	玩接龍
			A_4M8	玩電腦遊戲
H10	B_5M1	客廳	B_5M1	玩電腦遊戲、聽音樂
H11	B_4M2	B_4M2 房間	B_4M2	打字、玩電腦遊戲
			爸爸	玩水果盤遊戲
H12	姐姐	姐姐房間	姐姐	查資料、MSN、聽音樂
			B_4M3	打字、小畫家、玩小遊戲、聽音樂
H13	姐姐	姐姐房間	姐姐	查資料、MSN、聽音樂
			B_5M4	查資料、MSN、玩遊戲
			爸爸	玩接龍
H14	哥哥	走道	二哥	查資料、玩線上遊戲
			C_3F1	玩小遊戲
			媽媽	查資料

資料來源：作者整理

在研究中，我們亦發現，偏遠地區家戶在擺放電腦時，似乎比較少考慮美學上的陳設問題，反而多考量電腦作為有價資源，是否願意讓外人共享。譬如：H1 的母親表示，「原先想把電腦放在客廳，但後來想說客廳常會有客人來，如果客人想玩，不讓他玩又不好意思，才繼續擺在我們的房間。」而 H3 的電腦就因放在客廳，所以親朋好友、左鄰右舍，有空便會過來借用一下。A_6F18 抱怨：「他們都會亂下載一些東西，所以我要常常清除檔案」。由於偏遠地區較少家戶擁有電腦，因此有資源者常會成為眾人拜訪的對象，H3 就是如此，經常高朋滿座。

三、併入階段

（一）電腦併入生活作息

在家戶中，合法使用者擁有使用電腦的優先權，但因電腦／網路是稀少資源，所以家人之間還是必須共享。除了 H9 外，其他家戶的電腦都先讓小孩使用。為避免紛爭，家長通常依照家人的生活作息，將使用時間錯開。H1 的母親指出，「原本是讓他們自己協議時間、訂出時間表，但他們自己都不按照時間表，三個人搶成一團。現在就是妹妹先用，因為她最先回家，再來是二哥（國中），最後就換大哥（高中）」。H4 家中也是如此，「我規定他們一定要寫完功課才能玩。妹妹比較早回家，功課也比較少，所以可以先玩，然後再換哥哥」。

電腦雖然已併入家人的例行活動中，但也對家庭生活帶來衝擊。H7 的母親抱怨，「以前沒有電腦時，她們的作息比較正常，也肯聽話。現在有了電腦，她們一有空就守在電腦前，家人幾乎都沒有同桌吃飯，要她們早點睡，也沒放在心上，常常熬夜玩電腦，根本說不動」。小孩的世界不再以父母為中心，而是環繞著電腦做出生活安排。H1 的母親說：「以前週休二日我們全家就會一起出去爬山、看電影。現在大哥就會說，他不要去，他要留在家裡打電玩」。

H5 的父親是一位母語教師，他不能理解電腦究竟有何魅力，可以讓人盯著看一整天，「她（大姐）都已經是媽媽了，小孩放著不管，成天打電腦⋯⋯唉，都長大了，我也不想管。以前在部落，大家住在一起，只要大喊一聲『吃飯』，用命令的，所有的人都會到餐桌，大家一起吃飯，聊聊天，可以增加感情，不像現在⋯⋯」。他非常擔憂原住民孩童，會因為電腦而更沉迷於玩樂中。「我們都不太管小孩，讓他們去做自己喜歡的事，只要不要太超過，但現在把電腦用在網咖，[8]唸了又不聽，怎麼辦？」他道出原住民自由發展的管教方式，可能不利於小孩的電腦使用——無法培養出「反身性」的節制使用。

（二）家人的使用模式

在使用模式上，性別、年齡會影響小孩的電腦／網路使用。一般來說，男孩以玩遊戲為主，年紀小的多玩小遊戲或網路遊戲；年紀大的則會玩市面上熱賣的電腦遊戲或線上遊戲。至於女孩，則傾向以溝通為主，不過年紀小的女生也喜歡玩小遊戲，偶而會上網收信；隨著年紀的增長，女孩會改用 MSN、聊天室、留言版（見表 5.5）。H3 的表姐說：「A_6F18 的同學都很無聊，擠在一起玩【阿ㄆㄧㄚ∨打壞人】，不知道那有什麼好玩」。她也無法理解 A_6F18 的聊天方式，「她們用 MSN 也沒在說話，就只是叮咚，看看對方在不在」。

8　H5 的父親以為，【天堂】是網咖的一種，會令人網路成癮。

她目前住在 H3 家中，正在準備重考大學，偶而她也會上網到高中班版上留言。

不過，性別化、年齡化、族群化的電腦使用方式，也有例外。譬如：H5 的大姐和 H7 的三姐都喜歡玩線上遊戲，而討厭聊天。另外，居住在後山的男童也都提及「喜歡用電腦來打字」。H12 的母親說：「B_4M3 從三年級開始，就喜歡用電腦打日記，每天打一些，等到星期六再把之前的日記檔案抄錄在作業上」。

B_4M3 曾參加我們在 B 校舉辦的暑期電腦營，他會把上課的心得打在 Word 上，再用磁片儲存起來，帶來學校和大家分享。他的學習和使用，完全不同於一般原住民男孩的草率作風。H12 的父親解釋，「因為他好像有這方面的天分，我們就常常鼓勵他。姐姐也會教他一些電腦技巧，我也會和他一起用小畫家來畫設計圖」。其父曾按照 B_4M3 所繪製的電腦設計圖，重新裝潢家裡。從 B_4M3 的例子來看，父母的教養方式還是有可能打破世俗的刻板印象，讓小孩發展出另類的使用風格。

至於父母的使用模式，雖然大多數的家長都表明，他們在家很少用電腦，但其使用仍有些微的差異。在後山，多是「傳統型」[9]的使用模式，亦即母親忙於家事，無暇使用電腦，且使用時多需仰賴先生和小孩的協助。H12 的母親說：「當初因為要照顧生意和小孩，所以沒有和先生一起去上課，就是那種社區開的免費電腦課」。H11 的母親也說，「我完全不會用電腦，只能看小孩和先生玩」。她看父

[9] L. van Zoonen（2002）曾將夫妻的使用模式，依性別化的方式區分成四種：（1）傳統型—先生有高度的興趣在新科技且使用最多，妻子則是興趣缺缺，不喜歡電腦；（2）商議型—夫妻認為新科技是共同關切的議題，彼此會協商電腦的使用；（3）個人型—夫妻的電腦使用受個性影響而非性別；（4）反轉型—妻子掌握家中的電腦使用，先生則選擇不用。

子兩人玩得興高采烈，想知道他們在玩什麼，便要求 B_4M2 也教她，「看了以後，還是不懂」。

而在前山，有些家戶則出現「反轉型」（如：H3、H4），[10]父親或年紀大、或忙於生計而不用電腦，當其需要查詢資訊時，則仰賴妻子和小孩的幫忙。H3 的母親說，「她的爸爸不會用電腦，因為年紀太大了，講什麼也記不住，所以我會幫他印一些他要的東西」。她原本也不會用電腦，為了小孩特地去參加社區的電腦課，「想知道現在人都用電腦在做什麼，不然都不懂的話，在小孩的心中，父母說話就沒有份量了，連他們做壞事可能也不知道」。現在，她越學越多，除了網路搜尋外，也學小畫家、數位照片、燒錄等技術。

與 H3 的情況類似，H4 的母親也表示：「我已經是 LKK，對小孩玩的東西根本都不懂。去上課，主要是想學 Word 打報告，順便也可以知道網路是什麼。現在，我會去檢查他的網路紀錄，這些都是上課學的」。這 2 位母親來自漢族的家戶，本身的工作也需要使用電腦／網路，因而主動報名社區的電腦課，並藉由所學協助和管理家戶內成員的科技使用。

（三）家戶的電腦管制與小孩的能動性

家長雖然讓電腦進入家戶，但對小孩的電腦使用，還是有些規範，通常是「寫完功課」、「準時睡覺」、「不准玩限制級的內容」、「不准去網咖」[11]。但小孩未必會遵守這些規範，例如：H6 的電腦放在

---

[10] 若就夫妻在家戶內的電腦使用來說，H3、H4 符合 van Zoonen（2002）所描述的「反轉型」使用模式。但其 2 人不論是學習電腦的動機或家戶內的應用，還是偏向實踐「母職」、「妻職」。這也說明，性別和科技間的關係其實非常複雜，使用與否無法直接用來說明性別對科技的影響。

[11] 在受訪的家戶中，只有 H9 的家長允許小孩假日去網咖兩小時，「因為家裡不能上網，所以只好讓 A_4M8 去網咖玩一下」。

A_6F23 的房間，所以就寢時間到了，她會佯裝已睡著，等到父親也入睡後，再偷偷爬起來用電腦。

而 H2 的奶奶也發現，「A_6M6 為了趕快把功課做完，字寫得很草，晚上還會說夢話，都是和電腦遊戲有關」。她知道 A_6M6 不喜歡讀書，所以也只要求他，各科都要及格。H14 的母親也抱怨，玩遊戲已影響到二哥的課業。「我對他說：『成績不好，就不可以玩！』，可是我說都沒用，爸爸講比較有用，可是爸爸都不說，只是要他們 9 點後不准玩」。

家長擔憂電腦／網路會影響到小孩的學業表現，但小孩卻以「學校作業」為由，必須使用電腦。H3 的母親說：「我規定她，考試前不准用電腦。她就會說這是老師出的作業，一定要用電腦，根本說不贏她」。家長多半只能採取消極的方式，偷瞄或檢查小孩在用電腦做什麼。

然而，小孩的科技使用也常超出家長的預期。H1 的父親說：「以前我以為小孩很單純，不會想要上網買東西，結果有一天我們接到宅配付費通知，才知道他們也學會網路購物。現在我們家又增加一條規定：『不准上網購物』」。

而在 H4 家中，也發生一件令母親感到驚訝的事，「我想他是在玩遊戲，結果他交了一位網友，是男生。他們常用電話聊天，結果我們家電話費暴增喔，最後只好把電話換掉。也不知道他們是怎麼搭上線……總之，也不能交網友」。家長也在學習「網路進入家戶」可能衍生的狀況，並適時調整規範。

不過，兩代之間還是會因為電腦而發生衝突，譬如：家人為了使用電腦爭執不休、或時間到了不願意關機（見表 5.6）。H4 的母親說，「如果 A_6M4 真的不聽話，我就會把網路線拔掉。然後威脅他，說到期了，那個網路就不裝了，他就會乖乖的」。大多數的家長都不願意強迫小孩，但問題無法解決時，也只好採取強硬的手法——「拔掉插頭，不准玩」。

即使在這樣的狀況下，小孩也不會完全順從，他們會改到同學家去玩，男生則偷偷跑到網咖。家長因此陷入兩難的狀況，一方面想把小孩留在家裡，避免涉及網咖的是非；另一方面，小孩在家用電腦，卻帶回新的是非——因為電腦造成家人之間的口角，同時也挑戰家長的權威。

表 5.6　受訪家戶因電腦而引發的世代衝突

家長抱怨	小孩解釋
家人之間的使用衝突	兄姐霸佔電腦
小孩的作息失調	已經做完功課、隔天不用上課
小孩久坐不動	在學校已經運動過
家人共同活動減少	不想和家人一起出去
小孩近用不適當的內容或服務	不小心點選到
小孩浪費錢買點數	點數可以提升配備
解決方式	**逃逸方式**
控制使用時間	改到同學家、教會或活動中心玩
勸說	佯裝
不時巡視或檢查上網記錄	縮小螢幕、刪除記錄

資料來源：作者整理

（四）女性家長在科技使用所扮演的角色

誠如 M. Bakardjieva（2005: 156）所言，當電腦進入家戶，母親的工作和責任也跟著加重。在偏遠地區，由於大多數的家長對電腦不瞭解，因此年長的女性（母親、大姐）從挪用階段便參與科技的決策過程，直到「電腦進入家戶」，仍持續操心科技的馴化問題。

小孩使用電腦不僅會影響到家人之間的互動、學業表現，也會左右其身心發展。H7 的母親說，「我很擔心她們的身體，她們每一次玩都玩很久，也不休息」。H11 的母親也表示，「電腦放在他的房間，我怕他不會專心睡覺，所以晚上會去巡一下他的房間」。

除了小孩的健康外，母親也擔憂新科技會危及小孩的安全。H12 指出，「姐姐（國中生）現在正是叛逆期，很擔心她會上網亂交朋友。新聞不是說，網路交友會出事」。受訪的母親大多由電視新聞得知網路的負面消息（如：網友、網咖），但又不能禁止小孩上網，所以只能不斷地耳提面命：「不能交網友」、「不能上色情網站」。

儘管受訪的母親都很關心小孩的電腦使用，但不同於城市的母親，[12]她們較少陪同小孩用電腦，更遑論引導其將電腦應用在學習上。[13]這是因為大多數的母親不懂電腦，而少數能使用電腦者，又忙於家事和生計，所以只能採用消極的方式——禁止（如：要求小孩不能做某事）和監看（如：巡視小孩的電腦／網路使用）來維持家戶的道德經濟。

四、轉換階段

（一）小孩將學校知識帶回家

在受訪的家戶中，只有 H1 的父親有能力教導小孩電腦相關的技巧，[14]並定期更新、維護家中的電腦。其他家戶的電腦知識，則是依賴小孩在校的學習。家中如果有年長、在學的兄姐，他們通常

---

[12] 薛淑如（2002）調查 9 位居住在大台北地區的母親，發現受訪者會主動為小孩尋找與課業有關的資料；電腦程度較好的母親，甚至扮演「指導者」的角色。

[13] 在調查中，只有 H12 的父親試圖讓 B_4M3 成為設計師，而鼓勵其利用電腦來設計和繪圖。

[14] H12 的父親雖然也會教 B_4M3 使用小畫家，但他表示自己對軟體並不熟悉，仍需依賴姐姐的幫忙。

會扮演家戶內的「電腦專家」。例如：H7 的姐姐們會協助父親上網，搜尋股票、新聞等訊息，也會教導妹妹使用電腦和網路（如：MSN、下載檔案、玩遊戲等）。

兄姐若能代替家長，教導年紀小的弟妹，弟妹的電腦技巧自然會比較純熟，在校學習也比較容易（如：A_6F18、A_6F23）。相反，家中若無兄姐，學童就只能依賴在校的學習（包括：來自老師、同儕的技術），並將此知識帶回家中，教導其他人。例如：B_4M2 教其父親使用電腦和玩遊戲。

受訪的家長在年輕世代的協助下，也開始近用電腦，但多以娛樂為主。譬如：B_4M4 談及其父使用電腦的情形，「爸爸說他工作一天累了，想玩遊戲，我就教他玩【接龍】，幫他開到那個遊戲畫面，他就可以自己玩了」。A_4F14 也說：「奶奶在外面看到朋友玩【接龍】，也想玩，我就教她玩」。電腦似乎被家戶定位成新的休閒方式。

關心部落文化的 H5 父親指出，「電腦是很好，又發達又快，但用來傳承文化，可能不太有用。年輕人根本不會想去弄這些東西，他們上網還是去玩、看新東西，一定不會去開泰雅族的。我們年紀大了，也不習慣用小螢幕……」。他認為，年輕世代將電腦經驗帶回家中，已經很少應用在學校課業上，更遑論用來提升或維護族群文化。

儘管多數家戶都將電腦應用在家居的休閒生活上，但也有例外。B_4M3 不但其父鼓勵他將電腦應用在學習、設計上，他自己在參加網頁電腦營後，也主動為母親的休閒商店設計一個網頁，希望能藉此吸引更多人來消費。由此來看，家長在學童的電腦應用上，扮演重要的角色。若能鼓勵小孩將學校所學應用在實際生活上，而非只是玩樂，外來的電腦／知識還是有可能用來改善家戶的生活。

（二）小孩將家裡經驗帶至校

學童在家的電腦經驗，也會帶到學校，影響其他人。不同於國外的研究，我們發現不論男女，都會發展出電腦談話。在男性同儕方面，男生之間會分享自己在家玩的遊戲和新發現，並在班上公開表演其技巧，帶動班上的遊戲風潮。而家中有電腦的男童，彼此也會相約玩同款遊戲，互相較勁或傳授密技。例如：A_6M6 和 A_6M4 是同班同學，兩人之前都玩【天堂】，但 A_6M6 改玩【RO】後，A_6M4 也跟著玩【RO】，並帶動班上男生一起玩此遊戲。[15]除了分享遊戲知識外，兩人也互相成為對方的避難所。由於 A_6M6 的奶奶限制其電腦使用的頻率（一星期三次），所以無聊時，他會去 A_6M4 家玩；反之，當 A_6M4 被母親禁止玩遊戲時，他也會改到 A_6M6 家玩。

在女性同儕方面，女生之間也會分享電腦／網路的傳播技巧，不論是 MSN 的使用、家族經營或線上聊天。家中有電腦的女孩會協助班上其他女生申請 e-mail、MSN，並教導其收／發信和留言。例如：A_6F18 經營線上家族，她不但廣邀班上同學成為家族一員，也教他們上網留言。同時，她也協助家中有電腦者成立家族，彼此互相串連、打氣。[16]例如：A_6F23 和她是同班同學，兩人課後偶而會用 MSN 聯繫，或在線上家族相見。

不過，我們也發現，年紀小的女生（如：國小中、低年級）比較不會發展出電腦談話。A_3F9 表示，自己並不想上網聊天或收信，「我的同學很少人有電腦，而且我的注音不好。我比較喜歡用電腦來玩遊戲或畫畫」。C_3F1 也說，「我們班上沒有人在用信箱」。她和 A_3F9 一樣喜歡連線到【史萊姆】網站，下載小遊戲來玩。有時，她們也會在班上，教其他女生玩遊戲。

---

[15] A_6M6 是班上男性同儕的領袖，請見第六章的分析。

[16] 相關分析，請看第六章。

（三）小孩面對學校知識和休閒使用

儘管家長當初是因為小孩的教育才增添電腦／網路，但家戶作為「校外場域」是休閒之地，對大多數的小孩來說，做完功課（包括上網查詢課業所需的資料）就是自己的休閒時間，自然可以用電腦來玩樂。H11 的母親說，「以前沒有電腦，做完功課就是看電視，現在看電視的時間變少了，除了有體育轉播時會出來看一下，不然都是在玩電腦」。H1 的母親也表示，對小孩來說，電腦是電視以外的另一種螢幕的娛樂選擇，「他們輪流玩電腦，不能玩的就去看電視，不然就是回房間聽音樂」。大多數的家長似乎也接受，電腦作為小孩學習之外的休閒選擇。

然而，對國小學童來說，家中擁有電腦，的確有助於改善他們在學校的電腦學習和表現。[17]A_6M4 說：「老師上課教的東西，比較容易懂，操作起來也比較快」。但 A_6M6 指出，「老師教的東西比較難，應該要多練習，可是家裡沒有那種軟體，像……Photo……Impact，所以也不能練習」。比較積極的學童（如：A_6F18），則會要求家長去向老師借軟體，然後在家練習。

由此來看，有電腦也不能保證電腦學習，因為可能還缺乏相關的軟體或設備，如果家長不能為學童爭取數位學習，那學童很容易就把電腦視為家用的「遊戲機」。

（四）家戶間的經驗流通

Selwyn 等人（2005）曾指出，社會網絡會影響家戶的科技使用。此對偏遠地區的影響，尤其明顯。由於家長大多不瞭解新科技，故不論是在科技的擁有或維修上，都必須向「有經驗者」討教或求助。

---

[17] 有關有／無數位資源的學童，在校電腦表現的差異，請看第六至十章。

家戶若有熟知電腦的親友，比較容易對電腦使用產生信心。例如：H7 的姑丈或 H13 的表哥是電腦工程師，可以幫忙家戶選購電腦配備、拼裝及後續的維修。

而缺乏社會網絡的家戶，就只能伺機等待他人的協助。譬如：H8 家中新安裝了網路，但不知為何無法上網，正好我們前來家訪，家長就要求我們幫忙查看，「我們已經叫了電腦公司過來看看，可是他們都不來」。H8 的母親說，「我很害怕兩兄弟亂用，又把電腦給弄壞」。母親會告誡小孩，電腦只能用來查資料和玩遊戲。由於缺乏知識和網絡，家長對小孩的電腦使用，又多了技術方面的顧慮（如：害怕他們用壞機器）。

除此之外，小孩之間的家戶走動，也有助於電腦知識和經驗的流通。家戶有電腦者，經常是同儕拜訪的對象。譬如：當我們到 H6 家進行家訪時，A_6F23 的學姐（國中部）正巧也來她家玩電腦，她說：「我們會交換一些資訊，像是哪個家族、班版很有趣，就一起上網看」。

而家戶之間都有電腦者，也能互相交換軟體或技術。譬如：B_4M2 有時會到 B_4M3 家上網，若有電腦方面的問題，他也會請教 B_4M3 的姐姐，或向她借軟體；有時，姐姐也會主動來他家，幫他灌遊戲。由此來看，家戶之間的交流，對偏遠地區的學童來說，不啻是近用和獲取電腦資源的重要管道。

陸、結論

在「馴化」的研究架構底下，我們發覺電腦／網路進入偏遠地區的家戶，並未為家戶帶來科技賦權，反而被整合至原有的家庭生活中。家人所發展出來的電腦使用模式，大多強化慣有的習性與認同——亦即，採用以娛樂為導向的性別化、年齡化、族群化的科技使用方式，只有少數學童在父母的鼓勵下，發展出另類、創造性的電腦使用。

就 W 區的調查顯示，馴化的四階段並非截然分開，而是彼此互相影響。電腦進入家戶的方式，會左右家人的電腦使用；而戶內對電腦的時空安排，也會影響戶內／外的轉換過程，並反過來影響電腦的後續挪用。不過，為了清楚解釋偏遠地區家戶如何馴化電腦，我們將個別陳述重要的發現。

在挪用階段，「電腦進入家戶」並不表示家戶就能晉升為「資訊有者」，家戶還必須依賴：（一）經濟資本——支付必要的軟、硬體，後續的維修與更新問題；（二）文化資本——相關的電腦知識與使用技巧；（三）社會資本——親友的技術支援與知識分享。有了這些資本，電腦在家戶內才能發揮一定的效用。

由於偏遠地區的家戶，受到社經條件和地處偏遠的影響，家戶的資本有限，在採納與挪用電腦的過程，自然受到層層限制，同時也侷限學童在家戶的電腦學習與使用。

其次，在客體化階段，電腦進入家戶，不但被整合至既有的空間配置內，也和原有的電子媒體融合成一體，形成新的休閒風格。如同 Anderson 與 Tracey（2001）的發現，在家戶的新科技使用並未減少其他傳播活動（如：看電視或聽廣播），網路被用來支持原有的生活型態。學童不用電腦時，則看電視或聽音樂；或同時進行這些活動（如：邊看電視、邊打電腦）；或以新方式來進行舊活動（如：用電腦來聽音樂或看影片）。

另外，電腦的位置多配合主要使用者的需求，但家長在擺放時，仍猶豫是否應將其置放在公共空間。這是因為對偏遠地區的家戶來說，電腦是稀少資源，必須全家共享；另一方面，也擔憂其「外來野性」（如：不良內容、成癮）進入「臥室」，可能導致小孩的失控。

再者，在併入階段，家長按照家人的生活作息，將電腦併入日常活動中。不同於陳碧姬、吳宜鮮（2005）的研究，在 W 區的家戶中，年齡似乎比性別更能影響電腦在家戶的使用權，因年長的兄姐有較多課業上的需求。他們同樣也是戶內早期的電腦使用者，將戶外的知識帶進戶內，並應用在休閒生活上，帶動家人的科技使用與認知。由於家長忙於生計，又缺乏相關的知識，故無法協助小孩利用電腦來自我賦權。小孩大多延續無電腦時的休閒習慣，將電腦視為電視以外的另一種螢幕選擇，較少用來作為「教室外」的延伸學習。此顯示，電腦無法自動為小孩帶來數位機會，還需要家長的引導和小孩的自我反思。

然而，我們發覺大多數的原住民家戶採用「自由發展」的教養風格——讓小孩在生活中，自然體驗生命的道理，但面對新科技的「互動性」，小孩很容易被拉進虛擬世界中，甚至無法自拔。在某種程度上，這也說明原住民文化可能不利於小孩在資訊社會的成長，不但易強化其刻板印象（如：不唸書、愛玩），也易染上電腦／網路成癮。

誠如 S. Mumtaz（2001）所言，家用電腦已造成「芝麻街效果」（sesame street effect），拉大貧窮與富裕小孩之間的學習差異。由於偏遠地區的學童缺乏家長的引導，只能依循舊習，將電腦應用在休閒娛樂而非自我提升上，產生數位的文化複製效果。

此外，電腦進入家戶，亦加重女性家長的負荷。除了憂心經濟負擔外，女性家長也需負責電腦的馴化問題，其中包括：平息家人因電腦所引發的糾紛，防範並解決電腦所帶來的道德危機（成癮、荒廢學業、交友或購物），以及緩和親子關係的緊張。但我們亦發現，

「上有政策、下有對策」，小孩並未完全遵照家長的規範，他們總是伺機尋求逾越的可能性。

大多數的女性家長因家務緣故，疲累到「不想用電腦」；而男性家長雖然在外忙於生計，但回到家中，會想利用電腦來「放鬆」，他們大多要求小孩教其玩遊戲。只有少數漢族的母親為了小孩而去學電腦，平時也會為家人而使用電腦。這顯示，女性在私領域的電腦實踐（不論是使用或拒絕），在某程度上，也受限於家戶內的性別分工與性別角色的要求。

最後，在轉換階段，電腦的確會促成家戶之內、家戶之間，以及家戶和外在世界的對話，但由於家戶將電腦併入例行活動與儀式中，因此較難產生實質的轉換。譬如：H9 的父親用電腦來玩遊戲，在家戶內／外的互動，自然以遊戲技巧的分享為主，強化原有的生活習性。

不過，我們也發現例外。H11 和 H12 的父親放棄原住民原有的教養風格，採用積極介入的方式，導致小孩的電腦學習與使用，也有明顯的差異。B_4M2 曾參加我們在 B 校舉辦的暑期電腦營，其父親在上課期間會不時進來關心，並察看其練習作品。相較於其他學童，B_4M2 上課自然比較用心。而 B_4M3 的父親鼓勵他將電腦應用在設計上，因此他也願意將在校所學的網頁技術，用來協助父母改善經營（如：以網頁介紹母親的商店）。

由此來看，政府鼓勵偏遠地區家戶使用電腦，不能只是「電腦到達家戶」，還必須提供必要的知識與技術援助、並讓家長瞭解電腦的潛力，居中協助小孩發展多元使用。如此家戶的馴化過程，才有可能脫離慣性的「併入」，發展出科技賦權的使用。

第六章　生存心態、同儕文化與網路使用

在前一章我們討論了家庭場域如何影響學童的新科技使用，但畢竟家中有電腦者仍是少數，若欲瞭解偏遠地區學童的網路使用情形，還是必須檢視學校場域。因此，我們將從本章至第十章，以個案方式介紹學童在校的網路實踐，包含非正式使用和正式學習。前者著重在學童私下所進行的網路活動，後者則是師長透過課程安排所施予的一套資訊知識與技巧。

本章將調查學童在校所從事的非正式網路活動。如同前述，在偏遠地區家中有電腦者是少數，但這群少數份子卻將在家中所習得的技術帶至學校，影響那些缺乏數位資源者，一方面傳授他們網路的小道消息與使用技巧；另方面，也造成他們無心上課，只想盡快嘗試同學所介紹的「好東西」。無形中，拉大了有／無數位資源者在校的電腦學習和表現。當然，這其中還涉及個人處境與教室權力關係的複雜運作。

因此，本章將採用 P. Bourdieu 的「生存心態」（habitus）和「場域」（fields）概念，探討偏遠地區學童在電腦教室內的非正式網路實踐，以說明數位落差的文化複製如何在「微政治」（micropolitical）中形成，亦即在日常教室內，師生與同儕間的互動，如何影響網路使用與生存心態的建構。

壹、前言

今日的兒童又被稱為網路世代（Net generation; Tapscott, 1998），似乎暗示不論其背景為何，他們的周圍總是環繞著數位與互

動科技，並擁有相關的知識與技能。然而，根據國內外的調查顯示，並非所有兒童都是天生的網路小子（natural cyberkids），有些兒童受到階級、族群及性別的影響，不是無法近用網路科技，就是發展出不同的網路使用（行政院研考會，2006; Lee, 2008; Livingstone et al., 2005c）。V. Rojas 等人（2001）以為，Bourdieu 的「生存心態」（habitus）概念，有助於我們調查兒童在特定場域的網路使用情形，並連結至更廣的社會結構運作。

網路科技被視為是當代最大的均衡器（the Great Equalizer），它能超越地理、身體或其他有形的物質限制，讓弱勢族群免於遭受社會的排斥，直接近用公共資源，改善其生活（McNutt, 1998; Wolf, 1998）。當網路進入偏遠地區，兒童成為早期的主要使用者，他們能否因此而改變其生存心態（habitus in transition），跳脫不利的結構，還是因既有的生存心態讓其網路使用，再次複製社會不均？為瞭解偏遠地區兒童的網路賦權情形，本章也將以「生存心態」來探討學童在校如何根據其位置，挪用各種資本發展出獨特的網路使用。

此外，「玩樂」是兒童的重要活動之一。他們藉由玩樂來發洩精力、獲得樂趣，以及習得一套和社會相關的角色規範。對 e 世代的兒童而言，上網已成為他們成長與玩樂的一部分。F. Krotz（2002）指出，兒童的網路使用受制於不同的社會和文化過程，特別是兒童所屬的個人處境。來自不同處境的兒童，不僅對網路有不同的認知，而且玩的方式與脈絡也大異其趣。

以偏遠地區為例，由於數位資源分配不均，此地的兒童不同於都會區的兒童，他們多數無法在家裡上網，而是在公共領域，尤其是在學校使用網路（傅麗玉、張志立，2002）。雖然學校是一個制度化的教育機構，強調正式學習（formal learning），但他們在校上網主要是為了玩樂，而非以求學為目的。加上他們的家長多缺乏數位經驗，導致同儕團體變成其獲取數位技能的主要來源。因此，我們也將觀察同儕團體如何影響學童的網路使用與認知。

本章將先耙梳生存心態和同儕文化的相關文獻，然後以 A 校六年甲班為個案，探討學童的生存心態如何影響其在校的網路使用。[1]尤其是在電腦教室內，以同儕為主、公開玩樂（play）的非正式上網活動中，學童如何認知網路，又如何藉由網路來發展同儕文化並建構其認同。

貳、生存心態與網路使用

目前討論網路實踐和認同建構的研究，主要引用的理論有 J. Butler 的「性別扮演」和 M. Foucault 的「自我技術」（林宇玲，2002）[2]。兩者皆認為，認同不是與生俱來，而是個人在日常生活中不斷「做」（do）出來。前者強調，個人援引規範／反規範，主動表演出社會所期望的行為，藉此建構其認同；後者則聲稱，個人為了追求某種生存的美學，主動將知識與技術運用在自己身上，以形塑自我風格（self-stylization）。

不論是 Butler 或 Foucault，皆關心個人的能動性，但他們似乎以為認同是「象徵識別」（symbolic identification）的過程，故著重在論述的表達層面，因此忽略認同的無意識和形體化（embodiment）層面，導致高估解放的可能性（McNay, 2000, 2003）。如同他們兩位，Bourdieu 也對每日實踐感到興趣；他所提出的「生存心態」概念，除了重視能動性外，同時涵蓋意識與無意識的層面，不但能避免過

1　本章的個案分析初稿曾發表於《新聞學研究》，第 82 期。

2　請參考林宇玲《網路與性別》的第十章和第十一章。

度浪漫化學童的差異使用，也能兼顧結構對其網路實踐的限制與影響。

一、階級化、性別化與族群化的生存心態

Bourdieu 的「生存心態」概念，涉及結構／能動性、客觀／主觀、鉅觀／微觀之間的辯證關係。他將生存心態定義為，

> ……生存心態，是持久、轉換的稟性（dispositions）系統。被建造的結構（structured structures）預作為建造的結構（structuring structures），亦即作為生產的原則（principles of the generation）和實踐與再現的建造，能客觀地「被管控」並「有規律」（objectively “regulated” and “regular”），但不是遵從任何規則的產物；能客觀地適應其目標，但不是有意識地瞄準目的或想掌控運作去獲得它們；以及所有這些集體地被合奏，但不是經由指揮家指導演奏的產物（Bourdieu, 1977: 72）。

顯然，生存心態包含「被建造的結構」和「建造的結構」。前者是個人長久以來對其所處的生存客觀條件，不斷調適後的產物，也就是個人將外在結構（例如：家庭或社群的社經結構）加以內化，因此生存心態在某程度上，也反映出個人所處的社會條件。

「建造的結構」則是指「被建造的結構」讓個人瞭解到成功／失敗、可能／不可能的機會結構，並形成其認知與期望，讓他們在特定情境做出某種反應與行動。不過，行動並非預先被決定，而是充滿模糊與不確定性——亦即，個人對情境所提供的機會與限制，做出策略性的即興演出，此可能強化或修正「被建造的結構」。

對 Bourdieu 來說，生存心態不是決定性的結構，而是生產原則。在某種客觀限制（如：場域）內，生存心態雖能衍生無數的行為、思考及表達模式，但同時亦侷限其多樣性。換言之，生存心態是一個開放的稟性系統，被以「遊戲的感覺」（feel for the game）實現（Bourdieu, 1990: 52）。以打網球為例，儘管網球選手早已習得相關的技能，平日也不斷地練習，但在比賽時，仍出現不可預期的反應與打法。

當下的實踐雖然是自發的（spontaneous），卻超越現在的立即性（immediacy）——亦即動員了過去經驗和對未來實踐的預期，一併被嵌入現在的客觀潛力狀態（a state of objective potentiality），並體現在身上（Bourdieu, 1992: 138）。由此來看，實踐乃是生存心態的產物，同時包含結構的限制和能動性的自由。此說明個人的行動並非直接複製社會結構，同時也未必是反抗的保證。[3]

P. Swartz（1997: 105）指出，Bourdieu 以「無指揮家的演奏」（conductorless orchestration）來說明生存心態不是採用有意識、認知的論述形式發展，而是以前反身（pre-reflexive）、形體化（embodiment）的實踐方式體現在身上。在社會化的過程中，個人的身心同時受到外在結構的教化薰陶，不論是想法、感覺，或是肢體動作、行事風格、品味偏好等，在在顯露其所屬的階級特性（Bourdieu, 1984）。

對此，A. Devine-Eller（2005）、L. Kvasny（2003）、D. Reay（1995, 2004）等人強調，Bourdieu 較偏重在階級的社會化，[4]因而忽略性別、

[3] 後者是駁斥文化研究者的論點——閱聽眾採取主動的解讀乃是一種反抗的形式。

[4] Bourdieu 也曾探討男性宰制的問題，但 A. Devine-Eller（2005: 12-3）認為，Bourdieu 似乎暗示性別是次於階級，影響個人和外在世界的互動。L. McNay（1999: 96）也指出，Bourdieu 並未將性別化的生存心態（gendered habitus）

族群也會影響生存心態的形塑，並干預個人對當下情境做出階級化、性別化與族群化的反應。因此，他們建議探討生存心態，應同時兼顧階級、性別及族群面向。

二、生存心態與場域

生存心態直接關係至場域。場域是關係性的概念（relational concept），被定義為「位置之間客觀關係的網絡或形構（configuration）」，涉及位置的位階和各種資本分配之間的關係（Bourdieu, 1993: 72）。每一場域都有自主性，具有特別的內在邏輯，建立和其他場域之間的非同步（nonsynchronous）且不均等關係。

在場域內，總是蘊藏著各種形式的資本與價值（見表 6.1），個人會試圖奪取這些資本的控制權，以維護、改變或提升其地位，因此場域也是鬥爭（struggle）的場所（McNay, 2000: 52）。雖然某些行動者擁有相似的生存心態，但因所處的位置有別，而產生不同的實踐與立場。此顯示，場域讓生存心態有了動態性。

表 6.1　資本的種類

<table>
<tr><td colspan="3">象徵資本</td></tr>
<tr><td colspan="3">制度化被公認、和被合法化的權威以及稱謂，對文化、經濟、社會資本的交換與轉換是必要的</td></tr>
<tr><td rowspan="3">文化資本</td><td>形體化的資本</td><td>知識、技巧、稟性、語文實踐及身體生存心態的再現資源</td></tr>
<tr><td>客體化的資本</td><td>文化物品、文本、物質客體及能傳送給別人的媒體</td></tr>
<tr><td>制度化的資本</td><td>學院的資格、獎勵、專業證照與證件</td></tr>
<tr><td>經濟資本</td><td colspan="2">物質物品和資源可直接轉換成金錢</td></tr>
<tr><td>社會資本</td><td colspan="2">近用文化、次文化制度、社會關係及實踐</td></tr>
</table>

資料來源：V. Carrington & A. Luke (1997: 102)

放入場域內分析，導致性別認同的概念過於僵化。

Bourdieu（1992: 127）指出，生存心態和場域之間存在著雙向模糊的關係（a double and obscure relation）。一方面，是制約（conditioning）關係：場域形塑生存心態，生存心態成了某個場域的既有屬性，並體現在個人的身上。另方面，是知識關係或是認知建構（cognitive construction）的關係：也就是生存心態賦予場域意義，使其充滿感覺和價值，讓個人覺得值得投入精力。

由此來看，生存心態和場域之間具有本體論上的一致性（ontological correspondence）。因此，社會現實既在場域中，也在生存心態內；既在行動者之外，也在行動者之內。當行動者遇到和其生存心態契合的場域時，會感到適得其所，並迅速掌握場域內的資本與利益（Bourdieu, 1992: 127-8）。

L. McNay（1999: 107, 2000: 54）批評 Bourdieu，似乎只關心生存心態如何滿足場域的要求，而忽略兩者之間的衝突與分裂（disjuction），可能造成生存心態的改變。D. Reay（2004: 437-8）也指出，Bourdieu 過份強調生存心態的前反身（即無意識）層面與複製效果，因而未察覺行動者在跨越不同場域時，也可能在意識層面產生自我質疑，進而轉換生存心態。

然而，J. Webb 等人（2002: 56-7）則認為，Bourdieu 並未拒絕生存心態的反身層面。當行動者面對不同場域時，勢必進行自我反身（self-reflexive），才能瞭解不同場域的規則、價值及資本間的運作，並依據其所在的位置，挪用適當的資本從事或調整活動。就此而論，生存心態同時包含前反身與反身（或無意識與意識）層面。

Bourdieu 在接受 C. Mahar 的訪問時，也坦承有關生存心態的定義不夠精確，故建議將它當成一種方法（method）而非觀念（idea），用來探討行動者在場域行動時，如何被社會結構所形塑（Mahar, 1990）。

雖然 Bourdieu 本人較少關注科技議題，但其生存心態概念也被用來解析科技實踐。J. Sterne（2003）指出，科技不能抽離出實踐，單獨被研究；不論是其形式、使用、功能或角色，都只有在實踐層次才能被確定。作為生存心態的一部分，科技和技藝（technique）已成為個人的經驗方式或協商場域，總是在抗爭的過程中一再地被形塑。

他認為，Bourdieu 的理論有助於重新檢視新科技的運作。儘管網路理論家（cybertheorists）聲稱新科技具有「去形體化」（disembodiment）」的特性，但在現實生活中，使用者卻常因不當使用科技，而使身體蒙受傷害，實踐的形體化層面並未因新科技而消失（Sterne , 2003: 381）。因此，調查新科技必須掌握行動者在場域內的實際使用情形。

三、生存心態和網路使用

目前已有一些學者將生存心態應用在網路研究上，以釐清網路實踐和社會不均的關係，以及社群之內的差異使用（Kvansy, 2002; Rojas et al., 2001）。

L. Kvansy（2002）指出，在資訊時代，不僅學校教育合法化中產階級的文化資本，網路亦反映中產階級的興趣與文化品味——豐富的內容且以英文為主。對擁有良好文化資本的中產階級學童而言，學習和使用網路自然是不費吹灰之力，輕易上手。相對地，勞工階級的學童則感到技不如人，不是找不到資料，就是不知如何下載，再次複製其次級地位。

她試圖從行動者參與社區數位中心的網路活動，說明數位落差的文化複製究竟如何形成。她發現，弱勢族群因缺乏文化和經濟資本，只能透過少有的社會資本——亦即，親朋好友或是社區數位中心的介紹與指導，來獲得相關的數位知識與技能（Kvansy, 2002）。

L. Lee（2008）也有相似的發現，她調查四所英國中學學童的網路使用情形，察覺來自不同階級的學童受到生存心態的影響，發展出迥異的網路使用與品味。來自較低階級的學童，因缺乏物質資源與文化資本，多只能在學校或朋友家使用網路，且偏好下載音樂和玩遊戲，而較少閱讀線上新聞。然而，中產或較高階級的學童則多在家裡使用網路，偏好傳播溝通和閱讀資訊。同時，他們的父母或師長也常指導或鼓勵他們，利用網路從事學習或做作業。

中產階級重視教育和文化資本，讓他們在資訊時代，透過資本轉換（capital conversion）仍保有優勢。但科技資本究竟如何轉換成文化資本，幫助學生改善其學業表現？V. Thiessen 與 E. D. Looker（2007）即調查，加拿大學生使用新科技和閱讀能力之間的關係，結果發現女孩若來自較高的社經背景，在母親的鼓勵下，她們會在家裡利用電腦學習，因此有較好的閱讀表現；但男孩因常拒絕母親的協助，倘若過度使用電腦，則易沉迷於電玩，反而對閱讀有不良的影響。

資本的挪用與轉換，其實同時受制於階級化與性別化的生存心態。對來自較高階級的女孩來說，發展文化資本不但符合階級的興趣與品味，也滿足社會上對女性的要求（Dumis, 2002）。

雖然新科技有助於改善劣勢處境，但行動者因受到生存心態的影響，似乎傾向以既有的認知與偏好去使用新科技。例如：J. Piecowye（2003）曾調查，阿拉伯女大學生的生存心態和新科技之間的關係，發覺她們在接受電腦課程後，並未改變生存心態，反而視電腦為遠距離的傳播工具，利用電子郵件來和他人聯繫及閒聊八卦，而未用來改善婦女的地位。

Rojas 等人（2001）也發現，少數族群的網路使用似乎只強化原有的生存心態。他們指出，少數族群所發展的科技稟性（techno-dispositions），其實反映其科技資本（techno-capitals）。科技資本是由有關電腦的文化資本轉換而來，協助個人在場域內從事科技實踐。在他們的質性分析中，發現來自拉丁裔的男童擁有有限的科技資本和負面的科技稟性。其家人原希望他能發展科技資本，培養良好的科技稟性，但其同儕卻以為，電腦不適合拉丁裔勞工階級的男性使用，導致他培養出負面的科技稟性——拒絕電腦，以維持族群認同。

除此之外，他們亦發覺這些貧窮或勞工階級的家庭，似乎分享相同的階級生存心態（class habits）。由於缺乏經濟和文化資本，家長不但很少近用新科技，且科技稟性也趨於保守，故無法協助小孩使用科技。小孩的科技資本多來自社會網絡——同儕團體或社區中心的支持，但仍無法彌補經濟和文化資本的匱乏，致使其網路使用流於娛樂一途，無法幫助其向上流動。

綜上所述，我們發現生存心態和網路使用之間互相建構彼此。為瞭解數位落差的文化複製如何形成，本章也採用生存心態做為研究工具，探討偏遠地區學童在電腦教室裡，如何挪用各種資本發展科技稟性與能力，使用哪些策略從事網路實踐，以及獲得何種利益或遭遇哪些限制。

參、小學：發展性別化的同儕文化

小學不只是一個傳授基礎教育的機構，也是一個高度性別化的場域（Francis, 1998; Skelton, 2001）。對兒童來說，他們在學校裡，必須學習如何扮演學童（a school child）的角色，而此扮演與「性別」有密切的關係（Rowan et al., 2001: 58）。

首先，學童以生物性徵（sex）來區分男、女生，並主動建構自己為性別化的主體。其次，他們以「異性」作為負面的參考團體——亦即，男生絕非女生，因此言談舉止不能像女生（look like a girl），從而強化性別的界分，並形成「同性」（the same gender）的同儕團體（Paechter, 1998: 29）。

D. E. Boyle 等人（2003）指出，前青春期的兒童（pre-adolescents）參加學校活動，有性別分化（gender separation）的傾向。他們偏好以「同性」作為選擇同伴與活動的依據，並藉此形成性別化的同儕團體（gendered peer groups）。換言之，同性團體主要以「活動」作為友誼的基礎。譬如：一群女生相約放學後一起逛街，以培養親密的情誼。而且男、女性團體之間沒有什麼往來，處於一種隔離與對立的狀態（陳俞霖，2003: 85）。

學童進入學校後，與同儕相處的機會增加。為了擺脫大人的控制，他們會轉向同性團體尋求支持、關係與認同。藉由與同伴相比較，學童瞭解到自己是誰、有什麼能力、在團體中處於何種地位，並努力改善其社會技巧，以獲得團體的承認與接納（Smith, 2001／呂翠夏譯，2002: 184）。此舉造成團體內的成員越來越相像，而與團體外的成員差異越來越大。

由於男性團體認同粗獷的男性特質（macho form of masculinity），因此大多數的男童表現出攻擊、調皮搗蛋的一面。而女性團體則因崇尚敏感—無私（sensible-selflessness）的女性特質，所以女童多半願意轉讓其權力給男生，並顯露出乖巧、守規矩的一面（Connolly, 1998; Francis, 1997, 1998）。

在學校裡，男童不僅支配教室與運動場的空間使用，也試圖以咆哮、肢體動作來威嚇女童。此外，男童對男性化的學科，像是體育、工藝及資訊等科目，也表現出高度的興趣，並極力抑止女童的參與及表現。B. Francis（1997, 1998）以為，這些都是象徵性的性別文化（symbolic gender culture），學童藉此公開表演其性別、建構認同及發展同儕文化。

不過，不是每位男生都有能力演出剛強的男性特質，尤其是那些不擅長運動或個性溫馴的男童，他們所表演的男性特質，可能危及男性霸權的建立。[5]為此，男性團體利用恐同（homophobia）情結，將「無權力的男性特質」（powerless masculinities）貶抑為「女性化」（feminine），並將這類男生逐出男性團體，改以女性術語（feminine terms；如：娘娘腔或婆娘）來稱呼他們（Paechter, 1998: 93-5; Skelton, 2001: 96-9）。

男性團體以厭惡女人的方式（misogynist abuse），同時將「軟弱無能的男生」和「女生」劃入「他者」（Other）的位置——亦即一個失勢、無權力的位置，藉此確保男性在性別秩序（gender order）中的宰制位置，並強化小學裡的異性戀與恐同文化（Francis, 1997, 1998; Holland et al., 1998）。

儘管每所學校似乎都有性別化的同儕文化存在，但在不同學校，男／女性特質的建構仍有差異。受到歷史背景、風土民情及政經條件的影響，每所學校各自發展出獨特的學校風氣（school ethos），提供學生不同的規訓與空間去做性別（Swain, 2004）。採用生態學觀點的 E. Smith（2003）指出，不僅學校風氣會影響學童的

---

[5] C. F. Paechter（1998）指出，來自不同背景的學童採用不同的男／女性特質，有些是優勢的性別特質（如：陽剛的男性、體恤的女性），有些則是被壓抑的性別特質（如：陰柔的男性、強悍的女性）。

想法與行為，學童的生存心態亦會重構學校風氣。易言之，學童的生存心態和學校風氣之間不斷地建構彼此，同時也左右同儕文化的發展。

同儕文化作為一種次文化，是學童對其所處條件（包括家庭、社區、學校及同儕之間）的創造性反應。[6]參與同儕文化的學童會根據其位置——亦即，藉由性別交錯著階級與族群在權力網絡上所佔據的位置，挪用次文化資本（subcultural capital）去發展同儕之間的共識與認同（recognition），包含定義什麼是吸引人且可欲的品味。例如：對勞工階級的男童來說，學業成就是不可欲的目標，因此他們將認真向上的男童貶抑為同性戀者（Benjamin et al., 2003: 551）。

S. Q. Jensen（2006）發現，對缺乏經濟和文化資本的男童來說，身體資本（bodily capital）是他們少數能善加利用的利器，因此發展出表達性的男性特質（expressive masculinity），亦即一種與力氣相關的身體資本之特別形式（a specific form of strength-related bodily capital），包括強壯、勇氣、不怕痛、講義氣等特性。雖然不利的社會條件會設限學童的發展，但次文化亦打開一個空間，讓他們以誇大的方式展演出其所擁有的特質。然而，同時也產生某種權力的運作，也就是在微觀的教室場域內，發揮包含與排斥的作用。

由此來看，學童為了避免被同儕排擠與打壓，在學校傾向採用性別化的方式去行動、互動與學習，但他們並非直接套用宰制的男／女性特質，而是根據其位置，持續地和此形式協商與對抗。C. F. Paechter（1998: 56）也強調，權力不是被上位者（如師長）或同儕團體所擁有，而是在微觀處境（micro-situations）中被操演（exercise）出來。透過生存心態和場域之間的動態互動，權力不僅被行使也被

[6] S. Q. Jensen（2006）指出，「次文化」乃是參與者針對生存的物質條件所做出的創造性反應。

反抗。因此，我們可以從學童在電腦教室中的網路使用，瞭解其如何利用網路，一面調整生存心態與各種勢力協商；一面建構自我和發展同儕文化。

肆、非正式的網路使用與同儕文化

對偏遠地區學童來說，學校是培養與交換網路經驗的重要場所。政府為了提高全民的資訊素養，試圖透過學校由上而下地推廣資訊教育，學校因而增設電腦教室和課程，希望藉此讓學童習得社會所認可的電腦知識。但學童對抽象的電腦知識未必感興趣，反而自發性地由下而上與同伴互相交換線上的小道消息，並利用網路來維繫同儕關係。例如：A_6F18 在 2003 年底發現一個「賣男人」的網站，轉而告知其他人；有些女生甚至利用上課的空檔（例如：老師不注意或作業做完時），上網為「女主人」提升等級，並在下課時展示其成果。誠如前述，對缺乏資本的學童來說，同儕是其獲得科技資本和能力的重要管道。

儘管網路提供多種服務，而且學童上網也不全然是為了教育目的，但 S. Livingstone（2003: 153-4）指出，目前有關網路對教育影響的研究，仍沿用傳統的模式，亦即偏重在網路的教學功能，並採用以課程為主的測量方式（curriculum-based measures）去評量學生的網路素養，此明顯忽略學童利用網路所進行的非正式、玩樂的學習過程（informal, playful learning process）。

事實上，「玩樂」在學童的校園生活中，也佔有重要的份量（Boyle et al., 2003）。他們藉由上網玩樂，一面探索新科技的潛力與限制；一面參與和維護既有的人際網絡與同儕文化。由於玩樂不同於正式學習，學童常以「我們只是在玩」來規避責任與後果，如此一來不僅讓網路活動變得更自由、更輕鬆，而且他們也藉此試探社會對其網路使用與性別扮演的容忍程度。

針對網路在兒童玩樂活動中所扮演的角色，D. Buckingham（2002）亦表示，新媒體不像有些舊媒體（如：書、隨身聽等）鼓勵個人獨自使用。相反地，它具有互動性，就算學童有時會單獨上網蒐集資料或玩遊戲，但他們更偏愛群聚在一起玩（play in group）。許多國外的研究也證實，網路使用是一種社交活動（a sociable activity），學童喜歡大家一起上網，互相競賽、輪流玩、一塊討論、或共同演出線上的內容（Buckingham, 2002; Holloway & Valentine, 2000; Livingstone & Bovill, 2001; orr Vered, 1998）。

對學童而言，網路使用是一種社會行動而非個人能力，此行動已被整合至同儕關係中（Fromme, 2003）。作為一種集體經驗，網路使用也是一種性別化的活動。不論是男生玩線上遊戲或是女生上網聊天，都受到在地同儕文化的影響（Holloway & Valentine, 2000: 769, 2003: 68-9; Suoninen, 2001: 208）。由於同性團體相信「男女有別」，因此男、女性團體發展出不同的認知與使用型態，並透過團體玩樂（group play）的方式，讓成員對此科技產生相似的興趣、價值與實踐。

早期研究以為女生對電腦不感興趣，乃是因為電腦被當成「男孩的玩具」（Turkle, 1984）。不過隨著電腦科技的普及，女生也開始用電腦，雖然學習的興致不如男生，但似乎不再認為電腦屬於男性領域，而視其為「工具」（tool），尤其是傳播的工具（Smith & Curtin, 1998: 216）。她們喜歡利用網路來聊天、傳送電子郵件，以及製作個人網頁（Livingstone & Bovill, 2001; Oleans & Laney, 2000; Stewart, 2003）。

V. Oksman（2002）也察覺，兩性在線上從事不同的活動：女生透過網路去傳播，拓展其人際關係；而男生則是上網玩遊戲。她並且表示，暴力性電玩提供一個男性的主體位置給男生，因此男孩藉由玩它們來建構其陽剛認同（masculine identification）；而女孩則以拒玩來保有女人味。顯然，兩性以性別化的方式和網路互動，而其網路實踐，在某程度上，也有助於建構與維持男、女性團體之間的差異。

學童在電腦教室中，為了獲得他人的支持，會以同性團體認同的方式使用網路，一面努力融入同性團體中，一面做性別（do gender），試圖藉此定義自身並標示男、女的分界。不過，此界線並非牢不可破，而是不斷地被協商與重塑。而 Bourdieu 的生存心態與場域概念，將有助於我們釐清學童在教室場域內，如何利用資本，從事網路實踐並參與同儕文化。

伍、國內研究

國內已有零星的研究注意到同儕文化對未成年使用網路的影響（陳俞霖，2003；張弘毅、林姿君，2003），以及網路作為休閒媒體的正面作用（曾玉慧、梁朝雲，2002），但這些研究主要是針對青少年與網路同儕（cyberpeer）[7]，而且研究者多將未成年抽離出所屬的世界，未正視個人的生存心態、特定場域的權力運作，以及同儕文化對其網路實踐的影響。

---

[7] 國內研究較關切學童的線上人際互動，也就是探討他們在網路上如何和網友互動，建立線上關係。

有鑑於此，本章改以 Bourdieu 的生存心態觀點作為研究工具，並採用脈絡化分析檢視學童如何在電腦教室內，尤其是在以同儕為主、公開玩樂（play）的活動中，挪用資本從事網路實踐。

L. Gerrard（1999: 380）指出，電腦教室是一個強調陽剛性的電腦世界（the masculinist computer world），不僅電腦被視為男性機器（a male machine），教室也充斥著各種競爭與層級的價值。當女童進入此環境，她會感受到敵意，而不願意有太多表現（Gorski, 2002; Volman & van Eck, 2001）。此外，師生與同儕之間所發展出來的性別規範，也鼓勵兩性採用「男女有別」的學習策略和網路活動——亦即男生偏向網路遊戲；女生則傾向網頁設計與線上傳播。

儘管學童在電腦教室內集體經驗了性別極化（gender polarization）的運作，但他們仍須各自面對性別的壓抑，並提出一套因應的對策。L. Rowan 等人（2001: 42-3）強調，學童在性別階層的位置，並非單由性別所決定，而是交錯著其他因素一同影響其在校的識讀表現和性別扮演。

過去有關小學的性別分析，主要著重在兩性差別（gender as difference），而非性別差異（gender differences），導致男／女性團體被當成同質性的群體，因而忽略同性之內的差異（Skelton, 2001: 22）。事實上，性別是關係性的（relational），其與族群、階級對個人處境所造成的不同程度影響相互糾結。譬如：來自勞工階級的原住民男童和來自中產階級的漢族男童相較，兩者之間的差異並非只有不同家庭與文化背景而已，還牽涉到性別、族群、階級等社會勢力如何交互運作，限制並左右兩者的學習與發展機會。

網路使用亦是如此。在男性同儕當中，雖然我們看到大多數的男童偏好線上遊戲，但若深入分析，則會發現缺乏科技資源和語言能力的原住民男童，因階級與族群因素而強化其男性化的網路使用——只玩線上遊戲並排斥線上聊天。由此來看，性別差異的分析實有助於我們瞭解性別的複雜運作，以及其對學童使用網路的影響。

Gerrard（1999）也強調，調查兩性如何使用科技，並非在尋找男、女兩極的使用模式，而是在察覺和釐清他們所從事的具體且多樣的科技實踐。為此，我們採用脈絡化分析，以 A 校六年甲班作為個案，調查學童在電腦教室中的非正式網路實踐，探討的問題如下：

一、偏遠地區學童如何認知電腦與網路，發展其科技稟性與能力？電腦教室的不同勢力又如何影響其對網路的評價與反應？

二、學童在電腦教室裡，如何挪用資本從事網路活動，以融入同儕團體並建構其性別認同？

三、學童的生存心態如何影響其網路實踐，而此實踐又如何複製（或挑戰）其性別、族群與階級關係？

我們之所以挑選六年甲班作為個案，主要是因為此班學生來自不同族群，家庭背景也有明顯的階級差異，[8]而且男女各佔一半，有助於我們觀察性別作為一個權力機制，如何影響同性同儕團體的形成，以及性別如何跟族群與階級交錯，左右並侷限學童的性別扮演及網路實踐。

此班共有 29 位（15 男、14 女）學童，其中漢族有 5 人（3 男、2 女），泰雅族有 24 人（12 男、12 女）。在這 29 位學童當中，家中有電腦者佔一半（6 男、8 女），其中 9 人（3 男、6 女）有數據機，因此他們能在家裡上網（見表 6.2）。與五年級相比，此班的電腦程度明顯較好，因家中有電腦的人數較多，能在班上協助其他同學使用電腦和網路。

---

[8] 與其他班級相比，此班的漢族學生較多。MT1 指出，「漢族學生的家人多在此地經營溫泉旅館，他們比較有能力提供小孩學習的資源，像是參考書、電腦設備等，也比較重視小孩的學業表現。而原住民學生的家人則是在旅館擔任清潔工，通常晚上也要工作，所以無法在家裡陪小孩做功課，也無力提供他們額外的學習資源」。

表 6.2　A 校六年甲班學童基本資料

代號	種族	有／無電腦	能／否在家上網	喜歡電腦的原因
A_6M1	泰雅族	無	否	好玩
A_6M2	泰雅族	無	否	可上網
A_6M3	泰雅族	有	能	有趣、好玩
A_6M4	漢族	有	否*	很好用
A_6M5	泰雅族	有	否	可上網玩
A_6M6	漢族	有	能	可玩線上遊戲、查資料
A_6M7	泰雅族	有	能	可玩遊戲
A_6M8	泰雅族	有	否	可以玩
A_6M9	泰雅族	無	否	電腦有遊戲
A_6M10	泰雅族	無	否	電腦有遊戲
A_6M11	漢族	無	否	好玩
A_6M12	泰雅族	無	否	好玩
A_6M13	泰雅族	電腦壞了*	否	上網找電動
A_6F14	泰雅族	有	否	電腦有很多東西
A_6F15	漢族	有	能	電腦可以做粉多事
A_6F16	泰雅族	有	能	好玩
A_6F17	泰雅族	無	否	可以查資料
A_6F18	漢族	有	能	喜歡就是喜歡！
A_6F19	泰雅族	有	能	可以弄出粉多東西
A_6F20	泰雅族	無*	否	因無興趣
A_6F21	泰雅族	無	否	有很多好玩的東西
A_6F22	泰雅族	有	否	可以和朋友聊天
A_6F23	泰雅族	有	能	很方便
A_6F24	泰雅族	有	能	可以聊天
A_6F25	泰雅族	無	否	不喜歡*
A_6F26	泰雅族	無	否	好玩
A_6F27	泰雅族	無	否	好玩啊！
A_6M28	泰雅族	無	否	可以聊天
A_6M29	泰雅族	無	否	可查資料

資料來源：作者整理

註：表中「*」表示個人的資料在後期有了改變。如：A_6M4 在 2004 年初添增了數據機，現已能在家中上網；而 A_6M13 家中的電腦，也在六年級下學期修好了；至於 A_6F20，也在 2004 年 4 月添購電腦與數據機，現在她可以在家中使用電腦且上網，她表示「對電腦感覺還可以，還在練習中」。當 A_6F20 擁有科技資本後，她的科技稟性也逐漸轉成正向。

由於電腦教室的座位是按照學號排列，而此班的學號順序是依性別（由男至女）安排，[9]所以上課時，男女壁壘分明。為深入瞭解這些學童如何受到教室脈絡與同儕互動的影響，我們採用了多元方法，於 2003 年 9 月初至 2004 年 5 月底（畢業前夕）期間蒐集資料，並進行深入的性別差異分析。

陸、A 校學童的性別化網路實踐

一、學童的科技稟性與能力

（一）學童對新科技的認知與態度

A 校六年級生會利用上課前後與課堂空檔，進行非正式的網路實踐，男生通常以玩網路遊戲為主，尤其是格鬥類；女生則是在收信、上網聊天或瀏覽家族。此現象與國外的研究不謀而合，亦即兩性發展出不同的使用型態：男性偏好線上遊戲，女性則傾向利用網路來傳播或建立關係（Buckingham, 2002; Livingstone & Bovill, 2001; Stewart, 2003; Suess et al., 1998）。

然而，有別於國外研究的發現：六年級女生並不認為電腦是男性的機器，她們普遍對電腦、網路存有好感。例如：A_6F23 說：「我超愛電腦的，因為它跟頭腦一樣，可以記很多東西，所以我想向電腦學習，變得像電腦一樣厲害」。鄰座的 A_6F22 也附和：「我也愛電腦，給它一百分。因為它實在太方便，可以上網查資料、聊天、聽音樂，什麼都能做，比電視還好玩」。

---

[9] A_6M28 與 A_6M29 是六年級上學期轉校過來的轉學生。

班上除了 A_6F20 與 A_6F25 對電腦不感興趣外，大多數女生對電腦和網路都發展出正向的科技稟性。A_6F20 因為家中無電腦，平時缺少練習，加上上課跟不上進度，所以覺得「電腦很難玩！」，不過到了下學期，由於家中添購了電腦和數據機，她對新科技的態度也逐漸好轉，「對電腦感覺還可以，還在練習中」。喜歡運動的 A_6F25，因不喜歡久坐在電腦前，因此對電腦也興趣缺缺，反而覺得「電視比電腦更生動、更有趣！」。

我們在研究中亦察覺，此班學童經常以既有的媒體經驗來認識新媒體，正如 A_6M2 所說：「電腦和電視長得差不多，都是四方形，不過電視只能看，而電腦可以玩」。此外，他們也常把電腦和網路混為一談。對他們而言，網路就是電腦，因為上網必須打開電腦。儘管男、女童都喜歡這些新科技，但因其需求與興趣大相逕庭，導致他們對新科技有不同的認知。男生多以「電視」、「遊戲機」、「忠實的朋友」來形容電腦；女生則以「魔法」、「百寶箱」、「聊天的對象」來描述電腦。

由此可知，學童對新科技的看法已顯然受到兩性上網經驗的影響。男生主要從事電玩遊戲，所以電腦就像「任天堂」——「電視」加上「遊戲機」；而女生除了線上聊天之外，也成立家族，因此她們需要上網轉貼文章、抓圖、下載音樂等，所以想到電腦就脫口而出：「電腦像百寶箱，裡面什麼都有」。

（二）不同勢力介入學童的網路評價與反應

負責教學的 MT1 自 2003 年 11 月中旬開始，安排了一系列與網路相關的單元，包括「電子郵件」和「網頁製作」，並要求學生向學校網路郵局申請電子郵件地址。在 11 月 19 日上課時，A_6M6 和 A_6F25 被老師罰站，因其在電子郵件裡寫了不雅的話（如：「妓女」、「去死吧！」)。MT1 趁機告訴學生：「只要你上網，就會有紀錄。」並列舉一些網路欺騙未成年少女的例子，「警察也有網路警察，以後如果你們收到一些不好的信，把信件轉給我，我會處理，不要罵回去」。老師試圖告訴學生有關「網路倫理」的觀念，學生卻只顧著嘲笑被罰站的同學。

A_6M8 在下課時問研究員：「妳要不要看一張很噁心的圖片？是班上同學寄給我的」。他打開信箱，秀出一張「一堆屎」的照片，一面解釋：「他寄給我，我寄回去給他，現在他又寄回來給我」。研究員問：「老師不是要你們把不好的東西寄給他，讓他處理？」，A_6M8 大笑：「這樣就不好玩」。

對電腦沒有好感的 A_6F20 也想上網收信，但因為一直無法成功寄出電子郵件，令她感到挫折：「我覺得自己不瞭解電腦，跟電腦的距離好遠。」落後進度的她，覺得老師講得太快。「每次看到她們（指隔壁同學）都快做完了，我還不會做就很緊張，可是真的聽不懂……」。平時獨來獨往的 A_6F20，很羨慕別人可以上網聊天、收信，「我也想但我都不會，我覺得電腦好難玩。」缺乏物質和文化資本的 A_6F20，又缺少社會資本——同儕的支持，因此較難累積科技資本和能力。

在其他人忙於收信時，A_6F24 則顧著上網聊天，她打了一串英文字母，研究員問：「妳在打什麼？」，A_6F24 不好意思地說：「在聊天室裡，有很多人會亂寫，因為看不懂他們在說什麼，就罵他們，要他們不要亂講話」。A_6F21 也幫忙解釋：「這裡（指著螢幕）有很多人會騙人，所以看不懂時，我們就亂打英文，要不然就是打三字經，把對方嚇跑」。說完後，兩人笑成一團。

即使上課時老師一再地提醒學生，「不要理會不當的信件或網路內容」，但學生仍有自己的一套判斷標準。一方面，他們接受老師的警告，相信「網路充滿危險」，但另一方面，他們以為不雅的話或粗俗內容未必是壞的，有時反而可以用來「自我賦權」（self-empowerment），尤其是在匿名的網海中，暴力語言的使用往往能用來壓制對方，避免自己在線上冒險的過程中受到傷害。透過同儕的支持，學童習得不同於老師或社會期待的網路倫理，而使其在線上航行（navigating）或衝浪（surfing）時，不會因年紀輕而遭受挑釁。相對地，缺乏社會網絡的 A_6F20，在電腦學習的過程中，則顯得困難重重，一直無法進入狀況。

MT1 從 12 月 24 日開始，進行網頁製作的檔案格式與上傳程序教學，不過學童似乎興趣缺缺，多數人都在上網做自己的事——玩遊戲或在家族留言版灌水。MT1 問：「你們有沒有聽懂我在說什麼？」，小朋友沒有回應。MT1 大聲斥責：「請你們專心聽，不要再上網了，不要再浪費時間了」。小朋友稍微安靜下來。接著，老師要求學童按其步驟做一遍，但成功的人並不多。MT1 無奈地搖頭說：「不講了，下次再講，現在全部關機」。

A_6F19 認為：「不知道老師在說什麼，反正照做就好了」。私下偷偷上網的她表示，當老師巡視時，她會把視窗縮小，改打上課作業，其他女生也如法炮製。由於此班女童早有製作網頁（成立家族）的經驗，所以上課較不專心。與她們相比，男生上課的情況似乎比較理想，儘管他們會動來動去，盤坐在旋轉椅上，但多少會配合老師的要求。家裡沒有電腦的 A_6M10，甚至帶了一本筆記本。[10]他說：「我大哥要我好好學電腦，所以我把上課的東西記下來，不會的時候就可以看」。他以為，老師教的東西現在雖然用不上，但將來可能

---

[10] A 校的電腦課不用課本或講義，上課時只是聽老師講述與做練習。A_6M10 是復學生，由於家庭緣故，曾多次輟學。在上學期，他的出席率較高，也會用心聽講，但至下學期，曠課情形則越來越嚴重。

有用。由於 A_6M10 曾多次輟學，他不太會寫國字，A_6M9 在旁邊搶著幫他抄寫，一邊為其解釋：「我們上網主要是練功，老師教的這些，現在用不到，等以後要用時再看」。

學童普遍認為，儘管學校所教的應該是「有用」之物，不過這些知識與其現實生活沒有關聯，因此他們並未積極學習。至於班上電腦程度較高的女生，則以為「網路最大的用途是使用，而非電腦原理」。成立線上家族的 A_6F18、A_6F19、A_6F2 及 A_6F24 早已學會檔案傳輸與網頁製作，[11]其坦承：「不太瞭解老師所說的電腦知識」，但她們覺得這不影響網路使用。這些女童憑藉數位資源和社會資本（同儕間的分享），轉換成科技資本與能力，雖然缺乏師長口中的「專業」，但不影響其網路的操作和文化生產。

六年甲班下學期的電腦課改由 FT3 接手。[12]由於學童在畢業前須參加電腦的線上考試，內容包含 PhotoImpact，因此 FT3 以此作為教學的重點。這些內容 MT1 之前曾教過，加上 FT3 也不太熟悉繪圖軟體，所以課堂上狀況百出，秩序非常混亂。FT3 只好改以考試計分的方式進行，讓學童能安分上課。

FT3 在 5 月 7 日進行教學示範時，同時開啟了兩個圖檔，學童吵著要她關閉其中一個視窗，FT3 逕自將照片另存新檔，結果出來的照片變得很小，正當 FT3 在摸索應如何放大時，A_6F15 大聲說：「要先將圖片點開再存檔」。之後，當 FT3 要求學童從百寶箱中找出「玫瑰花」並製作一張卡片時，A_6F24 的百寶箱突然打不開，她向 FT3 求助，最後由 A_6F18 按了「恢復原來設定」，才解決問題。顯然，常

---

[11] 這些女童是班上電腦程度較高的學生，她們的電腦知識是平常在家上網玩（如：經營家族）時，自己摸索出來的，或是和好友互相切磋出來的。

[12] FT3 是新到任的女老師，從 2004 年 3 月 5 日起接下六年級的電腦課，並改上繪圖軟體。

上網的女生雖然缺乏電腦的專業知識，但因熟悉軟體的操作，有時反而比老師更清楚如何解決問題。

不過我們也發現，由於學童不擅長抽象的邏輯思考，他們僅能採取「嘗試－犯錯」的方式——亦即，從百寶箱的眾多類目中逐一尋找「玫瑰花」的圖檔，而非直接從「自然」類目下手，因此徒增許多摸索的時間。在某程度上，這也凸顯文化資本侷限了此地學童的網路學習。

綜上所述，我們得知在電腦教室裡，並存著正式與非正式的網路學習。一方面，老師試圖把社會上認可的電腦知識、技巧與使用目的傳授給學童，但學童似乎更關心網路對其生活的具體衝擊。另一方面，學童的生存心態、網路經驗及同儕互動，也影響其對正式、非正式網路學習與使用的態度。

由此來看，儘管學童的網路實踐受到不同勢力的干預，但他們並非被動或無知的學習者，反而是根據其需求與利益，不斷地與各種勢力協商，亦即有時和其他小朋友結盟，共同對抗老師或線上的成人世界，有時則尋求師長的協助，以擴大自己的聲勢。例如：將同學罵人的信件轉寄給老師，讓老師處罰該生。有時，學童也以非正式學習所獲得的技巧取代老師的專業，協助解決課堂的操作問題。

二、性別化的同儕文化與網路實踐

進入電腦教室後，學童並非目不轉睛地盯著電腦螢幕，沉醉在人機互動之中。相反地，他們一面上網、一面交談；或是聚在一起看別人上網；或是打開即時通，同時在線上聊天，兼在教室裡對罵。此顯示，網路活動其實涉及不同層次與空間的互動，也就是學童在上網時，同時進行人機、親身與線上互動，並交錯在真實與虛擬空間之間，如此的互動與小孩的玩樂文化有密切的關係。我們發現，不論男、女童皆試圖利用網路活動來融入團體之中，而同儕團體也努力整合人機、線上與線下傳播，以維持現有的網絡運作。

（一）男性同儕文化

1、格鬥類型的網路遊戲

男生大多上網玩格鬥遊戲，譬如：賽車、摔角或打擊等，只要有人玩得興高采烈，其他人就會跟進，最後每個人玩的遊戲都大同小異。大家互相競賽、亂出主意或在旁加油。正圍觀 A_6M6 過關的 A_6M12 說：「我比較喜歡看別人玩，因為很醋激（刺激）」。他覺得大家一起玩，可以互相交流比較有趣。A_6M9 也表示：「有些遊戲我不太會玩，就先叫同學教我玩，我們不會討論如何玩，就是直接打」。儘管在螢幕上經常出現攻擊與打殺的畫面，但男生關心的其實不是這些暴力內容，而是最後的勝負，以及現場同學的反應。

男生不但透過玩網路遊戲建立與同伴之間的友誼，也藉此增強自己的功力與權勢。玩遊戲對他們而言，除了尋求刺激與樂趣外，還涉及權力協商，亦即「誰」有資格指導別人玩、或參加比賽、或只能在旁邊觀摩。換言之，兒童上網玩遊戲，不僅是為了娛樂，也是一種社會實踐，藉此瞭解其在同儕中的位置，並努力爭取主控權。

男生同儕中的領導人物，通常是擁有較多數位資源（如：電腦、網路或 Gameboy）且相當熟悉遊戲技巧者。喜歡玩天堂遊戲的 A_6M6，在男性團體中佔有舉足輕重的地位。通常他玩什麼遊戲，其他人就會跟著玩，而且他說什麼，一群男生也會跟著起鬨。A_6M6 說：「我比較喜歡玩 CS 或 RO，而不是這種 Baby 遊戲，不過學校平時不讓我們玩真正的線上遊戲」。他和其他男童只能相約到網咖或朋友家裡去玩。在上「寒假電腦輔導課」時，[13] A_6M6 佔用一台功能最強的電腦，並禁止其他人使用該電腦，同學也默不吭聲，只是圍繞在其身旁看他玩 CS。

除了對同學玩「小」遊戲有意見，A_6M6 也曾公開批評喜歡上網聊天的 A_6M3，「他超娘的，只會玩女生玩的那種，就是幫女生化妝的遊戲。拜託！那根本就是女生在玩的啊……」。而且下課後，我們男生都會去打球，只有他不會打，老是找女生玩」。A_6M7 也附和：「他（指 A_6M3）自以為開了一間聊天室就很了不起，還把我踢出來。他連打球都不會，有個聊天室又怎樣，還不是很娘」。

雖然 A_6M3 被大多數男生厭惡，並嘲笑他是「婆娘」、「婆豬」，但其好友 A_6M12 卻以為：「他（指 A_6M3）很厲害呀！有自己的聊天室和家族」。A_6M12 知道班上很多人都認為「A_6M3 像女生」，不過他不在意和 A_6M3 做朋友。A_6M12 亦透露：「我也玩過化妝遊戲，不過我覺得不好玩，只是換衣服沒意思就不再玩」。他藉由不喜歡玩女孩遊戲來證實自己和 A_6M3 的差異。

誠如 Jensen（2006）所言，對處在劣勢的男童來說，與力氣相關的身體資本是他們能善加利用的資源，用來區別與辨識其特殊性。在男性同儕的眼中，男生不僅應該玩格鬥類型的遊戲——因其令人血脈賁張，且能展現敏捷的手眼協調能力，當然也必須熱愛運動。對他們來說，A_6M3 是一個異類，因為他什麼都玩，完全不顧遊戲的性別區隔，而且在體能方面也無任何表現，只是逾越「男性」的界線去做一些女孩的事，所以被譏笑為「娘娘」。由此看來，男生玩網路遊戲，不但牽涉到人際互動、權力協商，還有性別的區分。

---

[13] 我們在 2004 年 1 月 28 日至 2 月 6 日期間，協助 A 校舉辦「寒假電腦輔導課」，幫助學童複習電腦課所學的技巧。

個人藉由玩遊戲來試探與挑戰性別跨越的可能性，並藉此建構性別身份與認同。

2、攻擊性的線上聊天

男童大多認為：「女生比較喜歡聊天」，因此他們對上網聊天不感興趣。A_6M6 表示：「我在玩『天堂』的時候，也會用裡面的聊天功能，但是和玩家討論有關買賣武器、裝備的事，而不是談心情」。喜歡摔角的 A_6M2 和 A_6M13 亦經常上 WWE 的討論區，A_6M13 解釋：「我們只是看別人寫些什麼，沒有加入討論」。他們自認打字太慢，不適合參加聊天或討論。

A_6M3 是唯一熱衷於線上聊天的男生。在去年底他先後成立【還珠格格】與【天上人間】聊天室，讓喜歡看該連續劇的同學能上網討論劇情，並扮演劇中的角色（如：小燕子、永祺等）。不過，同學很快就察覺，A_6M3 其實是利用此聊天室來控制與戲弄大家。首先，A_6M3 力邀同學加入聊天室，然後再以版主的身份，把參加的同學逐一踢出聊天室。A_6M3 得意地說：「看別人被踢出去，很好玩！我喜歡當主持人的感覺，而且在聊天時，演戲就是演別人的感覺也不錯」。

A_6M3 對自己被稱為「娘娘」一事並不在意，即便在體育上不如其他人，但在線上他也是一方霸主，不但可以任意地將人掃地出門，也能利用網路的匿名性，做自己喜歡的事，譬如：他曾以女性身份進入 SHE 的相關家族，表達其對偶像的支持。對 A_6M3 來說，網路提供一個管道，讓他實現被現實生活（尤其是性別刻板印象）所剝奪的主控權與想像性。

有趣的是，儘管 A_6M3 喜歡在線上「踢人」，在電視劇重播期間，班上有些女生仍會主動要求他打開聊天室。A_6F16 表示：「我很喜歡看〈還珠格格〉，有時覺得很無聊，所以想和好朋友一起演戲，回味一下劇情」。A_6F22 則怒道：「我們主要到那裡罵人，因為他會踢人，我們就一起罵他，要他不要太自以為是」。

A_6M29 起初認為「聊天是浪費時間」，但在寒假時他也迷上了聊天室。他和 A_6M10 一起上【小高聊天室】去玩。A_6M29 得意地展示其在聊天室裡的傑作，「這是我表哥教我的，我現在是會員，所以不會被踢出來。你看，我就在這裡胡鬧，搞得他們都不能聊天」。當他看到別人請他「不要再鬧」時，他和 A_6M10 高興地大笑。

上述的例子顯示，男生上網聊天的目的，不同於女生是為了建立關係或認識朋友，反而是以搞破壞為主，並藉此獲得權力感與樂趣。不過，班上女生遇到這樣的男同學，也未因此退卻，反而借其場地，一面聊天：聯繫好友之間的感情；一面反擊：痛責男性的自私。透過這些網路活動，男、女同儕之間的權力競逐與性別扮演，也從教室一路延伸到虛擬世界。

3、失意者的線上家族

經營線上家族的男生，只有 A_6M29 和 A_6M3。前者是位轉學生，因功課好，剛來時常被同學欺負，儘管他曾多次公開表明：「我受夠了！」，但男童還是會莫名其妙地找他麻煩，就連被譏笑為「娘娘」的 A_6M3，也常藉故罵他是「人妖」、「gay」、「低智商」。

雙親皆為工人的 A_6M29，由於父母終日忙碌而無暇關心其感受，所以到了六年級下學期，他便開始蹺家，流連於網咖並在線上成立【俗辣王】，希望招攬蹺家的人一同加入，分享心情。目前該家族的瀏覽人數，已超過四千人次。

相較於其他同學，來自平地國小的 A_6M29 因為擁有較好的文化資本，不論是中英文輸入或是電腦知識的運用，都顯得駕輕就熟。

缺乏社會網絡的他，藉由文化資本所轉換成的科技資本，成立了線上家族，並藉此讓他獲得遠距的情感支持。

A_6M3 則是受到班上女生的影響，才成立【世紀帝國】。不過家族裡，除了一張電玩照片外，就只有他的宣言。

> 我這個家族是有很多人加入的家族希望你能參加我的家族ㄛ
> 我是這裡的大家長有人欺負你我就幫你報酬
> 有問題跟我講就沒錯啦我一定會勝利的加油加油[14]

儘管家族缺乏實質內容，A_6M3 仍廣邀同學加入，甚至連研究員也不放過。對他來說，設立家族和家族人數比網頁內容更重要，代表著另一種的成就與能力。

在男性同儕中被排斥的男童，即使無法獲得在地的社會支持，但憑藉其科技能力，他們轉向線上尋求慰藉，或是透過網路表現來向男性同儕誇耀，證明自己仍是一位重要的人。

（二）女性同儕文化

1、消遣性的網路遊戲

六年甲班的女生，與其他年級的女生不同，她們偏好線上傳播的功能，因此在電腦教室裡，只有 A_6F26 偶爾玩【瑪莉兄弟】；A_6F27 則是一面聊天，一面養蕃薯寶寶。

不過，A_6F15 私下表示她在家裡也玩【仙境傳說】（簡稱 RO），「已經練了半年了，一共練了一隻女騎和流氓」。在家練功時，A_6F15 仍不忘打開 MSN，以便隨時和朋友聯繫。受到 A_6F15 的影響，A_6F16

---

[14] 受到族群因素的影響，A 校男生（包括五年級，請看第九章的個案）所製作的網頁，多數不用標點且有許多錯字。

也跟著玩 RO，並認識了「西街」玩家，「他叫我當他的女朋友，可是我還沒有答應」。現在 A_6F16 常會陪著西街一面玩遊戲；一面聊天。

對這些女童來說，遊戲雖然好玩，但只供消遣，她們並不想成為全職的玩家。

2、社交性的線上聊天

女童在電腦教室裡，幾乎都連線到奇摩網站去收信、聊天和瀏覽家族。她們和男生一樣，喜歡一起玩，或是結伴在線上相見（如：打開即時通或進同一聊天室）、或是互相討論線上的遭遇。不過，與男性團體相較，她們比較斯文，只是交頭接耳彼此竊竊私語，而不會在教室內大聲叫囂或互相對罵。

「寒假電腦輔導課」期間，原先討厭電腦的 A_6F25，為了打發時間，也學 A_6F27 上奇摩聊天室去聊天。起初，A_6F25 並不清楚該如何與他人聊天，便要求 A_6F16 過來幫忙，A_6F18 和 A_6F27 也聞聲跑來協助。A_6F25 笑著說：「她們都亂整那個叫小平的，不過聊天還蠻有趣」。女生在教室裡，並非獨自上網聊天，而是彼此互相幫忙，如：找話題、代打，或模仿同伴的聊天內容。對她們而言，線上的陌生人並不重要，因為她們不是真想認識對方，而是藉由線上聊天，讓她們可以和好朋友一起同樂，並藉此學習新的對話方式，以及經驗與異性交往的過程。

喜歡聊天的 A_6F21 暢談其網路經驗，「剛開始看到朋友上網聊天，覺得很稀奇，所以也到奇摩申請一個帳號，可是我家沒有電腦，我只能在學校或阿嬤家玩」。玩上癮的她強調，「我現在天天天天都想玩電腦啦！」。不過，她坦承自己曾被騙過，「之前有一個不認識的人跟我聊天，說他是男生。我告訴他：『我是女生，讀小六。』然後我們變成好朋友，幾乎天天聊，突然有一天他告訴我，他是女生。

我好傷心……所以我也開始騙人，就是騙別人我已經 18、19 或 20 歲，隨便跟他亂聊，再把他甩掉。有些男生會罵我，我就罵回去」。

現在 A_6F21 不再全盤相信網友的話，對上網聊天一事也較為謹慎處理，「我改用假的名字、學校……就是都用假的，假的就是在玩，比較安全，也不會傷心」。她利用「假扮」、「玩」來認識網路的不確定性、性傾向的複雜性，以及情愛的變化性。

A_6F24 也有一套自保的方法，「在聊天室，如果有男生找我聊天，我會跟他閒聊，可是不會給他電話和地址，我會怕！」。A_6F27 則補充：「不然就是向他要電話，再打電話去看有沒有這個人」。女童私下也會討論或交換對付網路騙子的方法。

步入前青春期的女生，似乎比男生對網路交友更感興趣，她們好奇兩性在網路上，究竟聊什麼、男性在想什麼，以及什麼樣的女性會受到歡迎？針對這些疑問，網路正好提供一個安全、隱密的空間，讓她們以嬉戲的方式去經驗成人的情愛世界，並嘗試扮演與經驗不同的身份，以及學習「成為女人」（becoming a woman）的社交技巧。

3、情感聯繫的線上家族

除了線上聊天外，女童也會到同學的家族閒晃。最早成立家族的 A_6F18 說：「當初看到老師弄了一個【小小音樂家】家族，我覺得很好玩，也想做看看，就上網找，自己慢慢摸索就成立【紗南之秋人 LOVE 小窩】家族」。她將此事轉告好友，很快地 A_6F15、A_6F19、A_6F23 和 A_6F24 也跟著成立家族。

A_6F18 解釋：「原先只是好玩才成立家族，後來感覺可以認識大家，才認真經營，希望可以增加到 150 人」。為了讓家族更有看頭，她經常上網閒逛，找文章、圖片、音樂、以及語法。「語法可以套用在家族上，讓版面看起來更好。我都是自己隨便試，成功了再教其他人」。A_6F18 和 A_6F19 都喜歡研究語法，甚至還教 A_6M3 如何在其【世紀帝國】家族裡貼圖。

經營家族的人為了增加人氣，會廣邀班上同學加入，但男、女雙方對家族卻呈現兩極化的反應。A_6M4 指出：「當初她（指 A_6F18）先幫我加入，才告訴我，其實我很想退出，因為她貼的圖都很噁心」。由女生所經營的家族，多轉貼一些感性文章、歌詞、心理測驗，以及一些可愛的卡通和漫畫劇照。對此 A_6M12 也有意見：「我不喜歡她們的家族，因為她們講的都是愛情漫畫、卡通的東西」。

對於女童所成立的線上家族，男童多不敢恭維。她們的家族從名稱（如：A_6F19 的【戀愛天地】）到內容，無不顯露出「女性特質」，所以男童以排斥態度來表明其「不是女生」。而女童則相反，透過支持家族來展現其友誼與女性認同。

家中沒有電腦的 A_6F17 表示，「每次用電腦，我都會到奇摩聊天室，要大家去加入她（指 A_6F18）的家族」。A_6F23 也說：「她（指 A_6F18）的家族不錯呀！所以我都會去留言，幫忙灌水」。事實上，有家族的女生經常以具體行動（留言）來支持對方。她們透過家族，一面學習電腦技能，一面實驗「當家作主」的感覺，包括提出申請、決定家族方向、管理版面，以及提高人氣等。在某個程度上，線上家族已成為女生利用新科技取得主控權的象徵，不論其內容為何，她們透過家族來行使權力、表達友誼，以及學習如何與外界周旋，譬如：應付奇摩網站對家族的規範、或來踢館的滋事者。

我們歸納上述發現，網路給予學童一個與同儕進行多元、複雜的互動機會。即使網路可以連接外在或虛擬的世界，但大多數的學童似乎更重視當下、在地的同儕接觸，而非遠處、線上的人際交往。此導致學童的網路使用，深受同性同儕文化的影響，而使其網路活動變得高度的性別化，亦即男性傾向玩網路遊戲，女性則是從事線上傳播。

然而，學童並非被動、無知地複製既有的性別與網路的關係，而是在場域內，透過網路活動，不斷地揣摩、調整與修改自己和性別規範、同儕期待，以及他人認知的距離，進而產生歧異、動態的性別扮演。例如：面對 A_6M3 的聊天室，有些男生以刻板方式，指稱其為「娘娘」的傑作；有些女生雖然支持 A_6M3 的聊天室，但批評 A_6M3 的男性作風；至於 A_6M3 本人，則以「踢人」來挑戰男、女生對他的看法。由此可知，學童的性別認同既不是與生俱來，也不是穩定一致的，而是充滿多元與變動性，端視其在場域的位置和可供利用的資本而定。

學童在性別建構的過程中，受制於生存心態和場域的運作，而非獨自、任意形塑其認同與身份。就像 A_6M3，因缺乏與力氣相關的身體資本，在現實生活中被同儕貶抑為「女性」，但藉由科技資本與能力，他將力氣轉換成虛擬的氣力——在線上「踢人」，此舉又被女生視為「男性」的捉狹動作。此顯示，學童乃是在不同脈絡中，依其處境將「性別」建構、協商與扮演出來。在此扮演過程中，學童其實挪用並生產各種不同的性別論述，包括刻板、懷疑或批評「性別」的聲音。但在同性的同儕文化中，性別之間的妥協、或性別之內的雜音卻很容易被忽略，最後我們只看到性別化的同儕文化。

三、生存心態與網路實踐

在前文中曾提及，有些男童之所以不選擇上網聊天，主要是因為不擅長打字。然而，不只有男生，有些原住民女生（如：A_6F20、A_6F26）也有類似的問題。不過，造成他們打字慢的原因，不是對鍵盤感到陌生，而是肇因於拼音問題。此顯示，學童是否從事線上聊天，並非全是「性別」使然，亦受到「族群」的影響。MT1 指出，「與一般平地學生相比，原住民學生在學習電腦時，多了一個拼音障礙。學生的母語是泰雅語，他們在學校使用國語，但回到家後，卻很少練習正確的中文發音，所以在拼音上有很大的困擾」。

學童在語言表達上，確實有口音的問題存在，導致其在使用「注音輸入法」時，狀況連連。除了不確定如何用精確的注音符號拼出國字之外，也分不清聲調的升降，更遑論選出正確的國字。譬如：當學童呼叫「老師」時，多唸成「ㄌㄠˊㄕ」，有時甚至直接叫「ㄌㄠˊ」省略了「師」。另外，在 A_6M3 的聊天室裡，有同學寫道：[15]

〔小狗狗〕天上人間我只**概**過一級

〔紫薇〕我**母**天回家都看

〔小狗狗〕ㄏ

東兒進入聊天室

〔紫薇〕我ㄊ位東兒

〔紫薇〕吃**放**

網路的語言表現強調立即、口語的對話，不在乎文字的正確與否，而被描述成「快速的書寫會話」(rapid written conver-sation)。但從上述的聊天內容，我們可以發現學童確實有拼音方面的問題。在某個程度上，網路賦予原住民學童權力，讓其不必擔憂中文能力，就能上網聊個過癮，不過他們的拼音能力，並未因線上聊天而獲得改善，反而對國字更加陌生。譬如：常聊天的 A_6F19 在填寫開放式

---

[15] 這些對話是節錄於 2003 年 11 月 29 日的【天上人間】聊天室。當天 A_6M3 在電腦教室裡打開聊天室，同學紛紛上網聊天。對話中的粗體字，是作者附加上去，用來顯示學童的拼音問題，如：ㄍ、ㄎ或ㄢ、ㄤ之間的混淆。

問卷時，連「資料夾」都不會寫；「玩」電腦則寫成「抏」電腦。同時，在日常的書寫中，他們也大量使用網路的注音與符號語言。例如，A_6F23 在指定的作業裡寫道：

> 我滴感想：
> 一切ㄉ起因都是因為我的朋友，他向我介紹仙境，我玩了半年囉，共練了一隻女騎……一隻流氓……每隻都有粉特別低回憶@@

在現實生活中，這種非正式的書寫方式，讓其中文表現看起來更平庸。

我們發現，除了「族群」因素外，網路使用也與「階級」有關。以女性同儕為例，成立家族的女童多是家境良好者，家裡不僅有電腦、數據機等硬體設備，還允許其連線上網，所以她們能快速累積其科技資本和能力。在電腦課上，她們對老師所教的技巧也能及時反應，讓老師誤以為教學的內容並不困難，而繼續教授新技巧，此導致她們的電腦程度愈來愈好；而缺乏電腦基礎者（如：A_6F20），則嚴重落後進度，只能呆坐在位置上，等學會的同學來幫其完成。無形中，拉大了兩者的差距。

然而，我們察覺多數女童並未因「缺乏練習」而對電腦產生恐懼；相反地，在女性同儕的支持下，她們對電腦的熱愛不亞於男生，[16]並發展出不同的電腦能力，亦即男生擅長空間技巧，她們則是版面設計與文書處理。

儘管在表面上，男、女生所培養的電腦能力，正好強化了性別刻板印象；不過，若進行深入的分析，則會發覺女生在家族裡頭，

---

[16] 例如：A_6F25 至 A_6F28 在 A_6F24 的協助下，仍順利完成課堂的要求，並獲得電腦相關的技巧（如：網路搜尋和線上聊天）。原不喜歡電腦的 A_6F25，學會線上聊天後，現在較常用電腦。

除了外顯的女性特質之外，也充分表現出自主性。首先，她們透過家族來建立聯盟，以及表達對好友的支持。藉由經營家族，女童佔據了生產者的位置，不但主動產製線上的內容，也提供女性同儕一個支持、鼓舞性的空間。女生上網逛家族，最常寫的就是：「我來灌灌灌灌灌灌灌灌灌灌水」、「安ㄚ」。儘管只是問候語，女童卻把它視為朋友之間道義的表現。譬如：A_6F18 在去年期末考期間，被家人禁止使用電腦，她偷偷上網到 A_6F19 的家族裡留言：

冒著生命危險來的
要趕快關機了==”
我ㄇ根本不讓我碰電腦
所以囉
家長我得請假到下下個星期一
到時候欠的會補回來滴

其次，在經營家族的過程中，女童也藉此學習如何對付男性霸權。由於家長廣邀同學加入家族，男生便乘機上門挑釁，女生並未因此屈服或保持緘默，反而聯手正面反擊。譬如：在 A_6F18 的【紗南之秋人 LOVE 小窩】留言版上，曾出現：

nick：「你媽ㄉ BBB」。
A_6F23 馬上回擊：「nick 你是誰呀你哪人啊報出名來ㄅ」。
A_6F19 則回應：「nick 是你ㄉ同學阿！！！
你也不知……那是 A_6M4……真是ㄉ」[17]。
A_6F23 接著說：「是喔可是他怎麼那麼沒禮貌阿

[17] 留言版原是用電子郵件地址與暱稱，本研究為尊重其隱私權，在此皆省略，改用代號。另外，A_6F19 原指名道姓，也一併以代號取代。

> 寫髒話ㄋ過火ㄌ他真的沒水準ㄋ
> 在學校人模人樣ㄉ喔真是沒想到啊咳……」。
> A_6F16 也附和：「說ㄉ對級拉～～～ㄏㄏㄒ！！！
> 對麻在學校一副乖乖型ㄉ樣子～～～」。

事後 A_6M4 極力撇清：「那不是我寫的，是別人打的」。此事發生後，班上男生似乎也學到教訓，不再隨便到家族留言了。

最後，女生藉由家族爭取表達意見的機會。在 2003 年 11 月底，A_6F18 決定要另成立一個家族，因此著手為【紗南之秋人 LOVE 小窩】尋找一位新家長。由於 A_6M3 與 A_6M4 都公開表示，「願意接任家長一職」，因而展開男、女成員之間的權力角逐。

> A_6F15 呼籲：「我建議 A_6F19，因為我覺ㄉ家族由他繼承會比較好喔～～
> 在此說一句……To A_6M3、A_6M4：你們兩根本沒經驗……少妄想ㄌ（我是他同學才降說喔～大家別以為他們兩可以做ㄉ很好）」。
> A_6M3 回應：「你怎樣了 A_6F15 你不爽就別叫」。
> A_6F15 也嗆聲：「好啊～那我方可現在退出」。
> A_6F18 則強調：「看票選決定目前有 A_6F16、A_6F19、A_6F23、A_6M3、A_6M4 覺得誰有資格就頭下去吧」。

最後由 A_6F23 勝選（獲得 12 票），A_6M3、A_6M4 各獲得 3 與 1 票。在這場家長之爭中，女童為避免家族落入男生之手，積極尋求同儕的支持與投票，以便取得表現的機會。至於 A_6F18，則另闢【神聖・月光—墜落天使】，目前其家族人數也累計到 180 人以上。

就文本分析來看，或許女童在其轉貼的內容上，反映出少女情竇初開的一面，但她們在家族裡所進行的討論，其實更彰顯出 e 世代少女的「Grrl」形象。亦即女孩利用新科技，發展自己的立場、積極建立人際關係，以及勇敢面對挑戰的一面。

誠如 R. Braidotti（1998）所述，女孩製作個人網頁，並非只是為了符合社會對女性的期望（如：女性喜歡裝飾）。在經營網站的同時，她們也能獲得主動的女孩權（gird power），藉由嘲諷（parody）的方式，一面挑戰宰制的符碼（例如，以反叛的 grrl 來代替順從的 girl）；一面生產獨立、自主的女孩形象（林宇玲，2002：81-2）。

綜合前述可發現，生存心態其實包含學童的性別、族群及階級等面向，共同影響學童的網路使用。譬如：泰雅族、家中無電腦的 A_6M9 和 A_6M10，在 A_6M29 的慫恿下，也上【小高聊天室】聊天，但因為其不擅於拼音打字，所以只能鍵入一串無意義的ㄅㄆㄇ。事後他們也表示：「還是遊戲好玩」。而泰雅族、家中有電腦的 A_6F19，每天回家做完功課之後，便會上網聊天，但其對話不僅簡短，常是「恩（嗯）」、「不之（知）」或「薱（對）」，而且錯字連篇。她笑著說：「反正對方看得懂就好」。相較之下，漢族的 A_6F18 不僅打字快，而且拼音、用字也較正確。

上述顯示，雖然網路的匿名性和口語式對話，能讓此班的學童跨越族群、年齡、性別的身份標示，不過在離線之後，他們仍須面對現實生活中的社會處境。以國語測驗為例，常上網聊天的原住民學童，在進行國語測驗時，成績仍不理想。雖然他們在線上能與別人「對話」（好像打破語言的障礙），但網路的快速會話，其實並未解決其壓抑問題，也未能幫助其提升中文程度。

由此可知，學童的生存心態、場域位置會限制其網路使用與表現，而他們的網路實踐也會反過來建構其生存心態與社會關係——

亦即，學童藉由網路活動，在特定場域裡，不斷地調整既有的生存心態，亦即挑戰或強化有關性別、族群、階級的類屬，從而形塑其自我認同與社會關係。

柒、結論

從個案中，我們發現學童的生存心態同時包含階級、性別、族群等面向，其影響學童的網路使用，造成文化複製的現象。學童來自社經地位較高的家庭（例如：A_6M4 的父母是公務員、A_6F18 家裡經營溫泉旅館、A_6F24 的父親是鄉長等），不但父母重視其學業表現，家裡也供應數位資源，讓他們能發展出積極的科技稟性，並利用這些資本轉換成科技資本，提高其在校的電腦表現。

反之，學童來自社經地位較低的家庭，雖然對電腦感興趣，但因缺乏資本，導致其在校無心上課，傾向利用新科技去玩樂。例如：曾多次輟學的 A_6M10，上課必須依賴 A_6M9 的協助，才能完成課堂的要求；但到了下學期，他幾乎都沒來上課。六年級的導師（MT4）表示，「我們班上有許多小朋友，像是 A_6M10、A_6M29，因為家裡經濟不好，父母整天忙著賺錢，根本不管他們，所以他們也開始蹺家，跑到網咖去」。雖然在網咖，學童能增加新科技的使用機會，但多止於玩樂，不但易造成網路成癮、荒廢學業，也無助於改變其處境。

此外，學童的網路使用也配合其他的媒體經驗，譬如：學童利用網路去蒐集電視節目、漫畫或音樂等相關的資訊。如此的網路經驗，不但強化其他媒體的使用，也產生互文性（intertextuality），讓學童在不同媒體之間分享、討論、甚至產製特定文本的內容。

其次，學童在電腦教室內，根據其位置、需求與過去經驗，不斷地和新科技、文化規範、師長、同伴，以及成人世界等外在勢力協商，一面賦予網路意義；一面利用網路去建構其世界與生活。

誠如 Livingstone（2003）所言，網路的使用脈絡比網路科技本身，更會影響學童的上網行為。對學童來說，上網是一種分享性的集體活動，他們喜歡和同伴一起玩，藉此獲得樂趣和權力，同時維繫既有的人際網絡。因此，學童在教室上網會受到同儕團體的左右。以同性為主的同儕團體，鼓勵成員採用既有的性別知識，去發展「男女有別」的網路使用型態與網路技能，亦即男生擅長網路遊戲，女生則偏好線上傳播，從而鞏固性別化的認同，並排斥那些試圖遊走在兩性之間的學童（如：A_6M3）。

然而，在兩極化的同儕文化底下，學童之間的網路使用仍存在著差異，因為學童的處境並非一致。性別交錯著族群、階級，左右學童的網路使用和表現，而學童的網路實踐又反過來建構此差異的權力關係。不過，在此建構的過程中，學童並非單純地複製既有的社會模式，而是持續地和其生存心態、場域的權力關係進行抗爭與協商。譬如：女生經營線上家族，表面上來看，強化了女性「愛家」、「愛八卦」的刻板形象，但在連線的過程中，我們發覺女生也因此更愛電腦，而且利用網路來爭取發言權，以及生產和控制女性論述的機會。當然，不容忽視的是，這些有能力改變的女童多半也是擁有較多資源者。

最後，從學童的性別化同儕文化來看，教室其實是一個充滿敵意與威脅的場所。由於權力不均，一些因性傾向、階級、或其他因素而無法扮演同儕預期的性別特質者，不但會遭受排擠，也會被污名化（如：被譏諷為「婆豬」或「低智商」）。為了減少壓力，他們有可能轉入線上，尋求陌生人的情感支持，抑或逃家、蹺課流連於網咖（如：A_6M29）。尤其對偏遠地區的學童來說，父母多忙於家計，無暇關心他們；一旦其在校又面臨排擠，就有可能自暴自棄，轉入虛擬世界，沉迷於電玩和線上互動。由此來看，避免網路風險不能只是提高學童的判斷力，還必須改善其在校、在家的處境。

第七章　電玩、愉悅與性別實踐

偏遠地區學童在校最常見的網路行為是玩遊戲。由於學校禁止下載線上遊戲，因此學童不是玩電腦裡的小遊戲，就是連線下載一些電腦遊戲（以下簡稱「電玩」）[1]。他們玩的遊戲大多須先儲存在電腦上，也無法進行連線對打，只能挑戰遊戲自身。即使如此，玩這些遊戲仍無法一蹴可幾，而是需要日積月累的技巧，因此透過學童在校的電玩實踐，能幫助我們瞭解學童校外的休閒科技使用，以及電玩和數位落差之間的關係。

除此之外，電玩是高度性別化的活動，當它被挪用在性別化的學校場地，自然會被學童納入其性別實踐中。因此，透過學童的電玩實踐，也有助於我們掌握學童之間分殊化的電玩品味和性別實踐的關聯。為此，本章將以 A 校五年甲班作為個案，[2]檢視學童如何在電腦教室內，利用電玩獲得愉悅並從事性別實踐。

壹、前言

隨著資訊傳播科技的推陳出新，電玩的平台（platforms）已從傳統的電視遊樂器逐漸擴展到電腦、網路和手機，類型愈來愈多元，表現形式也朝向電影的寫實與敘事路線發展（Berger, 2002）。

---

[1] 「電腦遊戲」是電動玩具（video games）的一種。本章所謂的「電腦遊戲」係指以電腦作為電子遊戲的平台，包括單機或連線的電腦遊戲。

[2] 本章個案分析的初稿曾發表於《新聞學研究》，第 90 期。

許多研究指出，在今日媒體豐富的環境裡，兒童已將電腦遊戲納入其日常生活中（Buckingham, 2002; Fromme, 2003; Jenkins, 1998b），但這些研究卻忽略電腦遊戲作為一種娛樂選擇，實有使用門檻的限制，並非每位小孩都有能力負擔電腦軟、硬體的支出。以偏遠地區的原住民兒童為例，許多人的家裡並無電腦，只有在學校或其他公共場合（如：網咖、活動中心）才能玩電腦遊戲（傅麗玉、張志立，2002；林宇玲，2005b）。這些地方對網路使用皆有明文的規範與限制（如：時間控制、內容篩選），因此連線但暫存在電腦上的單機遊戲，已成為學童的主要選擇。

D. Buckingham（2007: 116）指出，新的數位落差已出現在兒童的休閒科技使用上，兒童因數位資源的差異而發展出不同的使用型態，譬如低收入戶的兒童因為只能在學校使用網路，故無法像中產階級的兒童發展出廣泛且參與式的媒體消費文化。

由於電玩和數位落差的討論迄今仍付之闕如，本章將彙整相關的電玩論述，並以個案方式檢視居住在偏遠地區的兒童是否因數位資源的限制，而使他們在玩電腦遊戲時發展出獨特玩法和愉悅，並影響其性別建構。

貳、電玩與效果研究

有關兒童與電玩研究，早期主要是在教育領域，採用效果模式探討電玩對兒童的影響。當時教育學者對電玩寄予厚望，研究重點多在觀察其正向效果（positive effects），如 P. Greenfield（1984）即指出，打電玩能改善兒童的認知技巧，包括手眼協調能力、解決問題方式、空間性知覺、記憶、歸納性思維等。但不久後學者們發現電玩的成癮（addictive）特質，便開始擔憂其負面效果，著手探究電玩對兒童的生理（如：易頭痛、眼花）、心理（如：孤僻、自卑）、行為（如：暴力攻擊、與人疏離、荒廢學業）方面造成的負面影響（Berger, 2002; Gentile et al., 2004）。

至於在傳播領域，傳播學者似乎比較不重視電玩或電腦遊戲。一方面，他們以為電玩只是小孩遊戲；另一方面，他們只注意到遊戲內容的負面性，研究也多沿用傳統效果模式，調查暴力電玩是否會造成玩家的反社會行為（如：攻擊行為、電玩成癮等；見 Buckingham, 2002; Livingstone & Bovill, 2001; Schleiner, 2001）。不過，相關研究並未獲得一致結論，有些研究指出暴力電玩具有淨化效果，有助於青少年宣洩不滿情緒（Ivory, 2001; van Schie & Wiegman, 1997）。這些效果研究雖能幫助我們瞭解「電玩對小孩所造成的衝擊」，卻無法解釋「小孩利用電玩去做什麼」。

Buckingham（2002: 81-2）也指出，電玩效果研究有四項缺點：

一、遊戲內容的分類過於簡化：即研究者將其簡單區分成「暴力對非暴力」或「教育對非教育」。

二、不一致且無法解釋的結論：電玩研究多採用實驗法或問卷調查法，其結果缺乏顯著性與因果方向。

三、欠缺適當理論的概念：以電玩「成癮」來說，此概念是從電視研究借用而來，缺乏嚴格定義與測量，且其意義多是事後賦予。

四、忽略遊戲與研究的社會脈絡：電玩研究常將玩家抽離其所屬的社會網絡，故容易忽略個人玩電玩的場地（如：遊樂場或房間）。

他因此強調電玩研究需要新的研究取向，因為電玩不只是娛樂、消遣，更是社會實踐，受制於特定脈絡裡的權力運作，研究者須進一步檢視電玩的使用脈絡，以及環繞電玩所形成的文化（Buckingham, 2002: 84-5）。而這部分正是效果研究所忽視的面向。

參、電玩與性別研究

與傳播學者相較，性別研究者似乎更關心兒童的電玩實踐（game playing practices）。K. Orr Vered（1998: 43）指出，玩電腦遊戲（computer game play）不僅複製了性別化的行為與態度，同時亦凸顯並強化兩性間的差異。長久以來，電玩一直被視為是男性活動，男孩藉由打電玩來發展與維護男性認同，甚至培養電腦技巧與未來的職業期望（Beavis, 1998）；女孩則被排擠在電玩活動之外，進而影響其電腦能力的發展。

由於「電玩」和「陽剛性」（masculinity）劃上等號時，男、女孩藉由玩／不玩電玩來建構其男／女性特質，並劃出男／女間的界線。打電玩的男童不僅能藉此獲得控制權，也和其他男童一起發展出男孩文化（Buckingham, 2002）。他們聚在一起除了互相較勁、切磋技藝和分享資源（如：交換秘笈）外，也藉此學習並成為男性同儕之一員（Beavis, 1998; Orr Vered, 1998）。

至於女孩不喜歡電玩也非天性使然，而是受到文化影響所致（Chandler, 1994）。社會要求女性要乖巧、善解人意，導致大多數女孩不願和男孩（特別是在公開場合）爭奪電玩或一較高下。再加上電玩內容盡屬暴力與攻擊，也不符合社會對女性的期望，因此她們表現出對電玩興趣缺缺。

性別研究者以為，「女孩不玩電玩」是造成性別數位落差的關鍵所在。他們一面調查女孩不玩電玩的原因，一面批判電玩的陽剛性

（Jenkins, 2001, 1998b; Oksman, 2002; Schleiner, 2001）。這些研究與討論已促成 90 年代中期的「女孩遊戲運動」（girls games movement），一些女性製作人（如：電影【Purple Moon】的 B. Laurel）紛紛加入電玩工業，試圖以女性化主題（feminine themes，如：秘密、約會、化妝等）為遊戲訴求來吸引女性玩家（Cassell & Jenkins, 1998; Jenkins, 2001; Wright, 2000）。

在某種程度上，「女孩遊戲運動」的確開闢出電玩的女性市場，尤其是他們所開發的「粉紅色盒裝」（pink boxes）遊戲已讓更多女孩願意消費電玩。但女孩玩此類遊戲，是否就能反抗男性霸權（電玩＝男性休閒活動）？她們是否能從中取得電腦技巧、參與資訊社會的機會，甚至形成從事科技產業的職業期望？抑或女孩在玩女性化電玩的當下，反而更強化其性別刻板印象與性別分工？有關這方面的問題，女孩遊戲運動者並未進一步探討。

近年來女性玩家和女性化的電玩有成長趨勢，「電玩文化」已不再是「男孩文化」的同義詞，有關「電玩」與「性別」間的關係也被重新檢視。目前已有一些研究開始關切此議題。他們發現，男生還是比女生熱衷電腦遊戲；不論是玩的時間、頻率或涉入程度，男生都明顯超過女生（Chu, 2004: 12），且性別差異也影響學童的電玩玩法（play styles）和遊戲類型（game genre）的選擇：男孩傾向以目標、速度為導向，喜歡格鬥、運動和冒險行動類型的電玩，旨在打破紀錄和過關；女孩則以幻想、溝通為主，偏好傳統遊戲（如：紙牌、迷宮遊戲）和女孩遊戲，[3]旨在探索與體驗生活（American Association of University Women, 2000; Agosto, 2003; Chandler, 1994; Jenkins, 2001）。

---

[3] 女孩遊戲（girl games）就是所謂的「女性化」遊戲，係以女孩感興趣的主題（如：化妝、美容、約會或購物等）為主要訴求。

這些研究顯示，受到性別社會化的影響，男、女童已發展出性別極化的電玩模式（gender-polarized play patterns）。不過，這些研究似乎仍著重在「男女有別」，忽略少數學童所採用的酷兒（queer）玩法，亦即有些女童可能認同男性特質並偏好格鬥類型的電玩，反之亦然（Bryce & Rutter, 2002, 2003a; Bullen & Kenway, 2002; Kerr, 2003）。

事實上，電腦遊戲也和網路一樣，提供玩家一個安全場地，讓他們進行性別實驗（gender experimentation; Polsky, 2001）。學童可以利用「跨性別」（cross-gender）方式去經驗電玩中的不同性／別，進而發展出多元的男／女性特質（multiple masculinities and femininities）。當然，學童玩電腦遊戲並不只有人機互動（個人與電腦軟體）而已，還涉及玩的社會脈絡，以及學童所處的位置與性別角色。如果學童在團體中採用跨性別玩法就可能遭到同儕排擠（Lucas & Sherry, 2004），因此他們寧可選用適當玩法去「做性別」（doing gender）也不願去「玩弄性別」[4]。由此來看，學童玩電玩並非「性別極化」模式所能窮盡，而是涉及複雜的權力運作與認同形塑的過程。

肆、電玩與愉悅研究

獲得愉悅（pleasure）是兒童玩電玩的主因，有關這方面的研究，主要從心理和社會（或意識型態）層面著手，包含愉悅的心理、精神分析、社會及身體形式。

---

4 後結構女性主義認為，性和性別都是社會建構而非與生俱來。個人作為性別（a gender）的行動者（doer），藉由不斷地行動（或表演）將「性別」（男或女人）「做」出來。換言之，個人不是（being）男或女人，而是透過行動才成為（becoming）男或女人（林宇玲，2002: 10-13）。

一、愉悅的心理形式

心理層面的愉悅研究多採用心理學取向，探討兒童玩電玩的動機、需求、滿足及成癮的特質，最常見的是心流理論（flow theory）[5]。「心流」的概念是由 M. Csikszentmihalyi 所提出（1975: 72），描述「當玩家專注於他們的活動時，轉入一種共同的經驗方式：意識集中在狹窄的範圍內，導致一些無關的知覺和想法都被過濾掉並且喪失自覺，只對清楚目標和明確的回饋有反應，亦能操控環境。」

當玩家玩遊戲時，由於遊戲和其興趣相符，而使他們全心投入遊戲中，接受挑戰並努力完成任務。「挑戰」和「技巧」是心流的重要面向，兩者必須取得平衡，玩家才能朝向更高且複雜的層次，並產生心流的經驗。在此過程中，玩家不僅獲得控制感，也因為沉浸遊戲中而喪失時空感，進入「渾然忘我」的意識狀態。呂秋華（2005）曾以心流理論檢視國小學童的線上遊戲經驗，結果發現他們玩遊戲時確實會產生心流經驗（如：神遊其境或忘記時間），不過時間並不長，因為這些學童是在家裡上網，常受到家人的干擾。儘管其心流經驗短暫，卻足以讓他們再接再厲。

心流理論雖能解釋學童玩遊戲的動機與心理狀況，但其偏重在個人內心的愉悅（如：興奮、沉浸、成就感等）而忽略了外在因素，亦即愉悅和權力運作的關係。G. Lauteren（2002: 217）指出，玩家在不同脈絡下玩電玩，可能經歷不同的愉悅形式，非心理形式可以窮盡。

---

[5] 國內對「flow」的譯法不一，有「流暢經驗」、「神迷」、「沉浸」、「心流」等。由於此理論偏重在調查個人內在的流動經驗，因此我們採用「心流」的譯法。

二、愉悅的精神分析形式

社會和意識型態層面的愉悅研究，則以精神心理分析和文化研究為主。首先，精神分析強調愉悅來自於無意識。L. Mulvey（1975）在檢視主流電影時，曾提出兩種視覺愉悅（visual pleasure）：一是窺視（voyeurism）係指觀眾透過銀幕窺探被物化的女性形象，而獲得窺淫（scopophilia）的愉悅；二是自戀認同（narcissistic identification）則是觀眾認同在銀幕上所看到的理想形象，並轉化為自我的想像認同。採用精神分析取向的電玩研究者認為，電玩是互動性的電影（an interactive film），玩家透過螢幕邊看邊玩，也能獲得此兩種愉悅（Lauteren, 2002: 222）。

電玩的設計以男性欲望為主，女角色被客體化為性慾景觀（sexual spectacle），不僅供男性凝視，玩家也能藉由化身來佔有她。譬如【古墓奇兵】的女主角「蘿拉」，誇大火辣的性感身材正是男玩家獲得窺淫愉悅的來源，而女玩家則視「蘿拉」為理想形象，對她產生自戀認同並回應男性的凝視（Berger, 2002; Lauteren, 2002; Polsky, 2001; Rehak, 2003）。L. Taylor（2003）指出，電玩雖然不同於電影，允許玩家在觀看關係（spectatorial relationship）中親自操控角色，但玩家仍無法跳脫遊戲所預設的凝視關係。由於受到 Mulvey 的影響，此取向的研究以為，玩家所獲得的愉悅只是肯定宰制的意識型態。

事實上，玩家未必會接受遊戲的召喚（interpellation），坐入其所預設的主體位置，他們也可能採用跨性別的認同，亦即佔據觀看關係中的錯誤性別位置（林宇玲、林祐如，2006；Grimes, 2003）。Anne-Marie Schleiner（2001）以「蘿拉」為例，解釋男玩家在採用「蘿拉」化身的同時，也可能坐入女性位置，發展出酷兒的女性凝視（queer female gaze）。

為了說明玩家的反抗愉悅，H. Kennedy（2005）借用 D. Haraway 的「電子人」（cyborg）概念，[6]提出電子人的愉悅（cyborgian pleasure）。她認為，電玩能讓玩家獲得混雜和越界的愉悅，亦即跨越人／機、玩家／化身、真實／虛擬的界線，獲得混合的新認同。她以女性玩【雷神之錘】（Quake）來說明，她們不僅在遊戲內獲得征服的愉悅，也在遊戲外獲得操控科技的愉悅。此種愉悅的雙重本質正好和傳統女性特質（馴服、科技白痴）背道而馳，而有助於女性賦權。

由此來看，電影的機制理論並不能完全解釋電玩對主體和愉悅所造成的影響。由於電玩打破自我／他者、真實空間／想像空間的界線，讓玩家參與演出，玩家不再只是凝視螢幕，而是主動涉入現實的建構，因而有機會玩弄認同並探索「其他的我」（the other I），以反抗物質性的限制（Walden, 2006）。

三、愉悅的社會和身體形式

與精神分析相比，文化研究更重視反抗愉悅，其強調愉悅並非源自於無意識，而是發生在社會領域——有時愉悅來自順從宰制的意識型態；有時則是透過協商或反抗而獲得。

J. Fiske（1989a）挪用 Barthes 的「社會愉悅」（plaisir）和「爽」（jouissance）的概念來解釋玩家如何消費電玩。他以為「社會愉悅」屬於生產性的愉悅（productive pleasure），是個人在微政治（micropolitical）藉由生產意義而獲得的愉悅。它是社會性的產物，涉及個人的社會認同和認知，但不一定是順從或反應式的愉悅，因為當個人面對宰制意識型態時，會根據其處境和認同而進行順從、協商或反抗的意義解讀。至於「爽」則是逃避式的愉悅（evasive

---

[6] 有關 Haraway 的「電子人」（cyborg）觀點，請參考林宇玲（2002）的《網路與性別》第四章。

pleasure），指個人打破文化規範、逃脫社會控制時，身體所獲得的解放快感（Fiske ,1989a: 54）。

Fiske（1989b: 79-93）並以玩投幣式電動為例，說明玩家藉由沉迷於電動來閃躲社會控制，讓身體處於「忘我」（losing oneself）的狀態；同時他們也利用打電動來彰顯勞工階級的男子氣概，並改寫「時間就是金錢」的意義。[7]

K. Sandford 與 L. Madill（2006）也以「反抗」（resistance）概念調查男童的電玩經驗，結果發現男童利用電玩作為一種反抗形式，最明顯是用來反抗女性化，以驗明正身。此外，對學業成績落後的男童來說，電玩也是反抗學校識讀和師長權威的利器，他們藉由沉迷於電玩來忘卻責任，並發展出另類的成功觀。不過，Sandford 與 Madill 也坦承，這樣的反抗形式，其實也強化了男性的刻板特質。

綜合上述各家的說法，我們發現愉悅在不同論述裡有不同的意涵，由於電腦遊戲是一種社會活動，因此我們將偏重在調查社會層面的愉悅。Lauteren（2002）指出，電玩是可玩式的文本（playable texts），不過玩家的愉悅既非來自於內心，也不在文本裡，而是藉由遊戲文本和玩的過程而獲得。因此，當我們研究電玩的愉悅時，應將電玩實踐放在更大的文化脈絡下檢視，才能瞭解玩家究竟獲得哪些不同形式和程度的愉悅。

伍、電玩與互動性研究

在傳播研究裡，「互動」（interaction）是指使用者和媒體／文本之間的關係；而「互動性」（interactivity）則是用來描述媒體讓使用

---

[7] 有關 Fiske 的電動研究將在第八章詳細介紹。

者在真實時間（real time）裡，對被中介的傳播內容和形式所能發揮影響力的程度（Klastrup, 2003）。電玩不同於傳統的線性文本，它是超結構（hyper-structure），允許玩家和角色／化身產生交互作用（interplay），參與遊戲的進行（Mallon & Webb, 2005）。在互動的過程中，玩家不但擁有選擇和控制權，也能感覺到自由、挑戰及涉入，故電玩又被稱為「互動性文本」或「可玩式文本」。

樂觀者以為，隨著電玩的出現，被動消費文本的時代也跟著結束，玩家不再只是凝視螢幕，而是主動和電玩（遊戲文本和電玩系統）互動，產生新的認知技巧與解決問題的能力（Smith & Curtin, 1998）。O. Hostetter（2002）即指出，電玩的互動性能讓學童發展出超文本的心智（hypertext-mind），有別於傳統世代的認知方式（見表 7.1）。電玩世代的學童會主動尋找線索，善用視覺空間技巧，並以嘗試—錯誤的方式學習規則，同時也進行多項任務（multi-tasking），亦即邊玩遊戲、邊聽音樂或邊上網留言。從樂觀者的角度來看，電玩有助於玩家施展能動性。

表 7.1　不同世代的認知特質

遊戲世代	傳統世代
急扯速度	普通速度
平行處理	線性處理
先看圖解	先看文本
隨機近用	按部就班
聯繫	獨自
主動	被動
玩	工作
即時報酬	耐性
幻象	現實
科技作為支持物（technology-as-friend）	科技作為危害物（technology-as-foe）

資料來源：Hostetter（2002）

不過，有些學者對此卻持保留的態度。他們以為電玩研究太偏重在互動性——屬於科技的程序（procedural）面向，而忽略電玩也是一種再現媒體（a representational medium），透過電玩的程序設計，玩家其實只能按照遊戲的規則行動，並因此獲得一套有關世界的信念（Klevjer, 2001）。

L. Klastrup（2003）指出，不是所有互動性文本都能讓玩家展現能動性。他以為，電腦遊戲屬於「假動態式」的互動性文本（見表7.2），玩家在電玩中所感受到的操控感其實是個幻覺，因為他們只能和表象的遊戲介面互動，而遊戲的形式和內容早已被程式化，玩家無法對遊戲做出任何改變。

表 7.2　互動性文本的類型

互動性文本的類型	互動
靜態式互動性文本（static-interactive texts） 內容完全被程式化	互動在呈現的表象層次
假動態式互動性文本（pseudo-dynamic interactive texts） 主要內容被程式化，但個別使用者能輸進某些資料，從中獲得調整（adjustability）的幻覺	互動在呈現和表象的層次
動態式互動性文本（dynamic interactive texts）[8] 根據使用者的選擇和移動，能對原有的文本和內容做出調整	互動在故事內容或構造的層次

資料來源：Klastrup（2003）

M. Garite（2003）也以為，電玩的互動性其實是遊戲玩弄玩家的設計。雖然電玩要求玩家輸入資料，但它將玩家置入一套指令自動複製的迴路中。為了達成目標，玩家只好接受遊戲的安排，但仍感覺到自己在控制遊戲。Garite 解釋，這正是召喚效果——玩家被召喚作為一位自由、獨立的主體，同時自願臣服於遊戲的規則。他

[8] 在第八章所討論的線上遊戲，即屬於「動態式互動性文本」。玩家可以跳出遊戲的預設，如：盜用他人帳號、欺騙其他玩家等。

因此強調，電玩是最具攻擊性的召喚形式（an aggressive form of interpellatin/hailing）。由於電玩將景觀與行動區分開來，玩家被迫游移在觀眾／使用者的角色之間，進行知覺／行動的快速轉換，因此無暇對遊戲或自身行動做出批判，導致遊戲反而能有效地馴服玩家。

林宇玲（2007c）調查學童玩網路小遊戲時，亦發現此種情形。由於小遊戲的結構簡單，有明確的目標和規則，配合多媒體的形象及電腦的反應程序，能簡單地再現一套有關世界的信念。學童藉由嘗試——犯錯的玩法，很快便能掌握遊戲世界的運作；為了過關得分，他們不但接受並自動演出遊戲所欲傳達的信念。以化妝遊戲為例，遊戲角色多是身材姣好的年輕美眉，身上只穿著內衣等待被裝扮。一旦玩家為其梳妝完畢，按下「完成」，畫面就會出現一位男角色為其打分數；如果分數過低，他便會取消約會，此時女角色即會發出「唉嘆」聲。學童在玩此類遊戲時，不用幾次就會發覺女角色只有打扮入時且性感，才能獲得高分。透過「玩」，玩家（不論男女）學會「女為悅己者容」——女生必須以男性的觀點來打扮自身並取悅異性。有關異性相吸的複雜心理與文化過程，被遊戲直接簡化至女性外貌。而這套信念，玩家不是透過觀看，而是經由動手玩所表演出來。

S. Žižek（1998）指出，信念不需存在主體的腦中，而是被物化、具體化在客體上。以電玩來說，信念被嵌入遊戲中，玩家不必相信，只要透過玩，就能直接展演這套信念。Žižek 試圖以「交互被動性」（interpassivity）來取代互動性，他解釋玩家以角色／化身參與遊戲世界，對玩家來說，他們既非經驗被動性，也不是出於自發性，而是一種交互被動性，亦即透過角色／化身（他者）在主體的位置，為主體代勞（不論是為主體享樂或相信）。

換言之，角色／化身作為交互被動的客體（interpassive objects），是一種「替代性」的自我（a surrogate self），能站在主體的位置上，為主體在遊戲世界裡從事各種活動（Žižek, 1997: 109）。透過角色／化身，主體內在的情感被投射至遊戲世界，一個隱密但卻公開的虛擬象徵界。在螢幕上，玩家看到自我向外拓展，但卻是一個被閹割的自我（alter ego），因為它是經由化身／客體而獲得，並和主體一再地分裂，甚至可以分裂成無數的自我。在某種程度上，這些替代性的自我都是主體的補充，讓玩家一面享受選擇的自由；一面感受聯繫在不同化身上的快感（林宇玲，2007d）。

從 Žižek 的觀點來看，角色／化身不論是一種想像、抑或更接近玩家的真實自我，它們都已經被虛擬象徵界所異化，受制於遊戲規則、科技特性及社會條件。玩家只是在現有的選擇下，以角色／化身發揮其有限的能動性，並從事被動的快感享受。由此來看，當我們討論玩家的能動性時，亦不能忽略電玩的交互被動性對玩家所造成的影響，尤其是對現實的認知與建構。

陸、國內研究現況

從電玩相關的研究來看，研究焦點已從傳統的「電玩刺激→兒童反應」逐漸轉向「兒童消費電玩↔認同／現實建構」。研究者不僅意識到小孩是主動的文化使用者，也察覺「性別動態」、「電玩的交互被動性」會影響男／女童近用、知覺及參與電玩活動。

反觀國內的電玩研究目前仍偏重在「電玩對兒童所造成的衝擊」，探討問題包括暴力電玩對兒童偏差行為的影響（王盈惠，2001；林育賢，2001）；玩電玩是否左右兒童的創造力、寂寞感（莊元妤，

2002）、成就動機、解決問題的能力（趙梅華，2002）、對死亡的態度（蘇船利，2002）等。

近年來，隨著網路的普及，研究層面也擴展至線上遊戲，開始調查兒童作為線上玩家的特性和心流經驗（呂秋華，2005）、參與虛擬社群、人際互動（陳怡安，2002；陳俞霖，2003；張弘毅、林姿君，2003）及負面反應等問題（吳聲毅、林鳳釵，2004）等，但只有少數研究涉及認同建構。例如：侯蓉蘭（2002）曾以深入訪談法調查九位少年，如何透過線上角色扮演遊戲建構其自我認同；林奎佑（2003）則從精神分析觀點論述電玩與欲望滿足、性別建構之間的關聯。

這些研究雖已察覺到兒童有能力利用電玩建構自我，但仍著重在電玩單一媒體對兒童的影響，而未正視兒童玩電玩的社會脈絡、愉悅經驗及同儕文化對其電玩實踐的影響。有鑑於此，我們將從脈絡觀點探討偏遠地區學童如何在電腦教室裡，玩電腦遊戲並建構其性別認同。

為瞭解電玩活動如何融入兒童生活與同儕文化，C. Beavis 等人（Beavis, 1998; Bryce & Rutter, 2003b; Yates & Littleton, 2001）建議採用脈絡取向（a context-orientated approach）。他們認為，男、女童在特定脈絡受到廣泛流行的性別價值、社會期望、教室動態及同儕文化的影響，會採用不同型態與策略玩電玩，進而發展出性別化的電玩實踐。

儘管學童是主動的玩家，能利用電玩「做性別」，但他們並非完全的自由，而是在權力脈絡下做出選擇。首先，在眾多媒體中，電玩只是其中之一，且其內容也受到整個市場的牽制，反映出某些宰制階級的利益與價值（Alloway & Gilbert, 1998）。如男童所玩的暴力電玩要求玩家以暴制暴、以強欺弱，藉由添購更好配備去過關斬將，反映出軍事、資本主義的男性價值。當男童與此類遊戲互動時，不但從中習得眾人對暴力、男玩家及電玩文化的看法，也藉此重建其男性特質。

其次，電玩不只是娛樂選擇也是社會活動（Bryce & Rutter, 2003a; Orleans & Laney, 2000）。當電玩進入兒童的世界，他們不僅將電玩納入生活作息，也把它帶到既有的同儕網絡。儘管電玩可以讓兒童獨自一人玩，但他們似乎更喜歡和朋友聚在一起互相討論、比賽或交換遊戲（Buckingham, 2002; Liberman, 2002）。

透過「團體玩樂」（group play）的方式，性別化的同儕團體一方面讓成員對電腦遊戲產生相似看法與玩法，另也藉此規範成員行為。依此來看，電玩活動其實涉及複雜的集體實現（collective accomplishments）與權力抗爭。

因此，藉由調查學童在教室的「團體玩樂」，在集體層次，可以瞭解男、女團體如何受到班級內權力運作與主流論述的影響，發展出性別化的電玩實踐。在個人層次，也能掌握個別學童如何受到同儕文化制約，左右其電玩經驗與愉悅。

最後，電玩作為性別實踐不但受制於權力脈絡，學童也藉此不斷與既有權力關係協商。以女童在校玩電玩為例，她們受到性別規範與同儕壓力的影響而表明對芭比（Barbie Fashion Designer）遊戲有興趣（Agosto, 2003）。如此選擇符合 Fiske（1989b）所謂的「社會愉悅」，雖然再次強化性別刻板印象——女性偏好情感、關係、消費等議題——但在玩電腦遊戲的當下，女童也因此獲得電腦操作技巧，提高對電腦的興趣；在某種程度上，她們也挑戰了「女性不適合科技」之說。

綜合上述，我們可以發現學童玩電玩涉及複雜的認同形塑與權力抗爭過程。在學校裡，他們總是不斷地藉由電玩活動，協商及重新建構其性別認同與社會關係。為了掌握電玩與性別間的複雜關係，我們將深入探究 A 校五年級學童在電腦教室裡的電玩實踐。研究問題包括：

一、在地文化如何影響學童的電玩實踐？

二、學童如何定位自己的電玩實踐？他們如何近用、選擇及解釋電玩（包括以何種方式玩、玩到什麼、為何如此玩），而此玩法和愉悅、性別建構有何關聯？

三、在電腦教室裡，性別化的同儕團體如何影響學童的電玩實踐和社會關係的建立？

四、學童在玩電玩的過程中，是否只強化和複製既有性別模式，還是會採用「跨性別」的玩法挑戰傳統的性別特質？

我們選擇 A 校五年甲班作為研究個案，因為此班學生不論男女都喜歡玩電玩，即使升上六年級，女生在自由活動時間還是以玩電玩為主，不同於別班的六年級女生。另一方面，此班學生主要來自中下階級，家庭結構多屬單親或繼親家庭，父母忙於生計而較少過問小孩的學業，也無力提供額外的教育資源。[9]

五年甲班共有 26 位（12 男 14 女）學童，3 位為漢族（2 男 1 女），23 位為原住民。[10]在 26 位學童中，家中有電腦者計有 11 人（4 男 7 女），但只有 4 人（1 男 3 女）能在家裡上網（見表 7.3）。由於大多數學生缺乏電腦資源，多在學校學習電腦知識和使用網路。

---

[9] 導師 MT1 在接受訪談時表示，該班學生多來自中下階級，家長每月收入約在二、三萬左右，且因常換工作而導致收入不固定，無法為小孩準備電腦，就算有也不能上網。

[10] 此班原有 24 位學生，但下學期（2005 年 4 月底）轉入兩姊妹，分別是編號 A_5F25、A_5F26。由於她們在學期末才轉學進來，觀察與訪談資料有限，因而不列入分析。另外，該班漢族學生的家庭經濟地位都不高，如：A_5M8、A_5F15、A_5M21 父母皆無固定工作，且前二者父母離異，目前由爺爺、奶奶教養。至於 A_5M21，父母皆為建築工人。

表 7.3　A 校五年級學童的基本資料

代號	種族	有／無電腦	能／否在家上網	偏好的電腦遊戲類型
A_5F1	泰雅族	有	能	動作類
A_5M2	泰雅族	無	否	格鬥類，如：天堂 2、暗黑
A_5M3	阿美族	無	否	格鬥類，最喜歡阿給
A_5M4	泰雅族	有	能	格鬥類
A_5M5	賽夏族	有	否	格鬥類，如：天堂、奇蹟
A_5F6	賽夏族	無	否	動作類和化妝類
A_5F7	泰雅族	有	能	動作類，如：阿給
A_5M8	閩南	無	否	未作答
A_5F9	泰雅族	無	否	化妝類，尤其是燙髮遊戲
A_5M10	泰雅族	有	否	戰略類，如：世紀帝國
A_5F11	泰雅族	有	否	動作類，如：阿給、戀愛盒子
A_5M12	泰雅族	有	否	格鬥類，如：天堂、神奇寶貝、阿給
A_5F13	泰雅族	無	否	化妝類
A_5M14	泰雅族	無	否	運動類，撞球遊戲
A_5F15	閩南	有	否	化妝類，尤其是換裝遊戲
A_5F16	泰雅族	有	否	化妝類，尤其是換衣服遊戲
A_5F17	泰雅族	無	否	化妝類
A_5F18	泰雅族	無	否	化妝類，美容、美髮都喜歡
A_5M19	泰雅族	無	否	格鬥類，尤其是警察抓賊
A_5M20	泰雅族	有	否	未填
A_5M21	閩南	無	否	戰略類，如：戰地風雲 1942
A_5F22	泰雅族	有	能	動作類和化妝類，如：明星志願 2
A_5F23	泰雅族	有	否	動作類和化妝類，如：燙髮和阿給
A_5M24	閩南	有	否	格鬥類，槍戰或阿給
A_5F25	泰雅族	無	否	未填
A_5F26	泰雅族	無	否	不知道

資料來源：作者整理

為深入瞭解學童如何受到教室脈絡與同儕互動的影響，我們採用參與觀察、半結構式問卷調查、深入訪談、焦點團體座談等方法，於 2004 年 1 月初至 2005 年 5 月底期間蒐集資料，[11]同時將多元方法取得的資料置入權力脈絡底下檢視。

[11] 此個案調查的時間橫跨 3 個學期，直到此班學童畢業。

柒、偏遠地區學童的電玩實踐與性別建構

我們發現，性別認同並非簡單地預存在電玩的文本或行動裡，而是學童在電腦教室中，以遊戲作為文化資源，和在地文化、同儕關係及個人生存心態所協商出來的結果。

一、在地文化對學童電玩實踐的影響

原住民文化在教室中對學童的影響並不明顯，其族群特徵通常展現在同學間沾親帶故的關係。[12]緊密的親友關係，讓他們更強調社會性而非個人特色。在某程度上，這也影響到班上的電玩活動——學童常玩相同電玩遊戲。[13]儘管有不少學童對同一遊戲感到煩膩，想玩新遊戲，但當他們看到別人玩得興高采烈、互相較勁時，又忍不住向大家看齊。

大多數學童受到在地文化的影響，尤其是男童，對學業並不重視。導師 MT1 說：「這裡的文化，家長對孩子的學業不是很看重，他們不認為孩子一定要學什麼才有出路。他們覺得孩子長大後，就自然會找到自己的路」。由於小朋友最喜歡體育和電腦課，學校老師也多以「不准去上課」來處罰不做作業者。不過，有次因班上的學生超過一半沒交作業，MT1 讓他們坐到前排去寫功課，其他人（以女生居多）則到後面上課。

---

[12] 例如：A_5M5、A_5F6 是堂兄妹；A_5F1、A_5M4 是表兄妹；A_5M12、A_5M19 是表兄弟；A_5F16、A_5F17 是堂姐妹。

[13] 例如：在五年級下學期全班風靡【摩登原始人】，六年級上學期玩【阿ㄆㄧㄚˇ打壞人】，下學期則玩【淡水阿給】（此遊戲是學童玩的少數連線網路遊戲）。

問：你們為什麼沒寫功課？

A_5M14：我忘記帶課本回家。

A_5M12：（笑）我寧願上課寫功課，也不想上課。

問：為什麼？

A_5M19：上課很無聊。（眾人笑）

（當老師示範如何以傳輸線將數位相機的照片存入電腦時，A_5M5 趁機走到前排和正在寫功課的男生聊天。直到老師斥責，他才走回原位）

女童的強項被認為是課業上的表現；男童則是運動與體力，其崇尚「粗獷」（macho）的男性特質（如：打人和咒罵），似乎也受到在地族群和階級文化的影響；但男童並非被動地接受社會化，而是主動地參與性別、階級和族群認同的建構。如在打電玩時，男童總是出現豐富的口語和肢體反應；就算是在教室裡玩，也是滿口髒話、打鬧不歇。而男童不愛讀書、喜歡運動和暴力電玩的舉動，亦再次強化男孩、中下階級或原住民的刻板印象。

在女童方面，其玩電腦遊戲的場所以學校為主，尤其是家裡沒有電腦的人。

問：你平常都在哪裡玩電玩？

A_5F6：學校，因為學校是我用過最好的電腦。

問：在電腦課嗎？

A_5F6：對。有時如果我們乖的話，中午時間老師也會給我們玩一下電腦。

問：除了學校，你還會到哪裡玩？

A_5F6：平常星期三、星期六會去市召會（註：教會）玩。

問：你會去網咖嗎？

> A_5F6：不敢去。我不喜歡，那裡很髒，有人在那裡抽煙。（小聲）班上的男生會偷偷跑去，A_5M5 還被老師抓到（笑）。

【史萊姆好玩遊戲區】和【亞洲最大遊戲區】是女童最常上網搜尋遊戲之處，她們有時也會到【Yahoo】找新遊戲。就此來看，相較於其他電玩，電腦遊戲似乎更能跨越有形障礙（如：地理位置、性別、族群等），讓偏遠地區學童透過連線，近用時下最流行的遊戲網站。但從 A_5F6 的回答中，我們也發現女童即使能近用電玩，但因資源、時間、甚至性別場域的限制，大多只能玩一些免費、簡單的網路遊戲。

綜上所述，我們發現偏遠、在地的族群與階級文化的確會影響學童的電玩實踐。學童在近用電玩時，似乎僅止於「玩」（只要能打就好）的層次，就連常去網咖的 A_5M5、A_5F11、A_5M12 和 A_5M24 也不例外。平時他們打開新遊戲時會略過說明，先亂按幾遍，如果不行就問人，再不行就關掉換另一個遊戲。他們很少研讀說明或交換秘笈，也會避開一些需要語言能力的遊戲（如：英文指示）。這種玩法一方面是受到數位資源的限制，在無法花費太多時間與金錢的狀況下，學童很珍惜每一次「玩」的機會，而不願意慢慢摸索，因此無法培養出「有技巧」的玩法。另一方面，則是因為在地文化的緣故，讓學童不太要求自我成就，也未培養概念性思考，導致他們不會進一步探究「為什麼會這樣？」，對電玩的刺激多是即時反應，因而未發展出探索式或駭客式的玩法。

研究泰雅族學童學習式態（learning style）的學者曾指出，原住民文化較少出現抽象概念，導致學童不習慣對事物做出精確、細緻的分析。加上他們所處的環境（山區）也讓學童較不在意成果，反而偏重當下與他人的互動與玩樂（紀惠英、劉錫麒，2000；譚光鼎、林明芳，2002）；這種學習式態似也反映在其電玩實踐上。

二、學童對其電玩使用的定位與性別建構

學童雖有多元的主體認同（如：性別、族群、階級認同），但在特定脈絡裡某一認同會被凸顯出來（Connolly, 1998: 15），如在電腦教室裡面對高度性別化的電玩論述時，性別認同就被凸顯。從問卷和訪談結果來看，學童在主流性別論述底下定位並解釋其電玩實踐。

（一）學童對電玩的近用

大多數男童打開電腦首要就是玩遊戲，而且願意每月花 500 至 1000 元上網買點數或到網咖玩格鬥遊戲（見表 7.4）。但也有人持不同看法，A_5M10、A_5M20、A_5M21 則較重視電腦技巧。如 A_5M10 表示，「只有一點喜歡電玩」。重視學業的他以為：「電玩沒有好處，只會讓腦袋不好，視力變差」；此三人對電玩的自我定位也反映在本節稍後的團體互動討論。

而女童之中只有 4 位坦承喜歡電玩，其他人則表明只有在「很無聊」、「想發洩」、「不知道要做什麼」才會玩，電玩只不過是「第二選擇」。大多數女生不願意花錢在遊戲上，而且明確指出電玩的缺點，就連喜歡打電玩的 A_5F1、A_5F7 和 A_5F23 也選擇在家裡玩，用家人的點數而非自掏腰包。

從學童的回答來看，男生較女生更熱衷於電玩，正是 A. Kerr（2003）形容的「忠誠玩家」（committed gamers），喜歡玩且願意投資時間和金錢在電玩。而女生則是「偶爾的玩家」（occasional gamers），可以玩但不會花太多精力。

事實上，女生填寫的近用時間與頻率超過男生。這或許是因為女童家裡有電腦、又能上網的人數多於男童，但也說明男、女學童對電玩的態度，多少受到社會期望的影響，導致女孩容易低估自己對電玩的喜愛與表現，並定位其在電玩文化的邊緣位置。

（二）學童對電玩的偏好與認知

電腦遊戲對學童而言具有性別化的特質，如所有男生都聲稱自己不玩化妝的遊戲。A_5M10 解釋，「化妝遊戲只是換換衣服、做個臉或弄個頭髮，男生對這種遊戲不感興趣」。A_5M24 說：「那是給『ㄋㄧㄤㄋㄧㄤ』（娘娘）玩的遊戲」。

男童坦承喜歡遊戲中的打鬥場面與暴力動作，其偏好格鬥類、戰略類及運動類等遊戲類型。A_5M5 指出，「格鬥遊戲可以讓我不停地打怪、搶寶物和殺壞人」。他們經常一面打電玩，一面激動地罵：「X！去死！」。

在戰略型的遊戲裡，男童享受在其中指揮作戰的感覺。A_5M21 描述其玩【戰地風雲 1942】時的感受：「那個畫面和效果，真的很像在戰場中。你必須懂得作戰，才能打敗敵人」。至於運動類型的遊戲，A_5M14 表示很喜歡撞球，不論在校或是到網咖都只選撞球遊戲來玩：「只要進分，我就會覺得很爽」。

綜合前述，男生偏好（暴力或對決）動作、速度、計分及過關，強調競爭性的電玩類型。他們在「破關」和「打敗對手」之中獲得挑戰和戰勝的愉悅，同時也藉此彰顯男性氣概。

相對於男生，女生偏好的電腦遊戲類型有三：動作類（3 位）、動作和化妝類（3 位）、化妝類（6 位），較不具暴力和危險性。偏好動作類的女生表示，動作遊戲較有劇情，不同於充斥血腥暴力畫面的格鬥遊戲。A_5F11 甚至指出，「女生如果玩格鬥遊戲會變得很粗魯，但是玩動作遊戲就不會，只會變得身手比較好、反應比較快」。

對喜愛動作類和化妝類電玩的女童而言，不同類型的遊戲能提供她們不同需要和樂趣。A_5F6 解釋自己玩動作遊戲是因為堂哥的關係，A_5M5 會找她一同玩些刺激的動作遊戲，但她還是偏愛化妝遊戲：「因為可以知道怎樣搭配衣服比較好看」。A_5F22 則指出，「在學校很無聊時，我才會和同學一起玩化妝遊戲，因為學校不能玩角色扮演的遊戲……，在家裡，我都會玩【明星志願 2】或【世紀帝國】」。

化妝遊戲讓女生藉由電玩練習穿著打扮，並享受搭配物件的樂趣。A_5F16 受到 A_5F17 的慫恿才開始玩化妝遊戲，「我沒有那麼多漂亮的衣服，所以我喜歡玩穿衣服的遊戲。可以看看不同衣服配出來，會有什麼結果」。立志從事美髮業的 A_5F18 喜歡玩燙髮遊戲，「幫她用頭髮，看弄哪一邊才會比較美麗」；這些女童也喜歡把設計好的作品展現給其他女生看。

相較於男生，女生喜愛如化妝、購物或裝潢之類與真實生活相關的電腦遊戲，從中增加生活體驗與解決問題的能力。女生所偏愛的電玩速度似乎較慢，在玩動作遊戲時，所著重的是角色關係，而非如何過關斬將。

由於兩性偏好不同遊戲類型，男、女童對電玩的角色認知也有差異。男童一致指出，男性角色不論是能力或武力都比女性強，其在電玩中扮演「主角」，擔任「保護者」、「戰士」或「救人」角色；而女性則是「配角」，通常扮演「誘餌」、「平民」、「路人」或「被救」角色。

男童被問及有關角色的穿著打扮時，大多回答：「不知道」或「沒注意」。在團體座談時，A_5M12 提出解釋，「我們選角色是看能力，而不管他的長相。就算好看，不會打也沒用」。其他人也附和，「在電玩裡，男性角色比較強，我們自然會選擇男性角色來玩」。A_5M24 補充，「想搞笑的時候，我們才會選女性角色。因為女生被打到時，會發出『唉唷』的聲音」。他一面模仿怪獸打到女性胸部的樣子，一面發出慘叫聲。顯然，男童已察覺電玩背後所隱藏的電影機制（cinematic apparatus），將女性物化為性對象，以滿足男性的窺視愉悅。

N. Alloway 與 P. Gilbert（1998）指出，暴力電玩經常次等化（inferiorize）和情慾化（eroticize）女性角色。透過遊戲畫面與聲音的設計，電玩不但巧妙地貶抑女性的形象，男生也藉由選角再次體驗「男強女弱」的觀念及窺視的愉悅。

與男生相較，女童較會注意角色的長相與穿著，即使察覺在格鬥或戰略遊戲中，女角色多扮演「犧牲者」或「犒賞品」角色，但她們強調，仍有很多動作遊戲是以女性為主角，「她們都穿著裙子去打怪，她們比男生還要酷」。而玩化妝類的女生則以為，「電玩中的主角是女生，當她們打扮的美美出來後，男配角才出現」。多數女童藉由電玩，似乎獲得自戀認同的愉悅，覺得「女孩就應該打扮的美美的」。

由此可知，電玩被嵌入一套宰制的文化信念，其中的交互被動性，在玩的過程中，會左右學童對現實的認知與建構。我們發覺，以「男性特質」為訴求的暴力電玩，易強化男生的英雄情結和「男主女從」的刻板印象。而以「女性特質」為主的美容電玩，則有助於女生自我肯定，不過這樣的自信卻是依賴「女為悅己者容」而獲得，即女性須重視自己容貌和外表。

由於學童察覺到遊戲的性別化特質，因此大多數學童反對性別越界的玩法，堅持「男女有別」。如當問及「女生是否適合玩格鬥遊戲？」，有 20 位學童認為不適合，A_5M12 即強調，「格鬥遊戲太過於男性化了，不適合女生玩」。只有三位學童同意「女生也能玩格鬥遊戲」，其中 A_5M10 仍從性別角度出發，「因為有些女生的個性像男生，所以適合玩」。

至於「男生是否適合玩化妝遊戲？」，男生一致回答「不適合」，如 A_5M2 所說：「男生又不是女生，所以不適合」。而女生也多表不贊同，意見如：「男生要玩的是槍戰類，他們根本不懂化妝」。僅有 4 位女生排除眾議，認為「適合」。如 A_5F7 以為：「有些男生對化妝有興趣」。A_5F22 也說：「在現實生活中，有很多化妝師都是男生」。

學童不僅意識到電玩的性別化特質，在選擇電腦遊戲時也深受「男女有別」的影響。大多數學童認為，男、女生若玩了不適合自己性別的遊戲，將「污染」其性別特質，造成男不男、女不女。例如：男生玩了女生的化妝遊戲將變成「娘娘」，而女生玩了男生的格鬥遊戲就不再溫柔，變得粗魯。由此來看，學童玩電玩並非只是娛樂而已，同時還「做性別」——藉由玩（或不玩）某類遊戲來界定自己或告訴別人「我是誰」，並劃出男、女之間的界線。

（三）學童對電玩的評價

雖然在玩遊戲的過程中，性別化的行為會一再被複製，但仍有助於學童學習和發展電腦相關的技巧。所有學童一致表示，打電玩有助於操作滑鼠、鍵盤，和提升上網的技能（包括查詢、下載、線上討論和使用即時通等）。如 A5M2 表示：「我們除了打電玩之外，也會上網找遊戲和下載遊戲的相關圖案」; A5M21 也說：「有時我們也會上網和別人交易，就是賣武器」。顯然，男生也會使用線上對話的功能，不過偏重在功利用途（如：討論如何破關或買賣武器）。相對地，女生則傾向情感目的——用來聊天和交友。如 A5F18 指出：「我喜歡一面玩遊戲，一面開即時通。看有誰在，問她們在做什麼。其實也沒聊什麼，就是打個招呼」。

儘管男、女童都同意打電玩能提高電腦能力，但表明日後有志從事電腦相關行業的學生只有九位，他們也正好是電玩愛好者，[14]如 A_5M2 表明未來想當「網咖老闆」；A_5M12 是「電腦遊戲師」；A_5M24 則是「電腦高手」。由此來看，愈投入電玩似乎愈能提高學童對資訊產業的興趣，並願意考慮以此作為未來的職業選擇。

當我們將「遊戲類型」納入分析時發現，偏好女性化遊戲（如：化妝遊戲）的女童，對電玩的感覺僅是「還好」，她們未來計劃從事演藝業、服裝設計業或美髮業，而非投身資訊業。[15]這似乎說明玩女性化的遊戲雖然有助於女童提高電腦能力，但未必能鼓勵他們參與資訊行業。換言之，女孩加入電玩雖能打破電玩是男孩的休閒專利，但性別化的遊戲卻無法讓他們在打電玩的當下批判既有職業性別分工；這可能是當初推動「女性遊戲運動」者始料未及之處。

除此之外，我們亦發現，學童對電玩的評價和電玩態度之間存在某種關聯。喜歡電玩的學童會不斷強調電玩的優點，而避談其缺點。如 A_5F1 指出，「打電玩可以讓我動動腦，變得更聰明」。相對於前者，對電玩感覺「還好」的人，就能輕易指出電玩的缺點。如 A_5F15 認為，「玩上癮可能會天天不讀書，只想玩」。

學童對電玩的評價，似乎會影響其電玩態度。大多數女童對電玩的態度較為保留，也都能一一指出電玩的缺點。V. Walkerdine（1999）指出，男、女孩對電玩的態度實與社會期望有關——社會常要求女孩乖巧、循規蹈矩，而允許男孩愛玩、調皮甚至打破規範。當電玩被負面化時，女孩為了保有乖巧形象，必須刻意與電玩保持距離，或者在人前不能表現出愛打電玩的樣子。而男童則相反，因

---

[14] 未來想從事電腦相關行業的學生有 A_5F1、A_5M5、A_5F7、A_5F11、A_5M12、A_5M19、A_5M20、A_5F22 及 A_5M24。

[15] A_5F6 未來當「設計師」；A_5F9「設計師或醫生」；A_5F13「老師或服裝設計師」；A_5F15「服裝設計師」；A_5F16 和 A_5F17「歌星」、A_5F18 和 A_5F23「美髮師」。

電玩被劃入「不健康」、「危險」的領域，反能藉它來彰顯男性喜歡接受外來、不明的挑戰本色。這和 Sandford 與 Madill（2006）的看法不謀而合，男童視電玩為一種反抗形式，用來反抗女性化及無聊的學校課業。

綜觀上述分析，我們發現性別與電玩之間有密切的關聯。一方面，性別形塑學童的需要、動機與欲望，讓男、女童以不同的方式認識、近用和玩電玩，同時也透過訪談創造自己的電玩論述。男童表明其偏好男性化電玩，並在遊戲中練習如何擊敗對手成為英雄，享受遊戲帶來的主宰和征服愉悅；女童則以溝通、幻想為主，偏好女性化或較少暴力的電腦遊戲，藉此體驗如何生活與抒解壓力，並享受遊戲帶來的情感和宣洩的愉悅。另一方面，學童也藉由打電玩來形塑其性別。由於電腦遊戲有明顯的性別之分，男、女童利用不同的電玩實踐（包括對電玩的喜好、涉入、類型偏好和角色詮釋等），和自己的電玩論述（如：電玩問卷的填寫與訪談），再次建構其性別認同。

三、同儕團體對學童電玩實踐的影響

從學童的個別回答來看，大多數電玩定位都符合社會期望和性別規範。但若配合教室的參與觀察記錄則會發現，那些偏好化妝遊戲的女童平常也玩動作遊戲。而少數採用非性別化的電玩實踐學童（如：A_5F1、A_5F7、A_5M10、A_5F11、A_5M20 及 A_5M21），他們的玩法其實也和班上所處位置與人際網絡有密切關係。因此，我們將進一步分析團體玩樂對個別學童的影響。

對此班學童來說，學校仍是玩電腦遊戲的重要場所（見表 7.4）。他們透過同儕瞭解到有哪些遊戲存在、適合玩什麼樣的遊戲、採用何種策略去玩電玩。從班上的電玩使用來看，我們不難發現學童偏好選擇「同性」為伴，極力參與同性團體的電玩活動。但他們並非簡單地套用二元性別模式去打電玩，而是不斷地與教室中的各種勢力協商，試圖藉由玩樂來融入同性團體並建構其性別認同。

表 7.4　A 校五年級學童對電腦遊戲的態度調查

學童	喜歡電腦遊戲的程度（以 0-100 給分）	開電腦第一件做的事	玩電腦遊戲的原因	玩電腦遊戲的時間與頻率	最常玩電腦遊戲地方	會不會花錢在電腦遊戲上？如果會，一個月花多少錢買點數或到網咖玩？
A_5F1	喜歡，100 分	玩遊戲、聊天	電腦遊戲很好玩	每天玩 1 小時	家裡	不會，在家裡玩，用家人的點數
A_5M2	喜歡，100 分	玩遊戲	過關很刺激	一週玩三天、一次 2 小時	學校、網咖	會，花 500-1000 元買點數或到網咖玩
A_5M3	喜歡，100 分	玩遊戲	殺人過關	一週玩一天，一次 1 小時	學校、網咖	會花 500 元買點數或到網咖玩
A_5M4	未填	上網找資料、玩遊戲	電腦遊戲很好玩	未填	學校、家裡	不會
A_5M5	喜歡，100 分	玩遊戲	電腦遊戲可以練功	一週玩三天，一次 2 小時	學校、網咖	會，花 500-1000 元買點數或到網咖玩
A_5F6	喜歡，65 分	未填	不知道做什麼	一週玩一天，一次半小時	學校	不會
A_5F7	喜歡，99 分	即時通	可以玩裡面的裝備	一週玩四天，一次 3 小時	家裡、同學家	不會，用家人的點數
A_5F9	還好，50 分	即時通、聊天	無聊才玩	一週玩兩天，一次 1-2 小時	學校、同學家	不會
A_5M10	只有一點喜歡，30 分	找資料、玩遊戲	可以打仗很酷	一週玩一天，一次 2 小時	家裡	不會，在家裡玩
A_5F11	對、喜歡，100 分	上即時通	升級變強	一週玩三天，一次 5 小時	家裡、網咖	會，花 500-1000 元買點數或到網咖玩
A_5M12	10000000 分喜歡電玩	玩遊戲	電腦遊戲可以打架	一週玩一天，一次一下下	學校、網咖	會，花 500-1000 元買點數或到網咖玩

(續下頁)

A_5F13	還好，50 分	未填	想發洩	一週玩一天，一次半小時	學校	不會
A_5M14	未填	玩滑鼠	得分會很爽	一週玩一天，一次 1 小時	學校	不會，很少去網咖
A_5F15	還好，50 分	上即時通、聊天	想發洩	一週玩兩天，一次一小時	學校、家裡	不會，用別人的點數
A_5F16	還好，50 分	即時通、聊天	沒事做	一週玩兩天，一次一小時	學校	不會
A_5F17	還好，50 分	即時通、聊天	沒事做	一週玩一天，一次 1 小時	學校	不會
A_5F18	喜歡，85 分	即時通	想發洩	一週玩三天，不一定	學校、同學家	不會，去同學家用別人的點數
A_5M19	喜歡，100 分	玩遊戲	殺人和抓人	一週玩一天，一次一下下	學校、網咖	會，花 500-1000 元買點數或到網咖玩
A_5M20	對、喜歡，100 分	找資料、玩遊戲	因為好玩	一週玩一天，一次 1 小時	學校、家裡	不會
A_5M21	喜歡，80 分	找資料、玩遊戲	可以打仗	一週玩一天，一次 1 小時	學校、網咖	會，花 500-1000 元買點數或到網咖玩
A_5F22	喜歡，95 分	上即時通、聊天	無聊時可以讓我不無聊	天天玩，一次 2-3 小時	家裡	會，買 500 元的點數
A_5F23	喜歡，100 分	即時通、回東西	因為好玩	一週玩 1-2 天，一次 1 小時	學校、親戚家	不會，到親戚家用別人的點數
A_5M24	非常喜歡，100 分	玩遊戲	練功可以升等	一週玩兩天，一次 12 小時	網咖、同學家	會，花 500-1000 元買點數或到網咖玩

註：有三位同學未填寫問卷，分別是 A_5M8（喜憨兒）、A_5M25 和 A_5F26（轉學生）。
資料來源：作者整理

（一）男性同儕文化

1、占優勢的電玩競爭文化

在電腦教室中，多數的男童一心只想玩遊戲，對電腦教學內容不感興趣。老師講課時他們總是心不在焉，不是轉椅子就是玩滑鼠球。自由練習時，男生多草率地應付一下便開始玩遊戲。A_5M5 表示：「我最討厭用電腦來做功課了，很無趣」。一旦開始打電玩，其他人看他玩不是走過來湊熱鬧，就是跟著玩一樣的遊戲。

比鄰而坐的 A_5M2、A_5M3、A_5M4 和 A_5M5，經常一起打電玩。A_5M5 說：「我喜歡和朋友一起玩槍戰、賽車遊戲，這樣比較好玩」。課餘時間他們會選好遊戲，然後比賽看誰能先破關或得到最高分。其他男童因座位分散緣故，不是四處走動看別人在玩什麼，就是在破關時要求別人過來看其成果。A_5M14 說：「我平常都是自己玩，只有過關時才會叫朋友過來看」。誠如 A. M. Brumbaugh 與 R. G. Lee（2003）所言，男孩比女孩更具競爭性，較能在大的團體中玩樂，展現其個人主義的作風（individualistic behaviors）。

不同於學電腦是由上而下的灌輸，打電玩是由下而上進行分享；在這種處境中男童反而更能發揮的「能動性」。上課老是跟不上進度的 A_5M3，只要看一下別人如何玩馬上便能上手。如在玩【阿ㄆㄧㄚˇ打壞人】時，他熟練地在平台間跳躍、閃躲、刺殺突如其來的壞人，完全不像上課時的不知所措，「我會先看別人怎麼跳，自己再試試看，玩幾次後就知道壞人會在什麼地方出現」。事實上，其他男童也是如此，他們玩之前都不先研讀遊戲說明，而是採用「觀戰」（watching）及「嘗試和犯錯」的方式瞭解如何打電玩。

Orr Vererd（1998）指出，「觀戰」是男孩電玩文化的特色，常配合著口語活動（oral activities），而所有男生（不論是觀看者或被看者）都能藉由觀戰過程磨練膽識和交換心得成為團體一員。在研究中我們亦發現，男童較會圍觀同儕打電玩且總是滿口髒話，有時還會發生口角和打鬥，因為觀戰涉及複雜的權力競逐，包括「誰」有資格指導別人玩、參加比賽、或只能在旁觀望。換言之，男童在教室打電玩不僅為了娛樂，也是社會實踐，藉此瞭解自己在同儕中的位置，並努力爭取主控權。導師 MT1 亦發現，「小朋友玩電腦好像是把操場搬進了電腦螢幕中，他們享受玩的那個過程，不太會去管究竟玩了什麼遊戲」。

在班上帶領遊戲風潮的男童（如：A_5M5、A_5M12），家裡有電腦且常去網咖，累積較多電玩經驗，而成為眾人請益對象。他們將校外經驗帶進教室與其他人分享，放學後又相邀其他人到外面打電玩；不但把電玩擴展到校外的遊戲世界，在教室裡也帶動全班一起玩電玩。[16]A_5M5 和 A_5M12 甚至在畢業報告裡介紹電玩並下載許多遊戲（如：【淡水阿給】）的圖案和動畫讓同學觀賞。

受到班上風氣影響，男童通常只玩某一特定遊戲，不過他們偶爾也會自己上網，搜尋以動作、冒險類型為主的遊戲玩。在玩的過程中，他們緊盯著自己的螢幕，左手靈活地按著鍵盤，右手快速移動滑鼠，身體隨著操控角色而左右搖擺，嘴巴還不停咒罵：「X」、「靠」。他們不僅沉浸在人機互動，也不時留意身旁動靜，或是加入對罵或是給予指示。男童同時穿梭於線上／線下及遊戲世界／真實教室間，試圖利用電玩來維繫男性間的哥兒們關係，學習如何成為同儕眼中的男子漢。

2、被邊緣化的理性使用

在電腦課上，男童大多缺乏學習意願，不過也有例外。A_5M10、A_5M20 和 A_5M21 表示，他們最喜用電腦來做功課，但三人情況不同，前者是分數導向，後兩者則是探索取向。

相當重視成績的 A_5M10 是世界展望會資助的學生，為了證明自己是好學生，他刻意與電玩保持距離，「電玩沒有什麼好處，只會讓我們著迷、不想念書」。A_5M10 和 A_5M20 會在電腦課上搶答老師的

---

[16] 由於男童所玩的電腦遊戲有些是造型可愛的動作遊戲（如【摩登原始人】），女生很快也加入電玩行列，變成全班都在玩相同遊戲。

問題，也會用繪圖軟體美化自己的作業並主動秀給老師看。為了準備其他課程的考試，A_5M10 會在學校考試當週，利用自由練習時間偷偷複習其他科目，直到 A_5F9 噓他時才把課本收起來。

A_5M10 以聖經為題製作畢業報告，「找到永遠生命的食物」簡報。他解釋：「老師說只要打 8 頁就滿分，所以這個（指聖經）最好用」。他一共打了 12 頁的聖經，與以戀愛為題的 A_5M4 頁數不相上下，課後兩人還在一旁私下較量分數。

A_5M20 和 A_5M21 不常在電腦教室裡玩遊戲，也少有粗鄙言談，他們是同學眼中的「娘娘」。A_5F6 指出，「他們很會電腦，但不喜歡運動，跑步姿勢很怪，很娘。」A_5F22 補充，「『娘』就是指那些不愛打電玩、成績好的男生，因為班上的男生都不喜歡他們，所以他們只好和女生在一起」。從她們的詮釋中我們發現，學童受到在地文化影響以為男性特質應是「粗獷」，如果無法顯露此特質就會被視為「軟弱無能」且被劃入女孩的類屬。儘管 A_5M10 也偏離宰制的男性特質，但他追求學業表現（如：與人競爭分數高低）且常藉故辱罵 A_5M21「婆豬！」，試圖有所區隔因而較少被同儕標籤。

被同儕標籤為「非男性」群體的 A_5M20 與 A_5M21，運用其「非霸權」的男性位置發展出另類的電腦使用。兩人進入電腦教室不會先玩遊戲，也不管他人眼光便開始練習老師教過的技巧或上網找資料。A_5M20 表示，「我喜歡電玩，但更喜歡學習新的電腦技巧」。下課後他會到圖書館借電腦方面的書籍回家閱讀和練習，是全班唯一使用網頁軟體製作畢業報告的學生。

A_5M21 對電腦知識感到興趣，他認為，「電腦應該用來學習，而不只是拿來玩」。A_5M21 即便有良好的學習態度和強烈的學習動機，但因家裡沒有電腦而無法在家裡練習，電腦知識和技巧並不純熟。製作畢業報告時 A_5M21 曾考慮採用網頁形式，但 MT1 提醒他：

「時間很有限，如果沒有十成的把握，最好還是用簡報軟體」。最後，他只好選用簡報系統介紹「攝影機」。

綜上所述，受到在地文化的影響，男童普遍不重視學業，而且習慣以暴力取勝——誰的拳頭愈硬，講話就愈有份量。這種男性特質巧妙地和電玩的暴力、負面性（如：不健康、成癮等）連結，強化了男性同儕所崇尚的「粗獷」特質，而邊緣化少數男童對電腦的智識和工具性使用。儘管如此，有些男童為了早點打電玩，在得不到老師協助下，還是會轉向 A_5M20 和 A_5M21 尋求幫助。換言之，權力並不是單純地被同儕團體擁有，而是個人根據其處境不斷地與教室內的各種勢力和論述互相競逐、協商的結果。

（二）女性同儕文化

1、占優勢的社交文化

開啟「即時通」是女童進入電腦教室的首要動作，在開始打電玩或做其他事之前，先讓別人得知她已經上線。她們想與其他女生講話就用 MSN，而較少在教室裡走動。如 A_5F18 常和坐在另一排的 A_5F22 互傳訊息，但並不是真的聊天，而是傳一些無關痛癢的話語，像是「白痴」、「黑痴」、「你才是」等，或只是去「叮咚」別人；[17]儘管如此，她們還是樂此不疲。

女童在聊天之外也會打電玩，但彼此之間既不會拳頭相向，也沒有圍觀叫囂的情形；她們不會站在一旁邊看邊學，不懂時會要求別人逐步講解和示範。此外，她們也常和同伴在教室裡一起打電玩，但以小團體為主，或是左右兩人一起玩化妝遊戲，然後互相欣賞彼

[17] 如果有人登入即時通，對方會聽見「叮咚」聲。女孩想要整別人時，就一直打開／關閉即時通，對方就會不斷地聽見叮咚聲。

此的傑作；或是三人一組，一人負責按鍵盤，其他人忙著出主意。因此，女孩打電玩時較會交頭接耳或七嘴八舌。她們常一面玩一面聊天，把電玩當成情感交流的一部分，而不在乎遊戲的輸贏。對她們來說，和朋友一起嬉鬧的過程比進入遊戲世界更為有趣。

2、多元的電玩偏好

女生玩的遊戲種類比男生多樣化，包括女孩遊戲與動作遊戲。當女童看到男童玩的遊戲角色很可愛，便要求男生教她們玩，很快地全班都在玩同款遊戲。儘管玩的遊戲相同，男、女生的玩法卻大相逕庭。玩【淡水阿給】時，男童最喜歡遊戲裡「對戰」、「把對方炸死」、「罵髒話（用「＊」來表示）」的部分，而女童則覺得「阿給一點都不暴力」、「可以用水泡把對方包起來」、「可以聊天交朋友」。

在相同遊戲中，男、女生關注的焦點也不同，男生偏好「動作」要素，女生則重視人物造型、遊戲細節和聊天的功能。正如 Funk & Buchman（1996）所言，女生不喜歡寫實的暴力，但可以接受卡通式暴力。她們以為，女孩玩這類遊戲不會變粗魯，反而有助於抒發壓力。

女生玩動作類遊戲時，若有男生在旁觀看會讓她們感到不自在。A_5F9 說：「男生看我玩，我會覺得緊張、不舒服。」喜歡玩動作遊戲的 A_5F1 也指出：「看別人玩其實很無聊，自己又不能玩；但我也討厭別人看我玩，尤其是男生，因為他們只會在旁邊鬼叫，還會一直吵：『給我玩！』」。她們會和女生討論如何玩或共同組隊（如：玩【淡水阿給】），由會玩的女生帶著其他人一起去「冒險」，而不像男生單槍匹馬地去向別人開戰。

大多數女生在玩動作遊戲（如：【淡水阿給】）時會選擇男性角色，認為男性能力比較強，此點與男生觀點一致。A_5F18 說：「男的跑得比較快，不會被炸死！」。她們喜歡「可愛」、「聰明」的男性角色，並利用此角色去救人或打壞人，但未認同遊戲裡的男性特質（如：征服、攻擊），而是找到一個安全場所讓其幻化成電玩角色去表達攻擊並發洩不滿。在玩的過程裡，她們不急著過關，而是享受打壞人或和朋友合作的樂趣。

由此可知，女童在玩攻擊遊戲時，偏好無目的或合作式的自由玩樂，而非以目標導向追求破關或積分。不過也有例外，如 A_5F1 和 A_5F11 即發展出征服性的玩法。削著一頭短髮、被女生視為「怪人」的 A_5F1 喜歡玩男性化遊戲，也會和男生交換遊戲，「我有【奇城聖戰】的軟體，這個遊戲可以選子彈然後打人，感覺很過癮」。常出入網咖的 A_5F11 則表示，「為了升級，我只好每天練功」。A_5F1、A_5F11 原本就被女性同儕所排斥，而電玩活動似乎更加深此情形。

彙整這部分的分析可以發現，電玩提供機會讓學童與同儕間同時進行複雜的人機、親身及線上互動。雖然電玩打開一個虛擬的遊戲世界，但大多數學童在教室玩電玩時更重視當下、在地的同儕接觸，而非虛擬的角色扮演或線上的人際交往。此導致學童的電玩使用深受同性團體影響，而使電玩活動變得高度性別化，亦即男性採用征服性的玩法，女性則傾向彈性或合作式的玩法。

不過，這些學童並非被動地複製性別與電玩的關係，而是在教室裡透過電玩活動不斷地揣摩、調整自己和性別規範、同儕期待間的距離。而那些已被標籤為「娘娘」或「怪人」的學童則因在同性團體之外，反而有更大空間挪用電玩論述，解構並建構其性別認同與社會關係。

四、電玩實踐和性別政治

從前面的分析可以發現，不論是學童的自我定位或是同儕間的互相定位，都受到性別規範及其在脈絡的位置所牽制。不過，學童在教室的位置並非全由性別決定，而是糾纏著其他因素（如：外表、體能、家庭社經地位等）共同左右他們的電玩實踐。因此，在以電玩「做性別」的過程中，我們不僅看到學童的社會差異限制其電玩使用和性別協商，同時亦察覺學童利用其社會差異作為文化資源，參與多元性別特質的建構。

（一）電玩實踐與男性特質的扮演

Fiske（1989b: 78）指出，電玩提供年輕人反抗社會控制的機會。對崇尚「粗獷」的男童而言，電玩正好可用來展示其男性氣概。如學校禁止學童去網咖，他們還是三五成群的偷偷跑去；老師將電腦畫面切到主螢幕，他們則私下重新開機，讓電腦不受老師控制再繼續玩遊戲。男童這些行為除了顯示其對電玩的狂熱外，也藉此「挑戰權威」。

熱衷電玩的男童不但試圖在眾人面前樹立其玩家形象，展現出「男生很會玩電玩」，亦在電玩遊戲中強調自己「有別於女生」；有趣的是，大多數女童似乎也贊同男生才是電玩玩家。譬如 A_5F15 指出，「男生比女生更會打電玩，他們每次看到電腦就開始玩」。

不過，男童認同粗獷性並不表示有能力運用電玩表演其男性特質。如曾經輟學的 A_5M3 由於缺乏電腦知識和資源，剛開始時連下載遊戲都不會，遑論打電玩。為了學習如何玩遊戲，他總是在觀看中不斷忍受其他男童的打罵。

A_5M10、A_5M20、A_5M21 雖處在非霸權的男性位置，對電玩也不迷戀，卻仍試圖在電玩活動與女孩區隔。他們一面強調「絕不玩女孩遊戲」，一面以喜歡指揮作戰的「戰略遊戲」來彰顯其「智識層面」的男孩性。但由於他們不承認打電玩是男性必要特質，對「玩家」的特性也有不同看法。不太會玩【淡水阿給】的 A_5M10 表示，「有些女生其實很愛玩、也很會打電玩，她們常練，有時打得比男生好」。換言之，他們反而較其他人更易接受女孩在電玩的傑出表現。

（二）電玩實踐與女性特質的協商

相較於男童，在電腦教室裡女童的電玩活動似乎更多元、自由。幾乎所有女童都會玩女孩遊戲，只有 A_5F1 和 A_5F11 例外，因為她們並不認同傳統女孩形象。A_5F1 指出，「那些遊戲的女生看起來很三八，眼睛大大，沒事穿著短裙晃來晃去」。A_5F11 也有同感，「那種女生穿得很噁心。如果改穿 hip-hop 風，我可能就會想玩」。她們覺得女孩可以穿得很酷而不必穿得漂亮，可惜這類遊戲缺少「酷」的選項，所以她們才不玩，轉而打男性化的電玩。

A_5F1、A_5F11 相較於其他女童，擁有較多數位資源，也較有機會將電玩變成日常活動，並以成為「玩家」作為志向。由於她們經常在校外（如網咖）明目張膽地打格鬥遊戲，因而加深女性同儕對其性別的猜疑，「她們很怪，一點都不像女生」。由此來看，不是所有女童都會被女孩遊戲所召喚或產生自戀認同的愉悅。對 A_5F1 和 A_5F11 而言，她們利用電玩來獲取電子人的愉悅——一面征服遊戲；一面操控科技（Kennedy, 2005）。

班上其他女生其實也玩男生的遊戲，她們並不覺得那是男性化的遊戲。她們解釋，「這些遊戲其實很可愛，很適合女生玩」；或是強調「因為無聊才玩」、「看別人玩才跟著玩」，試圖以「遊戲的卡通化」、「第二選擇」或「別人的影響」來合理化自己的選擇；不過，她們也因此經驗了遊戲中的「攻擊」行為。

動作遊戲對不以過關為目標的女童而言，仍能幫助其培養現代社會所需的「競爭性」與「效率性」。在玩的過程中，她們一面保有女性的情感面（如：喜歡可愛的造型、或邊打邊談心），另則學習如何在有限時間內達成目標。這些女童透過動作電玩不僅跨越性別界線、進出不同性別位置，也產生流動的認同，有助於重新思索「女性特質」的意涵。

如常玩且愛玩動作遊戲的 A_5F7 指出，「女生不見得只喜歡化妝遊戲，她們也需要刺激，可以玩賽車或阿給遊戲」。A_5F23 也說，「遊戲如果有時間限制，我比較會緊張，因為害怕主角會死掉，所以只好打得更快更好」。她認為女生有同情心，比男生更適合打電玩；顯然玩動作遊戲多少改變女孩對「女性特質」的刻板印象。

相較於男童，女童對電玩的偏好存在著許多歧見，或許是因為女性團體內有較多小團體所致，這也反應出女生比男生更易採用「游移」位置。雖然在集體層次上女性團體會左右女生對電玩的態度與品味，但個別學童仍可依賴其處境（如：A_5F6 受其堂兄 A_5M5 影響而玩【淡水阿給】)，一面嘗試打新遊戲，另方面和電玩的性別化特質、身旁的女性同伴（或小團體）不斷地協商，除了讓其電玩實踐能被接受外，也藉此宣示自己是「性別正確」。

歸納上述論點，我們發現男生在班上受到同儕限制而避免採用跨性別的玩法，但卻能包容女生越界玩男生的遊戲，這可能是因為男生佔據了性別優勢位置，所以不願屈尊降格地玩「女孩」遊戲，以免有損其「男性特質」。但對他們來說，女生向男生看齊，似也證明男生的選擇是對的。此外，除了少數被排擠的男童外，多數男童並未質疑電玩活動的男性化。由於他們只玩男性化的遊戲，在不斷的遊戲征戰中，只是一再地增強其反射能力和男子氣概，故較無機會反思遊戲中的性別問題。

反觀女生，電玩為女童打開性別協商的場域。雖然女童受到性別規範和同性團體的影響，不贊同亦不承認其採用「跨性別」的玩法，但女生玩動作遊戲的確有助於改變其對傳統「女孩」之看法，至少在電玩活動時如此。就像 A_5F7 所說，「女孩也打電玩，電玩才不是男生的專利！」。喜愛電玩的女童相信，只要女生願意，也能獲得電玩技巧和知識，成為電玩文化的一員。至於那些採用非性別化的電玩實踐者，他們（不論男女）不斷受到班上主流的性別論述和同儕打壓，儘管地位一再地被邊緣化，卻也因此發展出另類的性別實踐。

捌、結論

長久以來，電玩被視為是一種浪費時間的玩樂活動，不論是學校或社會皆極力譴責電玩的負面性。然而不可否認，隨著網路的普及，電腦遊戲已逐漸融入兒童的日常生活，成為兒童文化的一部分，尤其對偏遠地區的學童來說，更是如此。當他們進入電腦教室，最重要的事莫過於打電玩；電玩成了學習電腦的一大動力與目的。因此，若想瞭解偏遠地區學童的電腦使用，就不能忽略其電玩實踐。

電玩在某程度上符合原住民的學習式態，不僅提供自由、輕鬆的學習氣氛，並可藉由模仿和操作方式去認識事物。儘管電玩能提高學童的電腦使用和操作技巧，卻無法如電玩互動性研究的主張，電玩為遊戲世代帶來新的認知和解決問題之能力，更遑論藉此縮小「數位排斥」。

我們發現學童在校的電腦使用，已凸顯近用政治（politics of access）的問題，亦即偏遠地區學童近用電腦，並不會自動改善其學習狀況，反而易強化其劣勢（如：沉迷於電玩）。由於 A 校學童多來自原住民或低收入的家庭，其電腦使用不僅受到限制且多以娛樂為主。學童受到在地文化的影響，既不重視課業也不強調自我約束，導致其無心學習電腦知識，反將電腦當成電玩遊樂器或聊天工具。加上受到數位資源的限制，他們所發展出來的及時行樂、非探索性的玩法，也反過來強化其族群、階級化的刻板印象。

不過，在此必須強調，學童的反應非其本性或能力使然，而是囿於其所處的政經結構與文化傳統。換言之，學童所發展出來的電玩實踐，其實和他們的生存心態與資本有關。學童因內化其所屬族群、階級及性別的文化傳統而形成一套稟性，左右其對電玩的反應；再加上缺乏物質（軟、硬體）和文化（電玩知識）資本，故只能採取及時行樂的玩法，而此種消費電玩的方式卻成了社會複製的機制。

其次，學童打電玩時，只圖眼前的愉悅而缺少反思的過程，導致電玩的交互被動性易讓其在玩的過程中，自動演出電玩背後所隱藏的宰制信念。由於電玩打破真實／想像之間的界線，邀請學童直接加入演出，他們必須一面觀看情勢、一面採取行動，故無暇對遊戲內容做出任何批判，反而間接接受了宰制的觀點，而削弱其族群認同。

第三，學童在玩遊戲時較少彰顯族群認同，這也可能是因為學校是以漢族為中心，又是性別階層化的場域，加上在地文化亦強調「男女有別」，致使學童面對電玩論述時，較易凸顯其性別認同，並利用電玩來「做性別」。不過他們並非簡單地套用二元的性別模式，而是利用電玩進行複雜的權力協商。學童根據其所處位置，不斷和教室內外的各方勢力（如：學校管理、同儕壓力）和各種論述（如：

性別規範、遊戲類型）磋商，一面表演／建構其性別；一面試探／維護眾人對各種電玩的（性別）接受度。

整體來看，性別與電玩的確互相建構彼此：性別影響兩性對電玩的選擇與偏好，導致男、女生發展出不同的電玩實踐——男孩偏好採用宰制、征服性的電玩型態，女孩則傾向彈性、合作式或社交性的電玩型態。如此的電玩實踐也再次強化兩性原有（性別化）技巧、能力及活動。儘管如此，電玩偏好既非與生俱來，也不是固定不變，而是隨著脈絡不斷地被建構／解構出來。

我們發現此班學童雖然受到主流性別論述的影響而認為「男女有別」，但此班仍發展出獨特的性別運作模式（如：女生適合玩可愛的動作遊戲），以致於男、女生在教室裡都玩相同遊戲；而家裡能上網的女童回家後，也選擇玩遊戲而非經營家族或純聊天。

第四，學童的電玩活動其實涉及複雜的集體實現。在電腦教室裡，同性團體和同儕互動會左右並限制學童的電玩選擇與偏好，學童害怕被孤立會避免採用「性別不正確」的電玩型態（包括遊戲類型與玩法）。然而，已經被排擠的學童（如：A_5M21）則利用其非霸權的性別位置，發展出另類的電玩實踐。

我們發現，學童採用性別極化的玩法容易複製二元性別觀，並獲得順從式的社會愉悅或視覺愉悅，而跨性別的玩法則有助於質疑或批評既有性別內涵，並取得反抗式的社會愉悅或電子人的愉悅。不過，由於學童強調「男女有別」，因此不願意接受和承認跨性別的玩法，導致少數採用者一再被打壓，此顯示學童在電玩活動中，雖然經常跨越或挑戰二元的性別觀，但在缺乏性別自覺的情況下，最後還是屈服於宰制觀念。

學童的電玩實踐不僅受到廣泛流行的性別價值，以及在地同儕互動的影響，而且其社會處境也讓他們在性別化的電玩實踐中，顯露出階級化差異。電玩原是需要資本的娛樂，如家裡有電腦又能上網者（如：A_5F1、A_5F7、A_5F22），或每個月有零用錢且能到網咖者（如：A_5M5、A_5F11、A_5M12 和 A_5M24），會比那些缺乏設備或經濟拮据者（如：A_5F6、A_5M3、A_5M19）更熟悉電玩。由此來看，在性別之內（不論是男或女性類目）也存在著差異，亦即性別會交錯其他因素，對學童的電玩實踐造成不同程度影響。

90 年代的「女孩遊戲運動」曾以為，讓女童近用電玩就能提升其電腦技能並改善性別數位落差（AAUW, 2000），但我們發現「近用」不足以消除既有性別階層化，除非女童意識到問題並願意利用電玩來體驗不同的性／別經驗，以培養新的性／別技能；電玩應用在偏遠地區時亦如此。偏遠地區的學童近用電腦並不會自動地破除其舊習和改善其處境，除非他們能以更批判、反思的方式介入電腦文化（包括電玩文化），才有可能改變既有的生存心態，並避免一再地複製不均等的權力運作。

第八章　線上遊戲與遊戲賦權

在前一章討論電玩時，我們並未觸及線上遊戲，這是因為學校嚴禁學生下載線上遊戲，因此平常在教室裡較難看到學生玩線上遊戲。不過在寒、暑假的電腦營裡，學生以「不是上課」為由，將校方的規定拋諸腦後，大方地玩起各種遊戲。

一些國外的研究也發現，免費的數位計畫原擬協助弱勢學童補強電腦知識與技巧，但多數參與計畫的學童卻無心學習，反而專注在娛樂上（Jackson et al., 2007; Sandvig, 2006）。這不僅讓計畫的成效大打折扣，也引發學界對課程規劃的爭議——亦即，數位計畫究竟應以學童的興趣為導向，還是以實現社會目的為旨趣？

我們也遇到相同的問題，當我們試圖利用電腦營來協助學童學習網頁製作時，有些學童卻一心想玩遊戲。儘管此舉造成教學的困擾，卻提供我們一個自然情境觀察學童如何將線上遊戲帶入同儕網絡裡，並藉此產生意義和發展性別認同。同時，我們也從學童的玩樂中，重新評估線上遊戲作為批判學習的可能性，並於 2007 年在樹林地區 E 校舉辦線上遊戲的電腦營。本章除了探討 A 校學童如何參與線上遊戲外，也將對照我們在 E 校的發現，並說明線上遊戲如何為學童帶來遊戲賦權。[1]

---

[1] A 校個案研究的初稿曾發表於 2008 年《教學科技與媒體》，第 83 期；另外，E 校個案研究的初稿則發表於 2008 年《教育資料與研究》，第 80 期。

壹、前言

目前有關兒童與線上遊戲的研究，主要沿用「效果模式」，關心線上遊戲是否會對兒童造成負面影響。儘管此類研究有不少缺失存在，但其指出線上遊戲的文化影響力。相較之下，文化研究者似乎還未正視此領域，其實線上遊戲很適合用來檢視文化研究長久以來所關切的結構限制與閱聽眾自由之問題（Schleiner, 2001）。

不同於傳統文本，線上遊戲符合所謂的「作者式文本（writerly texts）」或「生產者文本（producerly texts）」，玩家不只是用（with）網路，並透過（through）網路進入文本，和其他玩家共同參與遊戲內容的創作（Kücklich, 2003）。換言之，玩家在解讀電玩文本時，不僅能獨自挑戰文本的意義，亦能連結其他玩家採取集體行動。就微觀政治而言，線上遊戲似乎更能用來瞭解閱聽眾如何挪用流行文本，對抗宰制結構的過程。

由於效果研究比較不重視流行文化的積極力量與電玩的文化實踐，因此本章將從文化研究的觀點，檢視 A 校學童如何在特定脈絡裡參與線上遊戲，並從事個人／集體的意義產製（meaning-making）。為避免過度浪漫化兒童的電玩實踐，本章也將挪用其他取向對電玩的批判，重新評估 A 校學童的電玩表現，並以此為借鏡，進一步在 E 校從事線上遊戲的賦權實驗。

貳、文化研究與電玩實踐

當代兒童文化與流行文化之間的關係其實是非常緊密（Fleming, 1996）。不過，長久以來流行文化被認為難登大雅之堂，加上兒童又被視為被動且缺乏判斷力，導致過去研究多偏重於流行文化對兒童的控制與剝削（Marsh & Millard, 2000: 21）。儘管流行文化是由宰制的文化工業所創造出來，但無法強迫閱聽眾去接收，因此 J. Fiske（1989a: 15）強調，研究流行文化不能只探究文化商品的生產者（或生產體系），還必須調查人們如何使用這些文本。

Fiske（1989a: 25）以為，流行文化乃是文化工業和每日生活之間的介面（interface）。它同時在兩個經濟體系內流通：一是財貨經濟（financial economy）——文化工業基於營利的考量，採用「併入」（incorporation）手段製造文化商品；二是文化經濟（cultural economy）——人們基於娛樂或需要，以「併出」（excorporation）手法不斷地生產文化意義與愉悅（Fiske, 1989a: 26-27）。雖然前者在某程度上會限制後者的轉換，但「併出」手法比「併入」手段更值得深究，[2]因為它能說明閱聽眾的反抗潛力。

Fiske 的「併出」觀點，其實深受 M. de Certeau「戰術」（tactics）論的影響。de Certeau（1984）在《每日生活實踐》（The Practicc of Everyday Life）一書中，試圖以軍事用語解釋弱勢者（the weak）如何在每日生活中略施小計，以對抗強勢者（the strong）。他指出，強勢者佔有地方（place），能以戰略（strategies）掌控外在的佈局，並依此生產關係；而弱勢者因缺乏權力與工具，無法建立其位置，故只能抓住時機，利用戰術（如侵佔、偷襲等詭計）伺機在地方上開創自己的空間（space）（de Certeau, 1984: 36-8）。

de Certeau 並以語言研究的「發言」（enunication）分析，進一步闡述宰制體系和使用方式間的關聯與差距。他認為，發言是語言

---

2 文化工業為了牟取更大的利潤，訴求更多異質的閱聽眾，因而不斷地把各種歧見併入（或收編）流行文本中。相反，閱聽眾雖然沒有能力生產流行文本，但其試圖挪用它走出（即：併出）自己的風格。

體系的實現。當說話者挪用語言之際，也被嵌進特定的社會關係中，而行動只存在當下的那一刻。這說明日常生活的言說行動不但具有處境性，亦涉及體系／戰略和使用／戰術兩者間的拉扯。de Certeau（1984: 39）建議以此模式去檢驗非語言的運作方式（ways of operating），如行走、居住或閱讀等。

受到 de Certeau 的啟發，Fiske 也以發言模式剖析流行文化（Fiske, 1989a: 37）。他以為，流行文本的意義只有在消費過程中才能實現，因此研究應探討流行文本如何被挪用到日常生活中。為此，研究應包含三層面：（一）關聯性（relevance）——使用者發現文本和生活的關聯。儘管流行文本是財貨商品，但無法控制使用者和文本間的聯繫方式，只有使用者能決定是否、又如何與文本產生關聯。（二）符號的生產性（semiotic productivity）——流行文本只提供訊息（message）而未生產意義，其留下符號空間（a semiotic space）供使用者創作更多的文本。（三）消費方式的彈性（the flexibility of the mode of consumption）——在與文本接觸之際，使用者不僅和文本互動，同時也受消費脈絡（包括制度的權力運作、使用者的位置）的牽制，因而發展出多元的消費方式（Fiske, 1989a: 129）。

Fiske（1989b: 79-93）以此檢視 80 年代的投幣式電動玩具，發現工人察覺打電動的人機關係是不同於工廠的機械操作。前者雖然無法製造產品，卻能生產自我意義和反抗經驗，尤其當其沉迷於電動中，達到所謂的「忘我」（losing oneself）之境時，不但掙脫世俗的枷鎖，亦享受到現實生活所無法擁有的支配感。

工人在與電動文本互動時，不僅找到一個切入點參與其中，同時也開始從事文化意義的生產。有許多人表示，打電動的主要樂趣是在挑戰老闆的利益。他們以「時間就是金錢」為由，主張玩家如果有優異的技術，就能以小錢玩長時間，讓老闆沒賺頭（Fiske, 1989b:

81）。玩家不再以技術為老闆效命，同時也改寫了世俗對「時間就是金錢」的看法。[3]

Fiske 在電玩研究中，較少觸及玩家的消費方式，而多著墨在他們如何利用電動進入「忘我」的境界——一個缺乏社會關係且不受社會控制的自在狀態。但打電動的忘我之境，似乎較難套用在今日的線上遊戲。

「線上遊戲」又稱「多人連線遊戲」（massively multiplayer online game），乃是大量的玩家透過網路連線，一同進入某遊戲世界裡操控其所創造的角色。不同於傳統的電動或單機遊戲，玩家不只和遊戲文本互動，同時也和其他玩家往來（Kolo & Baur, 2004; Steinkuehler, 2006; Taylor, 2003）。換言之，線上遊戲雖然是一個戰略品（strategic work），被設計成「地方」，卻鼓勵個別玩家以即興的自我演出，進行空間的實踐（spatial practices）（Oliver, 2002: 176-77）。每位玩家不僅能藉由角色形塑（如：選角、命名、打扮等），創造各自的文本，其角色也將變成遊戲內容的一部分，影響別人的經驗（Mortensen, 2003）。

由此來看，線上遊戲比傳統電玩更能用來觀察自我認同的建構，尤其是性別建構（Taylor, 2003: 27）。A. D. Polsky（2001）以為，線上遊戲可以作為性別實驗之地，因玩家在操控一個角色時，亦扮演一個性別（a gender）。角色會告訴玩家：「他／她是誰、做什麼、如何行動（包括和其他角色的互動），如果玩家想要在遊戲世界裡活動自如，就必須察覺角色的特質。在角色扮演的過程中，玩家除了晉級得分外，亦獲得此角色的性別經驗。誠如 J. Butler（1990）所言，

---

[3] 從資本主義者的觀點來看，工人的技術乃是工廠老闆賺錢的利器。如果工人將時間、精力花在工作上（賺取生活所需），其勞動才會受到肯定（被視為具有「生產性」），否則只是浪費時間。

性別是一連串的表演。玩家透過角色不斷地和遊戲文本、其他玩家互動，不僅重覆地演出虛擬性別，也藉機與宰制的性別協商並重構其認同。

參、線上遊戲與象徵秩序

同時，Polsky 也注意到，電玩雖然允許玩家玩弄性別（如：跨性別的玩法），但畢竟它是文化工業的產物，性別選項仍受限於二元的性別觀（非男即女），因而限制了轉換的潛力（transformative potential）。此外，玩家在線上扮演虛擬性別，究竟是一時的符號玩弄，還是具有解放的潛力——讓玩家將線上的實驗帶回線下，在現實生活裡對抗霸權？在回答此問題前，必須先釐清網路和象徵秩序之間的關係。

S. Žižek（1999: 102-24）彙整有關網路和主體性的討論，改由精神分析的觀點提出伊迪帕斯情結（Oedipus complex）[4]在網路空間的四種可能性：

一、排斥伊迪帕斯（foreclosing Oedipus）：此類包含兩種論述，一是網路空間破壞了伊迪帕斯結構，讓主體免於受到象徵秩序的束縛，而能自由地探索多元認同；二是當網路空間愈追求擬像（simulacrum）時，表象（appearance）愈會被破壞。由於想像界和真實界互相重疊，犧牲了象徵界，導致表象喪失，真實和想像之間變得難以區分。[5]

---

[4] 伊迪帕斯情結指個人認同並害怕被父親閹割的一個過程；在此「父親」代表象徵權威。

[5] J. A. Flieger (2001)對 Žižek 將 J. Baudrillard 等人對虛擬現實的批判(屬於「去

二、加入伊迪帕斯（acceding to Oedipus）：網路空間並非瓦解伊迪帕斯結構，而是增強它。表面上網路空間是超現實的媒體，停止了象徵效能（symbolic efficiency），但骨子裡卻介入主體的日常經驗，維持其欲望。

三、歪曲伊迪帕斯（perverting Oedipus）：網路空間保留了伊迪帕斯，雖然主體在線上可以自由選擇化身，成為任何人，但她／他必須承擔某種異化，因為每次的選擇，此化身都將以某種方式背叛主體，[6]且一再地被中介而無法完全實現主體的欲望。由於線上伊迪帕斯（Oedipus Online）不是真的伊迪帕斯（Oedipus proper），因此在網路空間裡「每件事情都有可能」，但線上認同卻未必能擴展到現實世界。

四、挪用伊迪帕斯（appropriating Oedipus）：網路空間讓主體擺脫有形的枷鎖，並允許其上演（stage）和外在化（externalize）內心的幻象。透過螢幕，主體以玩樂的方式和最小的距離，看到自己的幻象，同時避免面對真實的恐怖。但主體若能進一步藉此穿越幻象（traversing the fantasy），[7]瞭解幻象如何支撐象徵秩序，就能掙脫其控制而獲得解脫。

Žižek（1999: 104）認為，這四種可能性並非完全互斥，因為網路空間同時受到宰制和反抗象徵勢力的拉扯。因此當玩家參與線上遊戲時，她／他有可能違反性別規範而從事性別越界的活動；也有可能只是透過網路的中介，建構其性別認同；或只是在線上，扮演

烏托邦」的觀點）也放進「排斥伊迪帕斯」類目，感到質疑，因為兩種論述的觀點似乎南轅北轍。

[6] 化身必須佔據一個位置（如：性別、族裔等），而此位置必然會與象徵秩序產生關聯。

[7] 有關「穿越幻象」的觀點，可參考 Žižek（1989）所寫的《意識型態崇高客體》（The sublime object of ideology）。

各種角色。不過，從 Žižek 的觀點來看，玩家若採用第四種方式，就有可能將線上經驗帶入真實生活，進而擺脫象徵秩序的箝制。

由於 Žižek 的觀點包含了主體在網路上的各種可能性，因此 C. Pelletier（2005: 317-26）也採用其架構統整現有的電玩論述。他提出四種遊戲觀，試圖藉此解釋遊戲、玩家能動性和結構限制之間的關連：

一、遊戲作為解除痛苦的裝置（as pain relievers）：由於遊戲能讓玩家逃脫外在的控制而獲得愉悅，因此遊戲具有潛力去改變制式的教育和訓練方式，讓學習者自行決定學習的型態和進度。相關的論述如 M. Prensky（2001）所提出的「以數位遊戲為主」的學習（digital game-based learning）取向，即強調工作和玩樂不應截然二分，為了讓學習者以學習為樂，學習應沉浸在愉悅中。

二、遊戲作為感官的誘惑（as sensual temptations）：此觀點偏重在網路沉浸經驗（immersive experience）的負面效果。[8]當遊戲將真實和想像混淆時，可能讓玩家失去象徵距離，只是沉浸其中，因而喪失批判和反思的能力。相關的論述如英國的媒體教育，即主張學習不是透過玩，而是藉由不斷地反思遊戲內容而獲得。他們試圖將遊戲的視覺景觀和真實的教育內容區分開來；由於前者會令後者分心，因此學習者唯有停止玩，才能看清玩的表象（the appearance of play）[9]。

---

[8] Pelletier 似乎將 Žižek 有關「去烏托邦」的觀點，併入「加入伊迪帕斯」類中討論。

[9] 表象是用來維持某種真實背後的一種想像（fiction）。

三、遊戲作為非虛擬生活的複製品（as replicas of non-virtual life）：遊戲允許玩家自由選擇化身，但每次的選擇都是透過遊戲的軟、硬體所中介，因此虛擬認同未必能延伸到現實世界。譬如學童在玩遊戲時，會不斷地冒險、克服失敗、尋求勝利，但在現實生活裡卻很少如此。為了發揮遊戲的潛力，J. P. Gee（2003）提出以遊戲來發展投射認同（projective identities），讓玩家能利用化身思考自身的問題，並將化身的行為模式運用到生活的其他領域。

四、遊戲作為現實建構的舞台（as dramatic stages for reality construction）：玩家誤以為玩遊戲是為了實現自己的欲望，而忽略遊戲早已預設了目標和規則，玩家其實只能按照遊戲的規定玩，順應遊戲的要求，亦即滿足大他者的欲望。唯有認清線上遊戲是交互被動的幻象（interpassive fantasy），一再上演我們對現實的感受，玩家才有可能看到象徵秩序的矛盾處，進而不受控制。相關的論述如 G. Frasca（2001a）所提出的「受壓迫者的電玩」（video games of the oppressed），遊戲能作為「受壓迫者的劇場」（the theater of the oppressed），[10]讓參與者一面玩，一面檢視個人／社會現實，並探尋另類現實的可能性。

Pelletier（2005: 324）認為現有的電玩論述，大多肯定遊戲的教育價值——讓玩家在虛擬環境裡，扮演一個虛擬角色，練習如何自我實現，Prensky 和 Gee 更期望玩家能將虛擬經驗投射到日常的社會角色。這也意謂遊戲行為可能只發生在遊戲世界，玩家未必能將線

---

[10] A. Boal 提出「受壓迫者的劇場」，創造一個環境讓觀看行動者（spect-actor）質疑並討論其信念。在此劇場不是為了欣賞完美的演出，而是為了促成參與者（觀眾和演員）之間的批判討論（Frasca, 2001a: 57, 65）。

上經驗帶回線下，遊戲世界反而變成一個出口，讓玩家將現實生活的種種不滿或不堪傾洩在此，然後重返崗位，繼續忍受現實的壓迫。當然，玩家也有可能過度認同（over-identification）遊戲世界，而無心重返現實生活。不管是何種情形，遊戲若只發生在網路空間，如此的經驗將無助於玩家解決現實生活的壓迫，尤其是因為性別、族群、階級等勢力運作而帶來的社會排斥。

因此，當我們研究學童如何挪用線上遊戲，尋找「併出」的可能性時，也將深入瞭解如此的遊戲經驗對其現實生活的影響。

肆、國內研究現況

反觀國內的相關研究，目前仍以效果取向為主，探討線上遊戲對學童休閒和學習的影響。但所有研究除了同意線上遊戲已成為國小高年級學童的休閒活動，以及男生玩遊戲的比例高於女生外，其餘論點並未獲得一致的結論。

首先，在休閒方面，薛世杰（2002）和黃雅玲（2007）指出，學童玩線上遊戲的時間愈長，其學業成就愈低且愈易產生成癮效果。但呂秋華（2005）和黃宇暄（2006）卻發現，玩線上遊戲並非影響學業成績的關鍵，[11]而徐尚文（2006）也察覺，大多數的學童玩線上遊戲在時間上是有所節制。

其次，在學習方面，張弘毅與林姿君（2003）指出，網路遊戲不同於過去的電腦遊戲，能提高學童的電腦興趣、操作技巧及策略運用。然而，施宏諭和林菁（2004）卻發現，學童玩線上遊戲有礙

[11] 兩人皆發現，成績優等和後段的學生對線上遊戲的熱愛其實不相上下。

於資訊能力的發展，亦即不玩線上遊戲的學童反而比玩家有更佳的資訊能力。吳聲毅與林鳳釵（2004）也發覺，玩線上遊戲並不會提高學童解決問題的能力。

這些研究都是以量化調查為主，只有少數採用質性方法。其中，呂秋華（2005）以參與觀察和深度訪談法，探討高雄市 3 位小五學童玩線上遊戲的身心狀況，發現學童在家玩線上遊戲時只專注於遊戲所給予的訊息，而產生短暫的心流現象。在遊戲世界裡，學童會願意協助新手或和他人組隊，但在學校則較少出現合作學習的情形。[12]

儘管國內研究也開始注意到學童玩線上遊戲的社會脈絡，但以家庭場域和玩家的內在心理為主，而較少觸及學童和他人一同玩遊戲，以及意義產製與認同建構的過程。為此，本章將改從文化研究的取向切入，探討學童在校參與線上遊戲的「併出」過程。

我們採用寒／暑假電腦營的方式進行。相較於學校的正規課程，寒／暑假電腦營是較不正式的教學安排。學生有較多的自由和選擇，不過仍受到教室管理、班級秩序及同儕文化的規範。此提供我們一個機會檢視學童如何在制度化的教室內玩線上遊戲，並藉此發展其兒童文化和建構其性別認同。研究問題包括：

一、學童如何挪用遊戲文本，和其生活產生關聯？

二、在線上遊戲的空間實踐中，學童如何施展戰術，生產自我意義與社會經驗？

三、學童在特定脈絡裡，如何消費（或使用）線上遊戲，並藉此建構其多元的性別認同？

四、學童的線上經驗能否帶回現實生活，產生改變的契機？

---

[12] 呂秋華認為，這是因為學校採取傳統講授的教學方式，故學生較難有合作的機會。

在 A 校的研究是一個以網頁製作為主的暑期電腦營，於 2005 年 8 月 8 日至 26 日期間進行，[13]一共招募了 3 位研究員和 15 位學童參與此項計畫。在 15 位學童中，[14]只有 3 位（2 女、1 男）是漢族，其餘都是原住民（7 男、5 女）。雖然大多數的小朋友家裡有電腦，但能上網者只有 2 戶（見表 8.1）。對這些學童而言，學校是他們主要使用網路的地方，電腦營自然也提供機會，讓小朋友在學習網頁之餘，也能抓住時機上網玩遊戲。

表 8.1　2005 年 A 校暑假電腦營學童基本資料

代號	年級	族群	有／無電腦	能／否在家上網	活動期間，出席超過 2/3
AsF1	六	漢族	有	能	是
AsF2	六	原住民	有	否	否
AsF3	六	原住民	無	否	否
AsF4	六	漢族	有	能	是
AsM5	三	漢族	有	能（與 AsF4 同戶）	是
AsM6	六	原住民	有	否	是
AsM7	五	原住民	有	否	是
AsF8	六	原住民	有	否	是
AsM9	五	原住民	無	否	是
AsM10	五	原住民	無	否	是
AsF11	六	原住民	有	否	否
AsM12	四	原住民	有	否	是
AsM13	六	原住民	無	否	否
AsF14	六	原住民	無	否	否
AsM15	六	原住民	有	否	是

資料來源：作者整理

13 活動是星期一至五，每日從早上 9 點至下午 4 點，共 15 日（90 小時）。

14 A 校暑期電腦營（As）學童的編號（見表 8.1），M 表男童；F 表女童，研究員的編號是 R1-3。

我們根據 A 校研究的結果，重新評估學童的文化實踐和線上遊戲的教育價值，然後於 2007 年月 1 日 29 至 2 月 9 日期間，[15]在 E 校舉辦一個以線上遊戲為主的寒假電腦營，一共招募了 3 位研究員和 12 位學童參與此項計畫。在 12 位學童中，漢族有 7 人（4 女、3 男），其餘都是原住民（3 女、2 男）。學童主要來自中低收入戶，父母親的教育程度以國、高中為主，且多從事基層工作，如：工地工人、計程車司機等。大多數的學童家裡沒有電腦（有電腦者有 4 戶，能上網者有 3 戶；見表 8.2），所以他們也和偏遠地區的 A 校學童一樣，利用電腦營來獲取上網的機會。

表 8.2　2007 年 E 校寒假電腦營學童基本資料

代號	年級	族群	有／無電腦	能／否在家上網	有／無玩過【楓之谷】
EF1	六	漢族	有	否	無
EF2	六	原住民	無	否	有
EF3	六	漢族	有	能	有
EF4	五	漢族	有	能	有
EM5	五	漢族	有	能	有
EF6	四	漢族	無	否	無
EF7	四	原住民	無	否	無
EF8	四	原住民	無	否	無
EM9	四	漢族	有（與 EF4 同戶）	能（與 EF4 同戶）	有
EM10	四	原住民	無	否	無
EM11	四	原住民	無	否	無
EM12	四	漢族（澳門人）	無	否	無

資料來源：作者整理

15　活動是星期一至五，每日從早上 8 點至 12 點，共 10 日（40 小時）。

由於 Fiske 的電動研究較少觸及玩家的消費方式，故我們在資料分析方面，特別著重在兒童對線上遊戲的文化消費。對文化研究而言，消費乃是人們挪用文化產品的社會過程。de Certeau（1984: xii）指出，消費和使用可謂是一體兩面。他以看電視為例，說明人們在消費電視影像的同時，也利用這些影像製造意義，因此研究者在調查文化消費時，必須著重在使用方式（ways of using），並解釋這些使用方式如何受到社會處境與權力關係的制約。為此，我們在資料分析方面，配合 Fiske 的理論架構與研究旨趣，特意凸顯學童如何利用線上遊戲，從事併入／併出的工作，以說明結構限制和個人能動性之間的權力拉扯。其次，利用 Pelletier 的觀點，說明學童的「併出」行為究竟有無政治意義，並在 E 校尋求擴大遊戲賦權的可能性。

伍、偏遠地區學童的線上遊戲實踐——A 校的發現

我們從文化研究的觀點，檢視 A 校學童在暑假電腦營的電玩實踐，結果發現學童主動挪用線上遊戲【楓之谷】（以下簡稱【楓】）去豐富其生活與玩的文化，並藉此維繫既有的社會網絡。

一、線上遊戲與學童的關聯性

（一）製作網頁 vs.打電玩

電腦營中有 11 位學童表示，他們參加的主要目的是為了上網玩遊戲。他們平時最常說的話是：「這樣可以了嗎？我要關掉，玩遊戲

了」、「我可以先玩 5 分鐘嗎？」。他們會趁研究員不注意之際，將音量關閉偷玩遊戲，一旦被發現才佯裝正要練習，不過只要離開研究員的視線，則又故態復萌。

研究員儘管有權訂立規則、切換螢幕及指派作業，掌控教室／地方，但學童並非事事言聽計從，而是把握時機，利用各種戰術（如：重新開機、關掉聲音、縮小視窗等）逃離控制。

AsR2：為什麼你練習時都不專心？

AsM6：因為很累……要找圖、修圖、放圖，有很多事要做感覺很煩。

AsR2：打怪不累嗎？

AsM6：厚，不一樣，那是玩ㄟ。

網頁練習對學童而言，是上頭／研究員所交辦的任務，也是每天不得不做的「工作」。除了高年級的女生外，大多數的學童不僅覺得「網頁技術很無趣」，也無法察覺此技術和其生活的關聯，AsM6 更直接了當地說：「就算學會了，以後也用不到」。

打電玩雖然也要投注心力（如：注視螢幕、操控鍵盤等），但對學童來說意義不同，他們既是自願去玩，又能現學現賣（立即展示成果給別人看或教別人玩），所以他們強調，「玩是不會累的！」。在玩的過程中，學童有權決定何時停止，也能任意更換遊戲；甚至可以同時進行其他活動（如：聽音樂、開即時通）。由於他們能「當家作主」又無須負責，因此感到樂趣無窮。學童在打電玩時，即使不會玩或偶爾犯規，彼此之間也不會太在意，因為「只是玩」，當下開心最重要，不必有太多的心理和社會負擔。

如同 Pelletier（2005: 319-20）所說的「遊戲作為解除痛苦的裝置」，對學童來說，做網頁（正式學習）是苦悶的差事，他們以玩遊戲來減輕其痛苦。儘管玩遊戲也需要學習，但在玩樂中的學習是歡愉的，而使玩家沒有意識到自己正在學習。

（二）線上遊戲創造玩的氣氛和建立遊戲社群

學童一開始都在【史萊姆好玩遊戲區】玩小遊戲，只有 AsF1 在玩【楓】。之後，AsM6 和 AsM7 被【楓】吸引，要求 AsF1 教他們玩；AsF1 為其申請帳號、角色，也帶著他們一起玩【楓】。

> AsR1、AsM6 和 AsM7 終於到了「魔法森林」和 AsF1 相遇並組成一隊，由 AsF1 負責打怪，其他人則是撿寶物。
>
> AsF1：我終於知道我姐帶我有多累了，原來帶人這麼累！
>
> AsR1：我被帶也很緊張。請問可以休息一下嗎？
>
> AsF1：好，那我先上去打東西。老師，你快來找我。(AsF1 起身走到 AsR1 的身旁)你自己找，看著小地圖(AsF1 手指著 AsR1 螢幕左上角的小地圖)。
>
> AsR1 跟上了 AsF1，AsF1：好，你很棒！（AsF1 轉頭對著 AsM6 大喊）你再不來我就打死你。你不要給我動喔，數到三快給我來。
>
> AsR1：你眼睛都不會酸啊？
>
> AsM7：玩不會酸，只有罰站才會酸。
>
> AsF1 和 AsM6 哈哈大笑。

平常一有空，AsF1、AsM6 和 AsM7 便聚在一起討論【楓】，話題包括打哪種怪才會得到較多楓幣？喝哪種藥水才能補血？哪種武器的功力比較強？搭車可以到哪裡？熱烈的討論引起其他學童的注意。隔天，其他人也爭相下載【楓】，一同加入線上遊戲世界。

AsF4：這要怎麼玩，有好多小高麗。

AsM6 轉頭看：那太強了。我去那邊帶你，你不要亂動。

AsM7 大叫：誰能賣我蛇皮！

AsF1：買那個幹嘛，還不去打錢。

AsF8：機車。它怎麼不死！

AsM12 看了一下 AsF8 的螢幕，然後起身：我來幫你打。

一會兒，AsM6 跑到 AsF1 旁邊：教我怎麼交易，我想買武器。

AsM7 也跑來找 AsF1：你來帶我，快點啦！快點啦！

整個教室熱鬧無比，除了遊戲本身的音效（打怪聲、掉錢聲）外，就是學童的歡呼、尖叫、求救及建議聲。透過 AsF1 的協助，學童將【楓】融入同儕網絡中，並創造出玩的氣氛。【楓】打開了一個新世界讓現實生活的社交網絡也能搬進其中，不但刺激小朋友玩，也鼓勵其集體行動和想像。不同於呂秋華（2005）的研究發現，學童在學校玩線上遊戲時，除了關切遊戲的要求外，也會注意周遭他人的反應。

為了參與玩的文化（play culture），學童努力學習新技巧。他們成立遊戲社群，藉由「學徒制」獲得遊戲技巧——亦即由有經驗者帶著新手邊看邊學，使其從外行人轉變成為內行人，整個學習過程不同於網頁教學。如此的遊戲社群類似於 E. Wenger 所說的「實踐社群」（community of practice）。Wenger（1998）以為，學習乃是參與社群的過程，也就是個人從一位邊緣的參與者，透過實踐慢慢成為社群的重要一員。在此過程，個人不僅獲得某種技能，更重要是取得「成員身份」（membership）和認同。學童加入【楓】，呼應了前述的說法，主要是為了成為遊戲社群的一員，與他人分享共同的喜好與價值。

（三）從事線上互動和加入虛擬社群

隨著學童遊戲技巧的增加，有時他們也會各自行動或和陌生人一起組隊，從在地的遊戲社群（a local play community），進入更大的虛擬社群。我們可以從下例中看見端倪。

> AsM7 提前做完練習，便逕自上網玩【楓】。
> AsR2 看見 AsM7 和「奇賤之人」組隊，感到好奇：他是誰？名字好難聽。
> AsM7：不認識。
> AsR2：為什麼你要和他一起走？
> AsM7：他找我，就一起打了。
> AsR2：你會想知道他是誰嗎？
> AsM7：不會，管他是誰！
> AsM7 不但和「奇賤之人」一起打怪，也會主動送他一些弓箭。但突然間，他不動了。AsM7：幹嘛！不吃就算了。（把寶物撿起來，解除組隊）。

和陌生玩家互動，是所有學童都有的經驗，他們通常只是和對方打聲招呼（「ㄏㄏ」）或扮個笑臉，對話內容也多和遊戲有關，不會涉及個人話題，他們並不在乎對方的身分。與線上互動相較，學童更在意教室內其他人的反應，樂於和其他學童分享自己現在的境遇，例如「我撿到寶石了！」、「我升等了！」、「X！我又掛了！」，同時交錯在線下／線上、真實／虛擬、教室／校外、人機／人際的多層活動中。

彙整此部分的分析，我們發現學童利用打電玩來創造生活樂趣，並形成玩的文化。在眾多遊戲中，他們察覺【楓】比其他網路遊戲更能刺激玩和互動，因此將其帶入同儕網絡中。透過在地的遊戲社群，學童逐漸獲得遊戲技巧，並進入更大的虛擬社群裡。不過，學童玩【楓】主要是為了鞏固線下的友誼，而非建立線上的人際關係。此外，遊戲社群中的專家是小六的女童，即使是年長、知識豐富的研究員遇到遊戲問題也必須向其請益。在某種程度上，有助於學童打破年齡、性別及階級的刻板印象。

二、符號的生產性

（一）即興的自我演出與獨特的玩法

學童在玩【楓】時，雖然會受到在地遊戲社群、遊戲文本的影響，但仍保有符號空間，能進行即興的自我演出。以 AsF4 為例，當她要為角色裝扮時，才驚覺 AsF1 為她申請的帳號和角色是女性。

> AsF4：我不要女生啦！
> AsR1（走過來看其角色）：還不錯，不然你幫她選短髮好了。
> AsM7（跑過來看）：這很可愛ㄚ。
> AsF4：好醜，怎麼辦？
> AsF1：只能重辦。
> AsF4：好啊。（AsF4 馬上重辦，但試了好久都未成功，只好使用此角色）

AsF4 發覺【楓】的角色設定相當制式，只有男、女選項，而且選定就不能更改。討厭被女性化的她，只好採用「與男性為伍」的方式來反制。

與 AsF4 不同，AsM12 自創名為「珍珠男生」的男性角色，他覺得「這樣才可愛！」。起初，AsM12 不想升等，看到怪不反擊，所以很快就被咬死。他表示「死而復活」很有趣，「可以比別人多活好幾次！」。直到 AsM12 升到第九等級時，將暱稱改為「殺鳥」並說：「現在的心情是想把怪都殺掉！」。

學童在遊戲中隨機應變，有時只是換武器或換裝；有時則是改暱稱或戰術，在不同時機，採用不同方式去操控角色。此顯示，學童試圖藉由操控角色來表達自我與樹立玩的風格。例如：AsF8 為自己建立一個「烏來打手」的女角色，但她最大的樂趣不是打怪，而是收集帳號。當 AsR2 問她：「為什麼要申請那麼多帳號？」時，她回答：「可以把帳號送給別人打」。因為 AsF8 的興趣不在遊戲本身，而是在遊戲工業所想管控的帳號和密碼上，其玩法已超出遊戲的設計，並違反官方網站的規定。[16]

（二）建構社會經驗與意義

對學童來說，【楓】之所以吸引人，除了遊戲卡通化之外，就是它能提供各種行動和互動的機會，包括打怪、買賣、交易、變裝、聊天及到各處探險。學童能利用【楓】去經驗成人世界，嘗試一些大人所不允許的行為，諸如賺錢、獨自冒險或和陌生人搭訕。

> AsM6 在第一次玩【楓】時，因買了藥水而不夠錢搭車。
>
> AsM6 對著 AsR1：給我錢。我只剩下 64 元，可是我要搭計程車。
>
> AsR1：好，我看一下我有多少錢。
>
> AsM6：你有 1237 元，那你給我 237 元。
>
> AsR1：好……
>
> AsF1：老師，你快撿地上的寶物。

---

[16] 【楓之谷】官方網站一再廣播，希望玩家不要把帳號和密碼告訴別人。

AsR1：等一下，我在交易。

AsF1：你在幹嘛？快不見了，快來撿。

AsR1：等我，快好了。

AsF1 跑過來看 AsR1 的螢幕：厚，AsM6 你跟老師要錢喔，還老師。

AsM6：我只向她要了 237 元。

AsF1 大喊：你不會自己去賺啊。要錢就去打錢啊！

學童透過遊戲社群瞭解【楓】的遊戲規則——若將怪打死則會掉出錢或寶物，學童因此視「打怪」為勞力付出而非暴力行為，並認為「只要努力打怪，就能賺錢！」。在遊戲社群裡，AsF1 一再要求成員各憑本事賺錢，因此「楓幣」並未被當成「假錢」，而是一種認真打怪的回報，而此回報也能讓玩家在遊戲世界裡獲取所需。AsM6 說：「有了錢，不想走路可以坐計程車；快死了，可以喝藥水；打怪時，可以換武器……總之，只要有錢，什麼問題都能解決」。學童不但學到「金錢萬能」，也熱衷於交易和買賣。

AsM10 在玩【楓】時，除了打怪，就是交易。

AsM10 打開對話框，問一位路過者「弓手林」：你要買弓嗎？

弓手林：ㄐ？

AsR1：他回那是什麼？

AsM10：就是問幾個？

弓手林：建議你。33 賣。

AsM10：ㄣ。

AsR1：什麼是 33 賣？

AsM10：就是賣他 33 支。

AsR1：你怎麼看得懂他寫什麼？

AsM10：就是這樣。賣東西都是這樣。

AsM9 湊過來：我也要賣。

身為現實生活中的經濟依賴者，學童無法隨心所欲地選購或丟棄物品。而【楓】讓小朋友提前經驗資本主義的運作，亦即以勞力（或物）賺取金錢↔花錢。有些學童會將賺來的楓幣用來買服飾或配備，但也有人會將辛苦得來的楓幣存起來。儘管楓幣是虛擬的，但學童在玩的過程中卻把它現實化，藉此滿足其「缺錢」的欲望。此外，由於學童不喜歡打字，透過遊戲社群，他們亦獲得線上對話的要領——注音加火星文。此種投其所好的對話方式，讓他們能在短時間內既玩樂又傳播。

除了偶爾和線上玩家以文字對話外，有七位學童在研究員的鼓勵下，以【楓】為題，在網頁裡插入一張自己平時打怪或組隊的圖片，並寫下幾句參與遊戲的感想，製作了一頁「我最喜歡的遊戲」。譬如 AsM7 在網頁裡寫道：「【楓】是線上遊戲，是 AsF1 教我的。圖片是我和 AsM6、AsF1；我在遊戲裡面當劍士。這個遊戲的秘訣是打等級高的，賺錢比較多。因大家都在玩這個遊戲，我才玩的，玩遊戲比較可以讓我多認識電腦」。顯然，【楓】不僅是遊戲文本，也是文化資源，能讓學童從中獲取文化創作的素材與靈感。

綜合上述，我們發現【楓】是遊戲工業的產物，隱藏著宰制的意識型態（如：二元性別或金錢觀等），但意義並非由遊戲文本所決定，而是個別學童在遊戲社群（不論是在地或虛擬社群）裡，持續和文本、自身經歷及其他玩家協商的結果。一方面，學童在個人層次，意識到遊戲的限制，在有限的選擇下進行即興表演——亦即，藉由操控角色來表達自我，或是利用角色的樣貌、或是以行動（如：AsF4 拒絕和女性組隊）來彰顯自己。另方面，在集體層次，學童的即興演出會影響到其他玩家，為了符合遊戲社群的期望，他們不斷和同儕協商意義，並調整其玩法，譬如學童把「打怪」當成賺錢營生的方式。對他們來說，打怪所出現的「砍」、「殺」、「死」並不具有暴力的意涵，而是線上的勞動形式而已，藉此換取遊戲所給予的報酬。由於 AsF1 的主張，學童也慢慢接受「自食其力」的看法。

三、多元的消費方式與性別建構

（一）男女有別的玩法

由於原住民學童彼此間多沾親帶故，教室內並未形成男／女二分或同性一國的局面，學童也較不避諱顯露有別於生理性別的特質，例如：AsF4、AsF11 較男性化；AsM9、AsM12 則較女性化。

即使班級氣氛未顯現性別極化的狀況，但就整體而言，男、女童仍各自發展不同的玩法。男童偏好當劍士或弓箭手，較留意武器的差異，而且喜歡進行交易換取各種武器。女童則偏向成為法師，較少更換武器而多蒐集寶石、服飾等。她們投注在打量其他角色的模樣與裝扮的時間，較男童為多。

> AsF1 和 AsF4 比鄰而坐。
>
> AsF4：哇！你看，為什麼她有這種頭髮？（指著螢幕上一個女角色）
>
> AsR1：好看嗎？
>
> AsF4：藍色頭髮好好看。AsF1，我可以換嗎？
>
> AsF1：有錢就可以染啊。
>
> AsR1：為什麼你覺得藍色頭髮好看？
>
> AsF4：很帥ㄚ！

電腦營的最後幾天，女、男童一起組隊的情況已不多。AsF1 說：「因為他們都慢吞吞，有點麻煩，而且他們現在很喜歡交易，很慢都要等，所以我就懶得管他們」。她覺得 AsF4 和 AsF11 玩得很好，「因為她們很認真打怪，所以很快就能升等。其實武器一種就好，幹嘛沒事換來換去」。AsF1 表示，女生只要常練功，也能變成厲害的玩家。但她亦發現，在【楓】比較高等級的地方幾乎都是男性角色，「男生好像比女生花更多時間在打怪」。這種情形也發生在教室裡，當研究員要求學童練習網頁製作時，只有女童（尤其是 AsF1、AsF4、AsF11）會用心製作和修改，而男童則多草草了事，忙著上網玩遊戲。

V. Walkerdine（1999）指出，男、女孩對電玩的態度其實和社會期望有關——社會常要求女孩乖巧、循規蹈矩，而男孩則允許其愛玩、調皮、甚至打破規範。由於女童較配合教室的規範和教師的要求——做作業或練習，因此她們花在遊戲的時間，相對來說也比較少。

（二）跨性別的玩法

男、女童在玩【楓】時，即便受到社會化的影響，展現出性別化的玩法，不過若仔細觀察性／別之間和之內，仍可察覺其中蘊含的跨越和衝突。AsF4 和 AsF11 並不在意 AsM7 稱其為「不溫柔的女生」，AsF4 甚至表示「比較想當男生」，她多利用遊戲角色的選擇，實現其現實中難以達成的「變性」欲望。在玩【楓】時，當 AsF4 發現 AsF1 為其挑選女角色後，十分懊惱地說：「穿著裙子怎麼打怪？」AsF11 則為自己選了男角色，並取名為「小傑小王子」，她表示男、女角色在能力上並沒有什麼差別，只是「男生看起來比較酷！」。

至於處於「非霸權」位置的 AsM9 和 AsM12，前者自創一個「念念」的女角色，他想試試扮女生的感覺；後者雖然平常玩網路遊戲都選女角色，但在【楓】裡卻選擇當可愛的「珍珠男生」，他認為遊戲裡男、女角色的長相相似，所以就不需反串了。

M. Filiciak（2003: 90）指出，線上遊戲提供角色（或化身）讓玩家閃避線下的身體和社會控制，重新選擇性別、外貌及專業。身處邊緣性別位置的學童，在遊戲中改變其身體的再現（女的變得更強，男則更美），也藉機扮演性別，利用【楓】重新定位自己。

除了遊戲的角色選擇外，學童也會藉由玩不同類型的遊戲來協商並建構其性別特質（尤其是女童）。譬如：AsF8 和 AsF14 到了活動最後一週，已經不太想玩【楓】，打開玩一下便又關掉，AsF8 說：「玩膩了！」，她和 AsF14 改玩網路遊戲。

女童接觸的遊戲類型很多，包括化妝遊戲、線上遊戲【楓】、以及被視為「男性化」的槍戰遊戲，她們同時體驗刻板、衝突、甚至激進的女性特質。這些遊戲不僅讓女童表達／發洩情緒（如愛美或攻擊），亦提供一個安全場地，讓她們能和宰制的性別規範、同儕的性別文化、及遊戲的性別特質一同協商和重構。

過去的研究以為，社會並不獎勵女孩玩電玩，所以女孩在公共場合多扮演新手（novices）或觀看者（watchers）的角色（Bryce & Rutter, 2003b: 8; Chu, 2004: 14-15; Schott & Horrell, 2000）。的確，「遊戲權」（gaming rights）被嵌進既存的社會動態與性別階層中，但因本研究的電腦營並未被男性霸權所支配，因此女童和其他處於邊緣位置的學童能有較多的自由選擇電玩，甚至成為遊戲社群的專家。

綜上所述，我們發現學童消費線上遊戲的方式受到其社會處境影響。受到性別社會化的影響，男童對武器和交易較感興趣；女童則著重在角色樣貌和寶物蒐集。即使如此，有些學童仍會採用跨性別的玩法去經驗不同性／別，並發展出多元的男／女性特質，尤其當他們處在邊緣性別位置（如：AsF4、AsM9、AsF11、AsM12）。此外，我們也發現「遊戲專家」的位置，較易被擁有豐富數位資源者所佔據。例如：AsF1 先前有姊姊的指導，加上家裡有網路，所以能持續維持「專家」的地位；而新手 AsF14 因家裡無電腦不能練功，使其對【楓】很快便失去興趣。

四、線上經驗的政治意義

我們提供一個彼此尊重的學習情境，讓 A 校學童可以自由地玩樂，不用在意他人的眼光，譬如：AsM9 選擇以女性角色玩【楓】。不過學童認為，現實生活中的性別角色，不可能像玩遊戲這樣能隨喜好選擇，甚至變男變女隨心轉換。AsM6 以為，「這樣玩，只是為了讓自己爽！」。顯然，學童玩線上遊戲並非機械地反應，而是伴隨著日常生活的經驗，因此產生許多越界或脫序的行為。但他們並未將線上經驗連結到現實生活，反而解釋「這只是遊戲！」。

遊戲畢竟與現實不同，因此學童無須為線上任何越界行為（如：挑釁規範或違反遊戲規則）負責；相對地，遊戲世界的線上經驗也較難帶回現實生活。如同 Žižek 所說的「歪曲伊迪帕斯」，在線上每件事情都有可能，學童可以變性、奪寶或打怪，但線上伊迪帕斯不是真的伊迪帕斯，學童回到現實生活，面對其壓抑仍是一籌莫展。如此一來，線上遊戲反而像日常壓抑的出口，學童透過遊戲，將平日感受到的各種壓迫（如：合宜的性別舉止、禮貌的言談、標準的發音等）一股腦地宣洩出來，而不必再對壓抑繼續傷神或傷心。

由此來看，學童的「併出」行為也就變成遊戲下的產物，因一時的無聊或好玩所致。儘管這些「併出」行為可能伴隨著豐富的政治意義，甚至是一種反抗霸權的演練，然而，在學童對遊戲與現實有別的認知下，反而認為遊戲提供了一種幻象，讓他們獲得喘息的空間，得以暫時逃離現實的殘酷。正因為如此，在某種程度下，線上遊戲反而讓學童甘於現狀，轉移或降低其對壓抑的感受與反思能力。

陸、線上遊戲賦權的可能性——E 校的發現

在 A 校的研究中，我們發現線上遊戲不只是文本也是場域，其開放、互動的科技特性不但允許學童從事團體玩樂、文化意義的創造，也能讓學童進行個人認同的解構／重構，具有積極的解放意涵。不過學童多以「遊戲」為由，而疏忽其「併出」行為，反而著重在遊戲的感官誘惑上，因此如何讓學童與線上遊戲保持批判的距離，並擴大遊戲賦權，也就成了我們在 E 校實驗的重點。

一、受壓迫者的電玩設計

為了提高學童的學習樂趣，我們採用了 Prensky 的建議，以線上遊戲作為電腦營的學習主軸，並挪用「遊戲社群」的概念，讓學童以小組的方式，一面組隊玩遊戲，一面學習 PhotoImpact 的修圖技巧。

在活動進行前，我們先針對【楓】進行文本分析，並設計了五個識讀單元，分別是：

（一）性別篇：讓學童以【楓】角色的性別刻畫和設定，思考兩性在生理（如：體型、身材）、心理（如：人格特質、興趣）及社會（如：職業）等層面的差異，並對照現實社會的運作和親身經驗。

（二）階級篇：讓學童以【楓】角色的階級刻畫和安排，思考不同階級在外顯（如：穿著或地位）和隱藏（如：能力）特徵的差異，並反思自己的階級經驗。

（三）種族篇：此單元分成兩部分：1.就【楓】角色的種族刻畫和安排，讓學童討論不同種族在生理（如：五官、膚色）、心理（如：個性、智力）及社會（如：職業）等層面的差異，並對照現實社會的運作；2.讓學童在遊戲裡，訪問玩家對膚色的看法，並反思自己的種族經驗。

（四）社會篇：由於【楓】讓玩家之間可以互相往來，因此本研究增設社會篇，讓學童練習如何求助、和他人合作（如：組隊、加入公會），以及分享人際衝突的經驗（如：被盜、被騙或口語暴力）和解決方式。

（五）金錢與消費篇：此單元包含兩部分：1.讓學童探討【楓】遊戲世界裡的金錢運作；2.檢視【楓】的行銷手法，讓學童思考免費線上遊戲背後究竟透過哪些手段，讓消費者花更多的錢和精力在遊戲上。

配合線上遊戲的學習特性，每一單元都要求學童組隊進行「楓任務」，譬如在性別篇裡，學生必須在遊戲裡，尋找有哪些角色（NPC）[17]請求幫助？哪些則負責保護別人？此外，學生還必須「動動腦」——思考懇求／保護的特性和性別之間究竟有無關連，這些關連是真實存在，還是性別刻板所造成。

除了「楓任務」和「動動腦」外，學童也需進行遊戲文本的改寫。改寫分成兩種形式，一是以 Photo Impact 軟體進行遊戲人物或

[17] NPC 是指非玩家角色（Non-Player Character），亦即線上遊戲中非玩家操控的角色。

圖片的重製。二是在遊戲裡，直接採用另類的玩法（如：訪談其他玩家的換膚心得或被盜經驗）。

我們希望藉由這些活動讓學童對【楓】產生批判的距離，進而從事批判識讀，內容包括線上遊戲如何再現世界？對玩家可能造成何種限制與影響？有無其他再現方式？遊戲背後的規則和現實世界有何關係？玩家能否挑戰遊戲規則？又應該如何修改遊戲文本？

Frasca 在《受壓迫者的電玩》中（2001a: 55, 77）指出，電玩不只是再現的媒體，它也能成為提高意識（consciousness raising）的工具——亦即玩家以電玩來質疑、討論及瞭解個人／社會現實的議題。受到巴西劇作家 Boal 的影響，Frasca 也贊同「受壓迫者的劇場」觀點，認為傳統的劇場太過封閉，只提供完美的演出，試圖以此麻痺大眾的思考，因而主張拆卸劇場的第四道牆（the fourth wall），讓演員、觀眾能互相對話和批判（Frasca, 2001b）。透過 B. Brecht 所謂的「A 效果」或「疏離效果」（A-effects or alienation effects），打斷演員在台上的演出，提醒參與者他們正在經驗一種再現，迫使其思考眼前所見，並質疑什麼可能發生在台上，而這樣的演出和其生活有何關聯，或能產生何種改變（Frasca, 2001a: 57）？

「受壓迫者的劇場」打破以往行動者和觀看者的區分，試圖以「觀看—行動者」（spect-actor）的形式，讓所有的參與者都能加入整個戲劇的演出。Frasca 認為，此觀點也能應用在電玩上，雖然遊戲是文化工業的產物，但其給予玩家一些空間去形塑角色和建立規則，所以玩家可以利用電玩去探索和模擬其問題。儘管 Frasca 的觀點主要應用在模擬遊戲（如：Sims）上，但我們以為【楓】的遊戲設計，在某種程度上亦是模擬現實世界的運作，因此也能用來協助弱勢學童反思其壓抑處境——亦即學童因性／別偏好、體型、族群背景、階級地位等所引起的社會排斥。

二、線上遊戲和遊戲／學習社群

參與 E 校活動的學童主要來自中低收入戶或原住民家庭，因此和 A 校一樣，大多數的學童（有 7 位）不曾玩過【楓】。活動一開始，先由研究員協助學童上網申請帳號、密碼及建置角色。男童有自己的化身後，會主動要求其他男生教他們玩，而女童則是自己摸索，由於對遊戲介面不甚瞭解，她們很快就關掉【楓】，改玩其他網路遊戲（如：辦公室偷情或化妝遊戲）。

這種情形一直沒有改變。直到活動的第三天，我們改以遊戲社群的方式，將學生分成四組；女童再分組後，由小組長的帶領，才完全進入遊戲世界，開始打怪冒險。每一組都是由有經驗的玩家來擔任組長，帶領隊友一起冒險，譬如小六的 EF3 為自己申請一個新帳號、新角色，帶領 EF7 和 EF8 一起行動。

EF3 坐在 EF7 和 EF8 之間：你們趕快過來。看上面這個圖，我在這裡。

（用手指著 EF7 電腦螢幕左上角的地圖）

EF7：哇，好多藍寶。

EF3：你要注意 HP，快補血！

EF7：啊……死了。

EF3：沒關係，按復活，確定。（看一下 EF7 的螢幕）對，再從那裡走。

EF3 對著 EF8：我們先在這裡等她。

EF3 很有耐心地教導兩位小四的組員打怪和練功，如果遇到太多怪，她會立即向線上的其他朋友求救，形成多重的人際網絡和互動。其他團隊也是如此，同時遊走在現實生活／網路空間、教室／

遊戲世界、隊友／其他朋友、熟識者／陌生人之間。這種情形和 A 校的發現不謀而合。

新手在有經驗者的帶領下，邊看邊學，很快便學會遊戲技巧，包括按圖索驥、向人求助、交易、買賣及對話等功能。不過由於新手的等級太低，還無法組隊或加入公會，只能結伴同行。在結業當日，除了 EF6、EF7、EF8 外，其他新手都成功地將角色轉職。

遊戲社群不僅帶領學童玩遊戲，也協助其學習電腦技巧。由於高年級的學生已學過 PhotoImpact 軟體，電腦繪圖對他們而言比較容易，研究員只要示範一次或提醒步驟，他們便能輕鬆改寫作品。然而四年級的學童，尤其是女生，在學習繪圖軟體時，常感到不知所措，但在隊友的協助下，還是盡力完成作品。整體來說，女童比較會聽從研究員的囑咐，將重心放在識讀活動和繪圖作業上；不像男童一心想玩而草率了事。

此結果與 A 校相似，由此來看，就算以遊戲作為學習的主軸，男童還是有可能因為想玩而無心學習遊戲以外的技巧。儘管線上遊戲能提高學童的學習興趣，但電腦技術還是比遊戲技巧來得複雜、難懂（Sefton-Green & Buckingham, 1996），恐怕也不是 Prensky 所謂的遊戲形式就能解決，反而是如何讓男童打破原有的性別刻板印象（如：不喜歡課業、不聽話等），以更正向、更負責的方式學習更為重要。

三、遊戲賦權和批判意識

學童原以為【楓】只是遊戲，和現實之間沒有任何關係，但經過識讀活動後，他們發現遊戲世界和現實生活之間有異曲同工之妙，都是以性別和階級分工、以年輕人為主導的金權社會。學童開始提出一些質疑，包括女角色為何不能穿盔甲裝？新手為何不能組隊？角色的皮膚為何都偏白且體型瘦長？角色為何做任何事情都要花錢？

在識讀單元的協助下，學童開始以「觀看—行動者」的形式玩遊戲，他們一面玩，一面留意遊戲內容和其他玩家的線上表現，不但開始批判遊戲內容，也會將線上經驗連結到現實生活。譬如在進行階級識讀單元時，學童發現階級高低會影響玩家的遊戲表現。等級高的玩家擁有較多、較高的絕技，也能使用較好的武器和裝備去攻擊高等的怪；相反地，等級低的玩家，因為缺乏好的武器、裝備，很容易就被怪咬死。他們覺得學校生活也是如此。EM10 指出，學校也有明顯的階級差異，功課好與功課差之別。經常被嘲笑功課差的 EM10 說：「我很羨慕那些能參加安親班的同學，因為他們沒有功課的問題」。來自資源班的 EM11 也有相同的困擾，他常被同學取笑為「智障兒」，因此他希望自己的功課能變好一些。

透過線上遊戲的分享與討論，學童開始注意到自己的壓抑問題，或是因行為舉止而被嘲笑為「娘娘腔」或「男人婆」；或是因缺乏資源，在校跟不上進度而被譏笑為「笨蛋」或「智障兒」；或是因膚色、種族緣故而被取笑為「黑人牙膏」或「巧克力」等。但我們發現，學童在經過遊戲識讀後，還是無法超越幻象。

從 Žižek 的觀點來看，超越幻象除了闡釋徵兆——亦即掌握遊戲要素背後的規則外，還需深入檢視幻象如何支撐遊戲規則（林宇玲，2007d）。儘管學童察覺線上／線下的現實建構有相似之處，充滿各種歧視、不平等，但他們還是不願意放棄現實的運作方式。譬如在進行性別識讀時，學童雖然意識到兩性在本質上並無差異——男生有勇敢者也有溫柔者；女生有文靜者也有好動者，但強調兩性在穿著打扮上，還是應有所區別。如同 EM5 所說，「男生也能當護士，但絕對不能穿裙子，因為那樣實在太恐怖了」。對於缺乏規則的不安，導致他們還是覺得歧視的規則（或充滿矛盾的規則）甚於未知的規則。由此來看，遊戲雖然提供學童選擇的空間，但對他們來說「這只是一種幻象」用來安撫其情緒，以忘卻或掩蓋現實的不合理。

然而，在闡釋徵兆方面，E 校學童似乎很快就能掌握訣竅。大多數的學童在進行【楓之谷】角色改寫時，都能挑出遊戲原有的刻板處，並加以去除。譬如：EF3 在改寫女角色時，讓她穿上了盔甲裝（原是男性裝備）；EM5 則把男化身改成長頭髮，並以文字說明「雖然我是男生，但是我很溫柔喔。我可是新手，別欺負我喔」。另外，EF1 在重塑族群形象時，在紙上畫了一個身著西服的男生，並註解「雖然漢人很奸詐，但我不會喔」；EM10 則是畫了一個身穿阿美族服飾的女孩，旁邊寫著「並不是所有原住民都很會唱歌和跳舞」。對許多學童來說，尋找遊戲的刻板內容，似乎也成為玩遊戲的「另類」樂趣。

柒、結論與討論

從兩校的活動中，我們發現弱勢學童大多只聽過或看過別人玩【楓】，但不知道如何玩此遊戲。他們在有經驗者的帶領下，不僅習得遊戲的知識與技巧，也因此成為遊戲社群的一員。在自由活動時，學童不再跑出教室到運動場玩耍，反而待在教室裡連線到【楓】。線上的遊戲世界取代運動場，變成新的「數位運動場」（digital playground）。學童不僅相約在此打怪；離線後，話題也是圍繞在【楓】，除了互相比較、分享彼此的心得與成果外，他們也把【楓】當成文化資源，挪用在文化創作上，無論是網頁製作或圖片改寫皆如此。

其次，學童的線上遊戲實踐不僅受到外在流行文化的影響，亦受制於同儕團體。後者提供一個支持網絡，讓學童願意投入時間、精力、甚至金錢在電玩上，以藉此融入團體中，獲得同儕的肯定與歸屬感。學童玩線上遊戲，顯然不同於 Fiske（1989a, 1989b）的電動研究——「玩家玩到渾然忘我」；反而是他們經常和別人一起玩（不論是線下或線上），不斷地建／重構自我。換言之，玩線上遊戲其實不是在忘我，而是在產製更豐富的我，在線上／線下、虛擬／真實世界中相互交錯，學童藉此經驗生產多元、多面的自我。

第三，線上遊戲的意義並非由遊戲文本所決定，也不是存在玩家的腦海中，而是學童在特定脈絡裡，不斷和文本、自身經歷及社會關係角力的結果。譬如在 A 校的時候，遊戲專家（如：AsF1）試圖說服其他新手接受玩家應採取「自立更生」的玩法——自己打怪賺錢；但在 E 校，則是由研究員要求其他學童採取「觀看—行動者」的方式——一面玩，一面觀察、反思自己和其他玩家在線上的表現。

第四，所有學童都先後加入【楓】的行列，但他們並非以相同的方式玩線上遊戲。學童的性別位置會影響其線上遊戲的表現。受到性別社會化的影響，男童比女童更易融入線上遊戲與社群中，對遊戲產生較持久且專注的熱情。而處於邊緣性別位置的學童（如：AsF4、EF4），在玩線上遊戲時，較易採用跨性別的玩法，以藉此扮演並重構其性別。

除此之外，我們亦發現弱勢學童大多來自偏遠地區或中下階級，由於缺乏資源，他們較少發展出智識（如：研讀秘笈）或成就導向（如：升等或完成任務）的玩法，[18]而多採用反應式的玩法（看到怪就打），只是享受玩的樂趣。不過也因為無法練功或無突破，有

[18] 陳啟健（2007）在調查都會社區裡中產階級男童玩線上遊戲【楓】時，發現他們會購買點數、研讀秘笈，發展出成就導向的玩法。

些學童玩了數天後，便失去興趣，又開始玩網路小遊戲。顯然，學童的處境會左右其遊戲實踐，而其遊戲實踐在某程度上也反過來凸顯並強化其劣勢。

過去文化研究較少處理電玩的消費（或使用）層面，因而未察覺多元的消費方式其實也反映出結構的限制；亦即玩家因社會或經濟的劣勢，而主動或被迫採取另類的玩法。因此，我們不能只強調學童有能力挪用流行文本，從事「併出」，亦應正視結構對其所造成的限制與壓抑，才不會過度浪漫化學童的能動性。

第五，學童有能力感受到現實的壓迫和不平，也會挪用線上遊戲來進行反抗或越界。不過，學童在線上的越界經驗，多只停留在遊戲世界，而未延伸到現實生活中，這是因為學童相信遊戲有別於現實。但經過識讀訓練後，學童不但察覺遊戲規則和現實運作之間的關聯，也能進一步解構遊戲背後的意識型態運作。譬如 EF4 指出：「以前玩遊戲只是玩，不會想太多，現在會一面玩，一面注意遊戲的內容，也會告訴朋友要小心遊戲的設計」。這顯示，學童是文化的行動者，不僅能利用線上遊戲獲得個人愉悅或發展兒童文化，也能藉此反思其處境、培養批判意識。

最後，從兩校的經驗來看，我們發現線上遊戲不會自動為學童帶來解放或遊戲賦權。線上遊戲若想成為「受壓迫者的電玩」，學童必須和它保持批判距離，在有意識的情況下參與線上活動，並利用遊戲來探究個人或社群的壓迫問題。此外，學童單利用線上遊戲來獲得賦權也是不夠的，因為他們最後仍須面對現實的壓迫，遊戲賦權必須和生活的其他面向結合，才能有效地提高學童的批判意識。

第九章　網頁製作：識讀與認同

前面幾章，我們已介紹學童在校自由時間或課餘私下所進行的網路活動；本章將探討學童在電腦課上學習「電腦識讀（computer literacy）」的情形。電腦識讀是一套與電腦相關的讀、寫技巧，包含文書處理、資料搜尋、網頁製作等。其中，網頁製作又被視為線上出版，不但需要眾多電腦技巧，本身也具有積極的賦權作用——能讓缺乏社會權勢的學童在線上暢所欲言。

但由於學校教育主張，電腦識讀是一套中性的電腦技巧，因此課程偏重在技術層面。本章將以 A 校學童學習網頁製作的過程，[1]說明缺乏族群、性別敏感度的電腦課程，能否幫助學童達成科技賦權的目的，以及網頁製作如何影響學童的識讀、認同及空間實踐。

壹、前言

學校對偏遠地區的學童來說，是獲取電腦資源與知識的重要場所（林宇玲，2004b；傅麗玉、張志立，2002）。而網頁製作的學習，不同於網路搜尋或檔案下載等技術，學童不再是被動、匿名地使用網路資源，而是主動、公開地參與網路世界，在線上出版自己的作品（Chandler & Roberts-Young, 1998）。尤其是個人網頁（personal homepages），它是一種自我出版的媒體（a self-publishing medium），

---

[1] 本章個案分析的初稿曾發表於《女學學誌》，第 19 期。

提供一個固定的空間，讓學童有意識、有選擇性地在線上定位（position）與再現自我（Dorer, 2002）。

個人網頁對被邊緣化的社群來說，不啻是爭取發聲（voice）的新契機，尤其對缺乏傳播權，且長期遭受大眾媒體污名化的原住民而言，網頁製作更具有賦權的作用。一旦原住民學童習得此項技術，不僅能用來表達自我，亦能藉此振興族群文化。一面生產原住民的正面形象；一面對抗並轉換有關族群與性別的霸權建構（Kapitzke et al., 2001; Isele-Barnes, 2002; Nakamura, 2004）。

然而，有些研究卻發現，少數族群的年輕世代並未利用網路來探索文化和社會認同，反而以隱匿他者身份的方式來融入網路社會（Kolko, 2000; Nakaumra, 2002; Sterne, 2000）。由此來看，網頁製作雖能提供弱勢族群數位現身（digital presence）的機會，卻無法自動改變現狀，除非弱勢族群自覺其劣勢，並願意利用網路來發言。

過去研究以為，學生在校所學的知識是抽象的，與教室脈絡無關。但受到「處境學習理論」（situated learning theory）的影響，[2]學者們開始意識到學習不僅受制於脈絡的權力運作，同時也涉及意義的協商與認同的形塑（Fox, 2000: 857）。「處境學習」說明電腦識讀和網路實踐的關聯，並非是老師教導和學生表現的「傳送→接收」關係而已，而是牽涉複雜的權力競逐與認同建構的過程。其中，性別在電腦教室的運作更是明顯，直接透過同儕關係限制學童的電腦使用與表現（Holloway & Valentine, 2000: 771-2, 2001: 35）。

由於國內這方面的研究比較缺乏，本章將先介紹國外相關的研究，然後以 A 校五年級學童的網頁製作為例，一面解釋以技術為導

---

[2] J. Lave 和 E. Wenger 在 1991 年提出「處境學習理論」，強調學習乃是在社會脈絡裡進行。個別成員藉由學習活動習得相關的技巧，並成為實踐社群的一員。在此學習過程中，個人除了獲得知識外，還涉及意義分享和認同形成的過程。

向的電腦識讀如何影響學童的網路實踐；一面則說明學童如何利用個人網頁去形塑其性別與族群認同。

貳、網路與族群再現

網路與傳統媒體最大差別是在其允許使用者「動手做」（do-it-yourself; Knobel & Lankshear, 2001）。對被邊緣化的少數族群來說，網路不但提供工具，也開闢一個文化場域，讓其抒發己見和重塑形象。然而，族群研究者卻發現，少數族群並未善用網路的文化表述機會，反而利用它來獲取更多流行資訊（Doherty, 2002; Iseke-Barnes, 2002; Nakaumra, 2002）。而且，線上出現的族群形象也駁斥了早先的「網路無種族歧視（nonracist）」之說。不論是在商業、博物館或觀光網站中，原住民多被再現為「帶著異國風味的他者」（cxotic other），彰顯其能歌善舞的一面（Doherty, 2002）。

L. Nakaumra（2002）指出，在網路空間上種族刻板化的情形，比線下有過之而無不及。她自創「cybertype」一字，用來說明網路以虛擬方式刻板化種族／族群形象。傳統的種族刻板（stereotype）是採用機械複製的方式，形象必須對應於身體；然而，網路刻板（cybertype）則進入虛擬世界，所有網路形象（cyberimages）都是純像素資訊（pixellated information），打破形象和身體（或國界）間的關聯。少數族群因此能以不同方式觀看自己，藉由科技中介，他們創造出後形象（afterimage），也就是在螢幕上所出現的影像。它是後人類（posthuman）且是投射出來（projectionay）的形象，和現實之間沒有必然的關係存在，故能在線上自由流動，當然也較少承受壓抑。

Nakaumra（2002）認為，後形象凸顯了認同的幻想性，並強化後身體（postbody）的意識型態——亦即，身體透過科技的中介除去身上的他者性。此舉雖然能讓少數族群免於承受身體的烙印，同時卻也穩定化白人的認同，因為無種族（raceless）通常會被視為白人。此外，網路的連線特性也創造出四海一家的假象，個人不用親身接觸，就能體驗另一種異國文化。在全球化的網絡裡，種族的在地脈絡被刪除，反而變成遠方的數位他者。儘管網路刻板的問題日益嚴重，但 Nakaumra 仍強調，網路作為一個開放的論述和修辭空間，還是能幫助少數族群重新建構其種族／族群認同。

顯然，族群學者已放棄早期「網路是無種族、無性別的烏托邦（raceless and genderless Utopia）」之說，開始重視網路的族群再現問題，並關注網路對文化認同發展的影響。C. McConagh 與 H. Synder（2000）認為，以網頁為主的文化生產，屬於位置政治，能讓原住民在全球化的網絡裡，佔有一席之地，以虛擬頁面進行形象重塑和意義抗爭。C. Kapitzke 等人（2001）也指出，原住民具有強烈的視覺空間感，若能利用網頁從事文化創作，不但能發揚其傳統，也能避免被孤立，和全球串連在一起。

族群學者強調，線上的族群形象未必會完全被商業機制和壓抑的文化敘事所符碼化，少數族群也能利用網頁為主的識讀實踐，重新建構「原住民性」（aboriginality），練習發聲和選擇（Doherty, 2002; Hawisher & Selfe, 2000; McConaghy & Synder, 2000; Zurawski, 1996）。儘管如此，仍有學者擔憂，少數族群的年輕世代是否意識到在線上重建族群認同的迫切性（Bartlett, 2000; Doherty, 2002）。

L. Bartlett（2000）曾調查大學生個人網頁的再現方式，發現大多數的網頁再現「性別化的主體」——男性主動、女性依賴的形象，卻鮮少揭露族群身份，似乎有「去種族化」之嫌。因此她建議，少數族群應在個人網頁上，維持一個穩定且形體化的種族現身（racial presence），以對抗線上抹去種族認同的危機。

然而，在線上維持一個族群形象，也不是「DIY—動手做」問題就能迎刃而解。M. Warschauer（2000）發現，電腦的介面以英語為主，當學生想以方言來呈現其認同或傳承其文化時，往往困難重重。而 D. Doherty（2002）也注意到網路充斥大量的流行資訊，容易讓製作網頁的學子分心，轉而追求主流文化。是以，Bartlett（2000）強調學生在製作網頁的同時，應學習批判識讀，[3]瞭解其文化責任並反思其再現的修辭策略，才能有效利用線上自我挑戰宰制的文化模式。

參、網頁製作與性別再現

與族群形象相比，性別形象在個人網頁上似乎更易被凸顯，相對也成為研究的焦點。

一、個人網頁與自我呈現

在國內外，有關個人網頁的研究，多偏重在調查個人在網路空間的「自我呈現」（self-presentation），亦即採用 E. Goffman 的「印象整飭」（impression management）概念，探討個人如何利用個人網頁在線上呈現自我，以及影響其他網友對其印象與觀感的過程（Chandler, 1998; Dominick, 1999；呂淑怡，2003；陳詩蘋，2001）。

---

[3] 關於批判識讀的觀點，請看第十章。

Goffman（1969）認為，自我乃是個人在人際互動中，為了讓他人留下好印象，而不斷表現與創造出來的認同。隨著科技的進步，全球資訊網（WWW）也被用來生產自我印象（impression of self）。當個人在線上建構自我時，不僅不需考慮太多現實因素（如：長相、穿著等），隨其意願揭露願意讓世人看到的部分，也採用「拼貼」（bricolage）術去展演個人認同。

所謂「拼貼」乃是挪用各種線上的素材，包括從其他網頁複製圖片、聲音、文字或程式檔，以及和其他網站建立超連結（Chandler, 1998; Chandler & Roberts-Young, 1998）。在某程度上，「拼貼」術打破公共／個人、他者／自我領域之間的界限，使網頁製作具有後現代的風格。

儘管如此，有些研究卻指出，個人網頁不同於其他匿名性的網路傳播（如：聊天室、線上遊戲），它試圖形塑一個單一、整合且形體化的自我，而非一個片段、流動、去除形體化（disembodied）的認同（Furuta & Marshall, 1995; Wynn & Kate, 1997）。這是因為網頁製作受到市場機制的影響，個人網頁被定位成「自我宣傳」（self-advertisement），[4]導致個人傾向以傳統的自我呈現方式，亦即提供線下的基本資料、自傳、照片或志趣等內容，描述自我並表現其獨特性。

H. Miller 與 R. Mather（1998）強調，由於個人網頁在認同的建構上比較穩定，[5]因此它能用來檢視性別差異是否會影響線上的性別形塑。他們以傳統的「表達性風格」（expressive style）和「工具性

---

[4] 個人網頁的製作型態，其實深受資本主義商業機制的影響。由於我們的社會愈來愈重視形象，推銷自我遂成為個人的當務之急（Paasonen, 2002）。

[5] 相較於其他的網路服務（如：聊天室），個人比較少在個人網頁裡玩弄其性別。

風格」（instrumental style）來分析個人網頁。前者偏重在感覺、人和關係方面；後者則以能力、成就、組織、成品或非人為主。結果發現女性比男性更易連結至其他人的網站，也較重視網友的感受。此外，在個人形象的呈現方面，[6]男性比較不在意別人的評價，所以會在網頁上擺放真實照片與開玩笑的形象，不過女性則傾向採用象徵性形象（Miller & Arnold, 2003; Miller & Mather, 1998）。

其他研究也證實，兩性傾向以性別差異來建構網路自我（web's self）。[7]男性在個人網頁中，多將自己形塑成主動、冒險者，且網頁主要連結至新聞、商業、金融等線上社群。反之，女性則多以家庭、朋友或男友的關係來描述自己（Barlett, 2000; Shade, 2004），或偏重在揭露自我，以及有關家庭、配偶的訊息（Dominick, 1999）。S. Paasonen（2002: 29）亦指出，女性網頁其實很少解構性別，她們不僅關心家庭、人際關係等議題，也採用暖色系、斜體字，以及笑臉等符號來呈現其女性特質。

歸納上述，我們發現「自我呈現」的研究，雖然能說明個人採用何種方式建構線上的自我與性別認同，但無法解釋個人為何要如此做。Paasonen（2002）以為，若要瞭解後者，就必須從「自我再現」（self-representation）著手，探討性別規範與慣例如何限制個人在線上「做性別」。

---

[6] 個人網頁的自我形象被分成四類：真實形象、開玩笑形象（扭曲或無法代表人類的形象，如：漫畫）、象徵形象（不是本人，但可以用來代表人類的形象），以及無形象。

[7] 國內這方面的研究比較少，只有兩篇是針對性別如何影響政治人物的個人網頁設計，研究發現女性多採用暖色系呈現出關懷、順從的特質（林宗立，2004），以及女性比男性更易採用迎合策略（陳詩蘋，2001）。

二、網頁製作與自我再現

個人網頁或部落格皆屬於線上出版，允許使用者建構其主體性。G. MacNaughton（2000: 97）指出，所謂「主體性」乃是「我們（在情感與智識上）知道有關自己在世上（ourselves-in-our-world）的方式，它描述我們是誰，以及我們如何有意識或無意識地瞭解我們自己。」當個人與各種文化進行磋商時，他／她會試圖瞭解什麼才是社會上可接受、適當的性別存在方式，並藉此（再）形塑自己對自我的感受（the sense of self）。在進行線上出版時，亦是如此。個人會利用線上文本從事社會性協商，並獲得自我、他者及世界的感受（Myers et al., 2000: 86）。

網路自我是一個被形體化的自我，是個人有意識地利用文字、圖像所展演出來的形象。當個人製作網頁時，他／她會優先考量觀眾的感受和觀看關係——什麼將被他人看到並被接受，如果這也是個人想被察覺的部分就會被展演出來（Mechant, 2006），然而，個人在性別再現的過程中，並非完全自由。Paasonen（2002）指出，個人網頁受到商業架構和一般格式（generic format）的影響，個人傾向再現一個固定、明確的自我，也就是以照片或年齡、性別等社會類目描繪出現實的自我。在此過程中，個人網頁反而變成一項「自我的客體化」（an objectification of the self），也就是個人將主體變成對象，根據各種社會類目來辨明自身，一面進行自我反省；一面客體化自我。表面上，個人雖然能利用各種數位符號再現自我，但實質上，個人在自我再現的過程中總是受制於權力運作（不論是性別規範、商業機制或軟體特性）。因此，當研究者檢視個人網頁時，必須脈絡化主體，才能瞭解其如何在權力運作底下做選擇並進行協商。

肆、識讀與網頁實踐

過去識讀研究以書寫為主，但隨著網路的出現，也開始關切學生的數位表現。

一、學校的電腦識讀

主流教育以為，「電腦識讀」是一套中性的電腦知識與技巧，適用於任何人與各種情境，因此課程內容偏重在技術與操作層面（Kerka, 2000; Lee, 2003; Taku, 1999）。Alliance for Childhood（2004: 41）指出，在以科技為中心（technocentric）的電腦教學中，就算觸及道德議題，也是關心科技的使用面，像是隱私、盜版、資訊完整性，對內容的責任等問題，而未正視科技運作對社會正義的影響。

C. Clark 與 P. Gorski（2001）也發現，學校和老師為了配合國家的教育政策，傾向採用複製式的教育（reproductionistic education），亦即採用一套標準化的教材和評量方式去教電腦，導致學童只會依賴電腦和其預設的內容，而無法以批判的方式使用電腦。在電腦課上，教師多沿用傳統的「傳送」（transmission）模式——由教師傳授一套技巧，要求學生反覆練習，致使電腦課變得單調、無趣；學生也不知道這些知識和其生活有何關聯（Buckingham, 2007; Bulfin & North, 2007; Shields & Behrman, 2000）。Clark 與 Gorski（2001: 41）因而憂心，政府原寄望透過電腦課程來弭平數位落差，但制式的電腦教育卻可能強化或擴大既有的差距。

受到新識讀研究（New Literacy Study）的影響，學者們逐漸意識到電腦識讀的處境性（situatedness），不再主張它是一套中性的技巧與能力，反而強調電腦識讀是一種意識型態實踐（ideological practice）（Alliance for Childhood, 2004; Taku, 1999; Williams, 2003）。他們察覺，目前政府所推動的電腦識讀標準，其實是有許多高科技企業積極參與其中的結果。這些企業界藉由提供低價的軟、硬體，以及協助教材和測驗的研發，進一步干預政府的資訊教育政策，並藉此掌握更大的商機（Alliance for Childhood, 2004）。

由於電腦識讀已被社會制度和權力關係所模式化，因此它傾向生產主流的價值，並限制其他意義的出現（Lankshear & Knoble, 1998）。例如：以商業為導向的網頁製作軟體將「個人網頁」設定為「自我宣傳」，用來描述和誇耀個人的現狀，而非反思其處境。

由此來看，學校的電腦識讀其實隱藏著宰制階級的觀點，所以它未必能用來改善弱勢族群的數位問題，除非教師能明察電腦識讀的限制，並鼓勵學生發展批判性的識讀實踐。以網頁製作為例，當教師在教導網頁製作技巧（web authoring skills）時，也應幫助學生獲取有關這些技巧的批判觀點，亦即幫助他們瞭解社會、經濟、政治及文化勢力如何影響電腦識讀與網頁製作，並轉換（transform）它們，才能讓網路真正為其所用（Doherty, 2002; Dyson, 2002; Selfe, 1999）。

二、識讀與教室脈絡

識讀是一種社會活動，不論是創作或傳播，總是在特定脈絡內進行，涉及符號使用與文化意義的產製。當電腦識讀在教室進行時，學生並非只遵照教師的指示去完成作品，而是周旋在校方／非校方、正式／非正式學習之間，同時和師生、同儕互動，利用識讀去建構其認同。J. Marsh（2005）指出，學童的認同會影響其採用、對抗或重新脈絡化課程的任務。譬如：女童配合教師的要求完成作業，以展演其乖巧的女孩形象。

由於學校的電腦識讀以傳統教學為主，和學生平日所進行的網路活動完全不同，[8]導致學生在校會私下進行一些不被允許的活動，並對其擁有非法知識（underground knowledge）感到自豪（Bulfin & North, 2007）。B. Gross（2005）亦發現，學童的書寫居然出現新科技的「分割螢幕」（spilt screens）特性，亦即故事以多線性（multilinear）的敘述方式發展。受到新科技的影響，學童的識讀表現已跨越校內／外、學校知識／流行資訊的界線，改採用多線性、多樣態的類型。

教室儼然成為第三地（the third place），讓學童同時面對學校規範和平時的生活經驗，並在教師的規定底下，不斷和各種論述／勢力協商。在此過程中，學童早已形成的認同會左右其識讀學習與實踐，而其識讀實踐也會反過來重塑其認同（Dyson, 2008; Marsh, 2005）。

三、識讀與網頁實踐

隨著網路出現，識讀研究也開始關切學童的線上表現，尤其是個人網頁，學童如何利用它來建構其認同（Myers et al., 2001）。

網路不只是工具也是空間，當個人在線上出版個人網頁時，也是在線上打造一個地方（making-place），一個屬於自己的地方（Leander & Johnson, 2002）。此地方具有三項特色，如下：

---

[8] 學校以為電腦識讀是一套基本、「有用」的電腦技巧，所以排除娛樂性的電玩或上網聊天。但這裡所謂的「有用」，其實是考量資訊經濟的需要，而未必適合學生的處境需要。

(一) 一個據點（locality）：雖然虛擬空間是去除形體化的場域，但它還是提供一個數位空間（網址）讓個人在此展演自我。為了在線上建構自我，個人同時穿梭在線上／線下、不同媒體和文本之間，尋求合適的素材，並和其他網頁串連。

(二) 符號—物質性的樣態（symbolic-material modalities）：個人利用各種符號（文字、聲光、圖像等）表現自我。在展演自我的過程中，個人的符號使用仍受到文化慣例、社會規則、敘事型態及美學風格等的影響與限制（Paasonen, 2002）。

(三) 社會活動：個人在此地介紹自我。為了讓網友留下深刻印象，個人不斷地和文化理想型協商與比較，試圖以既有的社會類目來呈現與定義自我。不過，個人網頁不同於實際互動，當個人在網頁上再現自我時，未必要與真實身份相符，它允許個人除了標示認同外，還能進一步探索與擴張認同，而這正是網頁被視為科技賦權的關鍵所在。

儘管網頁提供新的方式去建構自我，允許個人自由地說出「我是誰！」，但個人似乎傾向以性別化的方式再現網路自我。不論是主題的選擇，抑或圖像、語言的使用，個人網頁似乎有性別化的趨勢：男性傾向採用工具性風格；女性則是表達性風格（Miller & Arnold, 2003; Miller & Mather, 1998）。

事實上，性別是自我認同的一部分，也是影響個人所處位置的重要來源。當學童透過網頁再現自我時，其性別身份會交錯著其他勢力（如：族群、階級等）共同影響學童的自我建構和識讀表現，而學童的網頁作品也可能再次強化或挑戰其所屬的差異關係。

由此來看，個人在線上的自我定位與再現，不是事先就被決定，而是個人在電腦教室裡與各方勢力、各種論述角力之後的結果。換言之，個人網頁的製作牽涉脈絡、識讀、認同、網路實踐等面向，而且四者互相建構彼此。

綜合前述，我們發現國外有關電腦識讀與網頁製作的研究，已從「學習技能」逐漸轉向「認同建構」。網頁製作不再只是一項電腦技能，個人網頁也非只是個人作品，而是涉及形象再現與認同重塑。對族群或性別研究者而言，網頁製作既是宰制的新形式，也是反抗的新手段，因此學生在校如何學習與應用網頁製作，也就變成異常重要。

伍、國內研究現況

國內有關網頁製作的研究主要是在教育領域，著重在教學網頁的製作或以 Blog 作為互動式的學習平台，亦即將網頁或 Blog 視為教學新資源用來輔助教學，以提高學童的學習成效（李青育，2005；李煙長，2000；楊家興，2001；蔡元隆等人，2008）。

只有少數幾篇觸及學童學習網頁製作的情形。蔡禹亮、吳慧敏（2003）曾調查國小高年級學童在電腦課上學習網頁製作的歷程，發現擁有興趣或樂於助人的學童在網頁製作上，比那些在家常上網者有更好的表現。他們以為，在家常上網的學童大多利用電腦來玩遊戲，對鍵盤的位置比較熟悉，但未必對網頁製作感興趣。

李宗薇等人（2007）則針對教育部「縮減城鄉數位落差——大專青年志工計畫」，以桃園縣某偏遠國小為個案，檢視其資訊計畫的成效。他們發現參加電腦課程（包括文書處理和網頁製作）的學童學習意願很高，但因欠缺語文能力（包括國字注音、英文拼音），中英文輸入緩慢，相對也影響到學習。

董麗芬、黃宗偉（2005）則試圖以網路專題計畫（web-based project）的方式，讓金門地區的學童能走出校園，深入社區關心在地文化。他們發現，學童透過網路專題研究，從規劃、分工、資料蒐集到網頁製作，發展出多元智能，並提高其資訊素養，不但能使用新科技（如：數位相機、錄音機等），也能運用各種軟體。

國內研究雖然也開始關注偏遠地區學童的網路學習與應用，但研究重點仍放在電腦技能對其資訊素養的影響——亦即，藉由網頁技術提高學童的學習成效與電腦技能，以縮短數位落差，而未注意網頁製作和認同建構之間的關係。

為此，本章將以 A 校五年甲班為例，檢視學童在電腦教室學習個人網頁的過程，以瞭解電腦識讀、脈絡、認同及網頁實踐之間的複雜關係，亦即在電腦教室（社會脈絡）的電腦識讀課程如何影響學童的網路實踐，而學童又是如何利用個人網頁去形塑其性別與族群認同，問題包括：

一、電腦教室作為一個權力脈絡，如何生產性別規範，並影響學童的網頁製作？學童又如何透過網路活動，持續和性別規範協商？

二、教師以何方式教授網頁製作？如此的電腦識讀強調了什麼樣的觀點與價值？它究竟是鼓勵，還是抑止學童再現其線上自我？

三、學童利用何種修辭策略（如：主題、顏色、圖像、超連結等）去建構線上自我，以及性別和族群認同？

四、學童的社會處境如何影響其網頁製作？

我們之所以選擇 A 校五年甲班作為個案，[9]主要是因為 MT1 是此班的導師，加上此班要代表學校參加 2003 年底的「鄉土研究網頁

[9] A 校的五、六年級原本都安排「網頁製作」並由 MT1 負責，但至下學期，

比賽」，因此他們的電腦課從 2003 年 8 月起迄 2004 年 6 月底，都是以網頁製作為主，有利於我們充分瞭解學童對網頁製作的態度與學習狀況。

陸、網頁實踐的個案研究

A 校在 92 學年度上學期，由於尚未添購任何網頁製作的軟體，所以 MT1 以 WORD 軟體來教導網頁的概念，課程偏重在中／英文輸入、文書處理及超連結的練習。至下學期，因學校購買了 Namo WebEditer 軟體，MT1 才正式教授與網頁製作有關的圖片處理與版頁編排。在這段期間，男／女童接觸不同的電腦軟體與技能，也展演出迥異的態度與作法。

一、電腦教室內的權力協商與性別化的網路實踐

對 A 校學童來說，電腦教室是上網的地方，也是性別分化（gender separation）的場所。男、女生的電腦使用不僅受制於教室內的性別運作，他們也利用網路活動來發展與維持「同性」的同儕文化。在前面第七章，我們已討論過此班學童玩電玩的情形，這裡就不再贅述。

對女童來說，男童玩遊戲的叫囂與觀戰行為，是非常粗暴且幼稚。偶爾男童也會在班上玩即時通，但多使用粗俗字眼（如：三字經），此時若有女生拒絕其帳號，他們就會在教室裡大聲怒斥對方。然而，不是每位男生都有能力表現出剛強的男性特質，特別是那些

因 FT3 學分數不足而接下六年級的電腦課並改上簡報系統，故我們未選擇六年甲班。

不擅長運動或個性溫馴的男童，他們所展現的男性特質，可能危及男性霸權的建立。因此，男性團體利用恐同情結，將這類男生貶抑為女性，並以女性術語（如：婆豬、娘娘）來稱呼他們，藉此確保男性在性別秩序中的宰制位置（Paechter, 1998: 93-95; Skelton, 2001: 96-99）。我們在這班也發現此種性別極化與恐同的現象。

被同學視為「娘娘」的 A_5M20 和 A_5M21，他們不常說粗話，也不擅長體育；平時會利用課餘時間，在電腦教室裡複習老師上課所教的技巧，因而受到男性同儕的排擠。[10]A_5M10 甚至在其個人網頁的【相片】裡，直接論及 A_5M21 的性向，「下面有一個同學，他是娘娘，他不喜歡跟女生玩，他喜歡男生，是淺藍色框的那個男生」。對此，A_5M21 無奈地說：「反正我不是，所以不用理他們」。

事實上，男性的權力不僅展現在課餘的網路活動上，也間接影響學童的網頁表現。儘管女童普遍覺得「個人網頁像自己的家」，但她們卻不願意在家中，談論自己的私生活。A_5F1 指著身旁的男生說：「他們會跑來刪掉我的東西。我也去鬧他們，因為他們先捉弄我」。A_5F7 則認為，「他們上來看過之後，不管你做的好不好，都會亂講話」。有相同隱憂的 A_5F22 亦表示，「我不會在網頁上寫太多東西，因為那是我的隱私，如果別人知道我的弱點，就會跑來攻擊我」。

女生一方面擔心網頁會遭到擅改；一方面又害怕自己的資料會淪為別人攻擊的把柄，因此她們傾向在網頁上，呈現自己最好的一面，或更正確地說，是最不會遭受揶揄的一面。就如同 A_5F13 所言：「網頁是讓別人參觀，把自己介紹出去，所以放一些自己喜歡，而

---

[10] 山上的男童不在乎成績，喜歡運動，而且不時有粗魯的舉止（如打人）與言詞。事實上，A_5M20 也有男性攻擊的一面。上學期老師在教電子郵件單元時，曾要求學童寄信。A_5M20 寄了 3 次信給研究員，信上寫著：「幹！去死吧你」。事後，研究員問他：「那是你寄的嗎？你也會講髒話啊？」他微笑不答。此顯示，網路似乎能讓平時遭受霸凌者（bullied）也利用它來練習攻訐。

且可以和大家分享的東西」。因此，女生認為不宜將私密放在公開的網頁上。

不同於女生，男生似乎沒有這方面的顧忌，譬如 A_5M20 表明，「我希望別人來看我的網頁，因為我做得很好」。而且他們比較敢將隱私暴露在網頁上。A_5M2 在首頁上公開，「我的外號：啪區手」。[11] 兩旁同學看了狂笑不已，他卻神情自若。A_5M4 則在【最愛】裡提及自己的夢中情人——小六學姐。

> XX 是我喜歡的人我是從 3 年級就喜歡她ㄌ我之所以會喜歡她是因為她ㄉ心裡是純真無邪ㄉ還有是因為她長ㄉ很漂亮雖然她今年要轉學ㄌ但是我還是喜歡她……我永遠都忘不了她……下禮拜就是她的畢業典禮等到那時後我可能會哭ㄉ很慘……[12]

A_5M14 也在【最愛的小秘秘】裡，向 A_5F9 吐露心聲。

> 她本人很可愛，而她是一個非常聰明……乖巧……成熟……懂事……的小孩，可是她生氣的樣ㄗ非常恐怖！要是她沒來學校上課……，我的心情也會跟著低落，可是一看見她，我的心情可以從 0 跳到 100 的心情……哈哈！

這點與國外的研究不謀而合，與女生相較，男生比較不在乎別人的評價，敢於說出自己的想法與感受。然而，並非每位男童都有相同的權力在網頁裡做真情告白。A_5M2 在網頁製作的期間，頻頻向 A_5F9 示好，經常藉故換到 A_5M8 的位置找她搭訕，A_5M14 後來

---

[11] 男童互相取笑時，會為對方取一些難聽（通常與性有關）的外號，啪區手就是其中之一，指男生有手淫的癖好。

[12] A_5M4 在其網頁裡，幾乎不用標點符號。

為此與 A_5M2 大打出手，落敗的他只好落寞地刪掉網頁上的「我愛 A_5F9 永不放棄」。這顯示，男性之間仍有表述權力的差異，藉由男子氣概（如：拳頭相向）的展現來證明「誰有權力追求異性」。

從上述可知，即使個人網頁提供介紹自我的空間，但並不表示每個人都有在此暢所欲言的同等權力。在強調競爭的電腦教室裡，愈是強悍的男生，愈有權力表達自己的感受，以及對異性的傾慕，而不用理會他人的眼光。反之，在乎別人評價的女性，就算已有男友或心儀的對象，也不敢在網頁上表明，害怕因此成為同儕譏笑的對象。誠如 J. J. Motelaro（1999）所言，教室是一個不平等的競技場，對那些因性別、性傾向或其他因素而處於劣勢的學童來說，教室是一個充滿敵意與威脅的場所，他們很難受到公平對待。

我們在網頁製作的過程中察覺，學童根據刻板的性別特質定義與區分兩性，將不符合「男孩」、「女孩」類屬者，冠上「婆娘」、「怪人」的稱號，排斥在同性團體之外。另一方面，我們亦發現，並非所有學童都有機會利用網頁來探索自我，有些人因為學校文化、教室氣氛，以及同儕壓力而自我設限，不敢碰觸某些議題或內容，即便是擁有陽剛特質的男孩，在此也必須不斷地與教室內各種勢力與論述協商，而非套用既有的性別模式與他人互動。

這同時也顯示，性別無法全然決定男／女童在教室的位置，而是糾纏著其他因素（包括外表、體能、性傾向、族群等）共同左右其識讀表現與性別扮演，並透過各種實踐（如：玩遊戲、製作網頁）展演出動態、多元性別特質。

二、電腦識讀與網頁製作

在規劃電腦課程時，MT1 主要參考台北市政府教育局的「資訊教育計畫」。他並未使用任何教科書，因為「山上的小孩不愛惜書，也不重視成績，所以電腦課以教授電腦技巧為主」。在課堂上，MT1先以主電腦解說與示範各種技巧，再讓學童實際操作一遍。

上學期的課程中，學童學習用 WORD 來製作網頁，包括文書處理與超連結。女童明顯對前者較投入，願意花較長時間練習中英文輸入；男童則對後者較感興趣，因為 MT1 教了一些簡單的指令（如：CTRL＋C＝複製；CTRL＋V＝貼上）與製作超連結。有些男童（如：A_5M5）學會後，還四處走動協助其他同學使用這些功能。

到了下學期，MT1 則偏重在圖片處理，並改以 Namo WebEditor 來編製網頁。小朋友上課很容易分心，他們不是玩螢幕的色盤就是私下聊天，只有靠近講桌的學生比較專心。MT1 表示：「這裡的小孩天生比較好動，專注力不是那麼好。以我的經驗來講，班上超過一半的同學沒有辦法聽你口頭敘述超過三分鐘，所以上課的時候就要特別的去注意這個問題」。有些學童會趁老師不注意時偷偷上網。例如：參加 20 個家族的 A_5F22 點選了朋友的網站，並在上面留言：「大家好，我是上課偷偷上來的……」。

每當 MT1 準備教一項新技巧時，學童會先問：「這個好玩嗎？」。如果內容太專業（如：修改照片），小朋友就顯得意興闌珊，男童開始轉動旋轉椅，女童則用鍵盤在聊天，發出吱吱嘎嘎的聲音。一旦輪到學童自己做時，「老師，我不會」的抱怨聲就會四起，教室亂成一團。如果內容很有趣（如：搜尋圖片），小朋友就會興奮不已，驚嘆、笑聲不斷，你一言、我一句講個不停，直到 MT1 生氣罵人，大家才安靜下來。

在 2 月初，MT1 開始教 PhotoImpact 軟體的各種繪圖功能，許多學童為了找尋一張令「己」滿意的照片，因此跟不上教學進度。儘管 MT1 一再要求將重點放在修圖技術上，但學童的態度卻依然如故，甚至到了隨堂測驗時，還是用心在選圖片。遲遲未交出測驗作

品的 A_5F7 表示，「我當然要選一張好看的圖，因為這樣改了才有趣」。顯然，學生以好玩、有趣作為學習的考量；教師則以有用、專業作為教導與評分的標準。

除此之外，中文能力亦會影響學童的電腦學習。MT1 在教繪圖軟體時，乃是逐項解說與示範選單上的功能，但小朋友自行練習時，拉下選單卻不曉得該選什麼功能。例如：A_5F1 在期中考複習時，看著選單問研究員：「仿製是什麼？」研究員提醒她：「就是老師上星期教的八爪魚功能，可以變出很多手腳來」。她才恍然大悟。

MT1 認為，A 校學童的電腦操作沒有問題，只要多練習幾遍就能上手，但其學習的最大障礙是在語文能力上。

> MT1：他們最大的隱憂還是在語言上，他們在操作的時候都是認位置、認圖形。今天如果我把圖形的位置變動，譬如說 Word2000 和 WordXP，對他們來講就是不太一樣。如果我今天又把系統換成 2003，他們可能會愣住，覺得不太一樣，或是根本不曉得它在哪裡。這個問題其實很嚴重，因為他們不是用文字學習，所以無法獲得電腦的抽象知識。舉例來講，如果電腦出現一些求救的訊息，那個對他們來說實在沒有什麼太大的意義，因為讀完以後，也不曉得是什麼意思，這個就是他們語言能力所造成的電腦學習障礙。

這點和國內其他研究有相似之處（李宗薇、李宜修、吳姿瑩，2007；陳芳哲，2005）。原住民的語文能力的確會影響其電腦學習，由於學童上課不夠專心，加上無法望文生義，因此看到選單上的「術語」時，經常一頭霧水不知該做什麼。表面上來看，這好像是原住民學童的學習問題，但若仔細推究，就會發覺現有的電腦軟體與識讀並非中性，而是以漢族、專業的觀點被轉譯（translate）。不僅軟體以精簡的術語隱喻複雜的功能，而且學童在課堂上，也被要求不斷更新技術與更換版本，而未考量其學習風格與利益，導致學童無法從電腦識讀中有效地改善其問題。

在網頁製作方面，當學童瞭解如何搜尋、貼上及修改圖片後，MT1 便開始教其使用 Namo 軟體。他要求小朋友從軟體範例中，選擇一個樣式來套用，並規定每人必須製作五個頁面，分別是【首頁】、【關於自己】、【最愛】、【相片】以及【相關連結】。由於 Namo 的範例已經格式化，因此小朋友只要按照上面的指令（如：【插入照片】），擺入適當的素材就能順利完成網頁。

起初，MT1 仍先帶領學童一起製作【首頁】與【關於自己】。在範例中，【首頁】有三大格，分別是插入圖片、歡迎詞，以及最新消息（NEW）。MT1 要求小朋友先放一張自己的照片在第一格，然後在第二格打上歡迎詞，最後一格則輸入有關自己的新聞。MT1 一再囑咐：「不可以寫一些跟自己無關的消息，因為這是你的網站」。在練習時，A_5M2 問老師：「我不會拼 Welcome？」MT1 回答：「你們不用照我說的打」。但大多數的人不清楚該寫什麼，所以還是按照老師的示範，或是模仿隔壁的同學。

其次，【關於自己】有兩大格，分別是基本資料與簡單自我介紹。老師在示範時要求學童，第一格以列點方式至少寫出五項自己的資料（如：姓名：～～～；性別：～～～；星座：～～～；血型：～～～）；第二格則寫有關自己的個性（如：我是～～～，是個內向害羞的男生……）。但學童並不瞭解「基本資料」與「簡單自我介紹」的差別。A_5F7 和 A_5F9 困惑地問：「第一格不就寫了自己，幹嘛還要再寫一遍？」老師並未回答，所以 A_5F7 直接將第一格複製到第二格，而 A_5F9 則在第二格上註明：「介紹自己ㄉ檔案全都在上面？？只要你，妳們大家看ㄌ上面ㄉ檔案就會了解我ㄉ！！！掰掰」。有些同學則用心揣摩老師所說的「個性」，譬如 A_5F17 和 A_5F18 問研究員：「個性是什麼？內向又是什麼？」有 5 位同學乾脆不寫第二格，或是像 A_5M19 打上「我的個性：(空白)」。

大部分學童對老師的規定、範例的格式其實並不瞭解，他們只是依樣畫葫蘆。譬如老師強調，「基本資料一定要打性別(他以 A_5M8 的網頁做示範，寫上「性別：雄壯且威武的 boy」)，但不要打電話、地址或身份證字號等，別人才不會亂用」。有經營家族的 A_5F22 是唯一懂得變通者，她將不能公開的資料改成：

> 體重：xx 公斤
>
> 星座：射手座
>
> 電話：xxxxxxxxx(要的人請當面跟我說〈我只給我認識的人〉)
>
> 住址：xxxxxxxxxxxxxxx(要的人請當面跟我說〈我只給我認識的人〉)

至於對製作網頁不感興趣的男童，則是一直嚷著：「好煩喔！不知道寫什麼？」他們的進度一直落後，甚至當 MT1 說：「下星期網頁資料就要上傳！」，他們還是邊做邊玩，A_5M19 不在乎地說：「這只是功課罷了」。

雖然 MT1 教了許多網頁製作的技巧，但小朋友仍然是一知半解。A_5M10 無奈地說：「網頁的步驟很多，老師又教得很快，都不知道在做什麼？」甚至，他們也不知道如何將這些技巧應用在日常生活中。例如：A_5F1 已學會用電子郵件傳圖，卻問：「我要怎樣才能把這個網址寄給我的朋友？」

P. C. Gorski（2002）曾指出，少數族群的學生多採用「技巧與訓練」(skill and drill）的學習取向，而較少從事批判與創造性的電腦活動。我們亦發現，原住民學童不僅缺乏抽象、整體的電腦概念，也很少主動試探不同的電腦功能，因此對老師所教的技巧，無法舉一反三。不過，原住民學童之所以不願花心思去發展解決策略，並非因其能力不足，而是資源有限所致。

由於大多數學童家中並無網路設備，因此電腦課是他們唯一能上網的時間。為了把握上網玩樂的機會，學童多半倉促敷衍老師指定的作業，甚至不介意別人代勞。由此可見，學童的電腦學習與表現，其實受到資源的限制，再加上其興趣不在技術而是在網路的娛樂功能上，導致電腦識讀的成效更是大打折扣。MT1 也明白，「這些原住民的小孩不能用平地小朋友的方式來教，但又怕不以這套方式來教，他們以後出去怎麼辦？」然而，缺乏學習動力的原住民學童傾向「學過就忘」，因此若採用目前的方式，反而易強化山上與平地小孩的差距。

綜合這部分的分析來看，我們發現老師傳授的電腦識讀偏重在技術層次，因而容易以制式的方式來要求學童，同時也易忽略他們的困境與限制。其次，受到商業軟體的影響，老師直接接受「自我介紹」的網頁概念，因而未鼓勵學童利用網頁去開發與探索自我。學童受到老師教法與範例的限制，不僅大多數學童的網頁如出一轍，而且在某種程度上，學童也以為「網頁就是關於自己的介紹」；就像名片一樣，個人只能據實呈現自我。

三、網頁的修辭策略與學童的認同建構

儘管學童只能在現有的範例中做選擇與變化，但透過文本分析，我們還是可以從版面呈現與文字使用，看出兩性之間的細微差異。首先，在版面佈置與超連結方面，男生傾向採用深色系（如：黑或深藍色）的背景，[13]並選用男性化的物件（如：劍、槍、飛機、

---

[13] 五年級的 A_5M8 是喜憨兒，他經常曠課。MT1 在下學期示範 Namo 軟體時，

攝影機等)，而且網頁主要連結至遊戲網站，其中 A_5M3、A_5M12 和 A_5M19 的【相關連結】陳列的全是遊戲網址。

女生對顏色的應用上，若單就文本分析來看，比較無法看出性別的影響，因為選擇淺色系與深色系的女生各佔一半。[14]其實，女生在製作網頁時，原本有很多人採用暖色系當背景。如同 A_5F22 所說,「班上有很多女生都用淺色和藍色，我不想和大家一樣才改用黑色」。其他女生看到她變換顏色也跟著模仿。雖然女生挑選顏色時，比較不受性別的規範；但在物件選擇上，卻有明顯的女性化趨勢，主要是小花、小熊、結婚玩偶、星星等，[15]而且網頁多連結至天馬音樂網、明星照片網及家族。

Bartlett（2000）指出，學生能藉由連結的選擇（the choice of links)，表達其使用網路的方式和所隸屬的社群。在學童的製作過程中，我們發現不論男、女童，都喜歡超連結的功能。A_5M19 強調,「可以很快連結到玩遊戲的地方」。有些女生則覺得,「這個功能還不夠好，它不能將『即時通』變成超連結」。在某程度上，學童的超連結應用反映出性別化的網路使用，亦即男生展現其對電玩的認同與使用；女生則顯露其在情感與溝通方面的興趣。

除此之外,男生多會忘記刪除網頁範例的指令(如:【輸入標題】等)，[16]而女生則會認真撰寫內容或下標題，譬如：A_5F15 在【News】欄裡寫上【我的新鮮事】，並將首頁重新命名為【我的小小悅音屋】。[17]

主要以 A_5M8 的網頁為例，因此在進行文本分析時，本研究剔除此網頁。我們發現，有 7 位男生使用深色系當背景，其餘 4 位則選擇淺色系（2 位淺綠色、1 位白色和 1 位粉紅色）當背景。

14 五年級有 6 位女生使用淺色系當背景，另外 5 位則選用深色系。

15 有兩位女生選用男性化的物件，分別是 A_5F1 的籃球和 A_5F17 的攝影機。

16 男生忘記刪除指令有 6 位，女生只有 3 位。

17 五年級有 7 位女生將「首頁」二字刪除，填上新名稱，但只有 2 位男生(A_5M5、A_5M14）如此做。

在文字修辭方面，男生比女生容易出現錯字，而且多以直述或主導式的肯定句為主，句中的標點符號也比較少。例如，A_5M3：「歡迎來看我的網站也歡迎來看明星的希忘大家能來看ㄛ」。或A_5M10：「我的網業很好看ㄛ，裡面有很多內容喔！希望你的網頁可以像我的網頁一樣好看」。A_5M12 甚至在首頁中，揭露其他同學的糗事。

> 請來看
>
> ◇小俊的事。
>
> A_5M14 有一天他ㄉ公文沾到大便他吃下去了。著是真的優。

相對地，女生較重視網友的感受，為了試圖拉近彼此的距離，多以第二人稱（你／妳）來稱呼網友。在首頁裡，她們除了向網友打招呼外，也傾向使用感性（如：表情式符號^_^）、請求或抱歉的語句。[18]例如，A_5F6：「很高興認識你[妳]，我的英文名字叫 jenny」〈我的真名叫 A_5F16，希望你們看到這張照片會很開心，還有如果我有錯的地方，請見良ㄛ〉。或 A_5F13：「〈歡迎……歡迎……〉歡迎你參觀我ㄉ網頁？？？如果有不好ㄉ地方請多多包含！！！」無獨有偶地，A_5F15 也在首頁裡開了 A_5M14 的玩笑：

> 【我的新鮮事】
>
> 有一天我的同學 A_5M14，他上課遲到，他就用最快的述度趕來上課，他來時我剛好看到他，突然有一隻小鳥經過，那隻小鳥就順便上個大號，1……2……3……晡，結果我同學的頭上出現了一坨屎，讓大家哈！哈！哈！的笑。

---

[18] 五年甲班有 7 位女生在首頁裡，要求網友包容其網頁的瑕疵。

與 A_5M12 相較，A_5F15 的措辭顯得文雅許多。從學童的文字使用來看，線上的語言表現明顯受到性別的左右。此與 S. C. Herring（2000）的發現相似——亦即，男性傾向使用報告式談話或批評言語（如：攻擊或褻瀆）；女性則多採用協商式談話或文雅用語（如：道歉或讓步）。

不過，A_5M5 和 A_5M24 的網頁則是例外，他們不僅網頁選用淺色系（白色和粉紅色）與女性化的物件（熱帶魚和小花），而且網頁也多出現道歉語。例如，A_5M5：「歡－迎－你－們－大－家－如果不好看敬請原諒！」或 A_5M24：「我們第一次做要都都對不起 謝謝大家進來這裡想說個安安看一下唷一定很好玩請來看看唷^^」。

但若將文本放入製作的脈絡中，則會發現兩者的網頁之所以有女性化傾向，乃是受到身旁女生的影響。A_5M5 原在首頁裡打上「XXX 去死，也祝你的爸爸媽媽都去死！」後來研究員提醒他，「網頁之後會上傳」他才刪除。對網頁興趣缺缺的 A_5M5，只好模仿 A_5F6 的作品。他和 A_5F6 不僅是堂兄妹也比鄰而坐，因此兩人的網頁幾乎一模一樣。至於坐在最後一排最後一個的 A_5M24，上課老是心不在焉，討厭做網頁的他懶得花心思去構想，當他看到身旁女生採用粉紅色系當背景時，「感覺很不錯」便跟著採用，其他部分幾乎也是參酌女生的網頁。

由此來看，在學童進行網頁設計的過程中，除了老師的教法會限制其網頁表現，同儕（或親屬）之間的互動也會產生影響。例如：A_5F15 的【我的小小悅音屋】和 A_5F16 的【我的小小音樂屋】都以音樂作為設計的主軸；又如 A_5M19 和 A_5M20 的首頁皆附上相同的「介紹歌」。

即使學童網頁彼此的相似度很高，A_5F22 卻在座談中指出：「女生做出來都差不多，只有 A_5F1 跟其他人不一樣」。其他女生也附議：

「一看就不一樣」。我們進一步比較 A_5F1 和 A_5F22 的網頁，發現兩人都挑選黑色當背景，唯一不同的是 A_5F1 採用「籃球」當物件，並在首頁裡，主動邀請網友和她一起打球。

> 【我自己的新聞】
> 我最喜歡打籃球也最喜歡打躲避球那你也會打嗎？
> 如果會打籃球跟我打ㄛ
> 好不好如果會打就真的真的跟我打一場

儘管 A_5F1 使用請求式的語言，但在班上女生的眼中，她的網頁和其平日作為（如：玩格鬥類電玩）沒有兩樣，總是帶著男性作風。反觀女生口中的佳作——A_5F22 的網頁，內容以介紹歌詞和朋友為主，而且標題用了「旋律」、「樂譜」、「音符」、「戀戀」等字眼，並大量採用表情式符號。兩相對照，A_5F22 的確比較符合性別規範對女性的要求。

除了性別之外，在文本分析中，我們發覺僅有 2 人在個人網頁裡，提及族群背景，分別是 A_5F22 和 A_5F7。前者在基本資料裡，加入「族別：泰雅族」；後者則是在【我的晚間新聞】裡，回憶其參加母語比賽的經過。

> 我小學三年及的時後，我參加母語比賽，我跟三到六年及的學生一起比賽，我榮獲第三名，當時我很緊張，因為，我快比賽的前幾天，我都在玩，快比賽的前一天我才看我的，當時我看母語稿子的時候，我就說怎麼那麼多，因為很多的自都是要翻成母語所以我感覺很多，現在我慢慢看習慣，現在也會看了，可是我還是會緊張，當時校長幫給我的時候，我很開心，我在心裡說我會說了。

其他同學之所以未觸及族群身份，主要是因為老師在示範時，沒有列入此項目。此顯示，族群學者的「線上去種族化」擔憂確實存在。學童不會自動提及自身的他者性，導致個人網頁少了族群認同；反而是從網頁的語文表現，可以看到「族群」對學童的影響。由於原住民的拼音能力較弱，因此他們的網頁出現許多錯字，有些很明顯是發音所致，如「頒」寫成「幫」、「光」寫成「觀」、「多」寫成「都」等。[19]

討厭做網頁的 A_5M3 表示，「個人網頁不但有很多步驟，還要打很多字。」曾經輟學的他在製作網頁時，因為認識的字有限，經常按錯鍵（例如：當老師說「按【選項】」時，他按到【圖像】），再加上拼音的困擾（A_5M3 幾乎每個字都要請教他人），讓他在製作網頁時倍感艱辛。由此來看，原住民的中文能力不僅影響其網頁學習與製作，也侷限其網頁的表現（例如：錯字連篇、缺少標點或文句不順等）。

最後值得注意的是，有 12 位同學在【最愛】與【相片】裡，貼上偶像海報和電視連續劇劇照，並以文字表達愛慕之意。譬如 A_5M2 在黃義達的照片旁標明，「這個人我覺得他唱歌很好聽！！！我覺得他每件一服都很酷！！！他也很帥ㄛ！」又如 A_5F13 在 MVP 情人劇照旁寫道，「你（妳）們覺ㄉ MVP 情人很好看ㄇ！！！如果很好看！！！不要錯過！！！」A_5M5 甚至將【關於自己】改成【侯鳥 e 人的檔案】。老師曾在課堂上，詢問 A_5M5 為何要取此名稱，全班哄堂大笑並回答：「這是連續劇的名字」。顯然，學童的網頁製作已跨越校內／校外、學校知識／流行文化的界線，並以拼貼術穿梭在多文本、多媒體之間。

---

[19] 原住民學童在發音時，經常將ㄢ／ㄤ、ㄍ／ㄎ、ㄛ／ㄡ搞混。

正如 D. Chandler（1998）所言，「拼貼」是製作個人網頁不可或缺的技術。學童藉由網路搜尋，找到其喜愛或想要的素材，拼貼在自己的網頁中。喜歡做網頁的 A_5F16 表示，「我喜歡上網找圖、音樂，然後放在自己的網頁上讓大家欣賞」。不過，從學童的網頁表現來看，他們的拼貼似乎僅止於複製／貼上而已，而未涉及素材的重整。

S. Kerka（2000: 32）指出，為了不讓網路使用者流於例行性地生產與消費訊息，資訊識讀（information literacy）應包含「工具識讀」（tool literacies）與「再現識讀」（representational literacies）。前者是教導學生如何操作軟、硬體；後者則是讓學生有能力批判與生產訊息，並能轉換或與不同素材進行意義協商。然而，A 校的電腦識讀似乎只著重在前者，而未正視「再現識讀」，導致學童的拼貼術，只是反映其日常的文化消費。

整合上述，我們發現個人網頁，乃是學童與不同勢力協商出來的產物。學童所採用的修辭策略並非完全受制於性別規範，而教學法、軟體格式、同儕互動、族群背景、以及商業文化都會影響其網頁製作與自我建構，造成網頁文本出現多元、變異的性別形象。

四、學童處境與網頁製作

儘管全班都同意「不論男、女生皆適合做網頁」，但在網頁製作過程中，除了 A_5M20 和 A_5M21 外，其他男童對網頁創作不感興趣並顯露出不耐煩的態度。例如，A_5M14 抱怨：「要注意有很多小細節，實在很煩」。A_5M24 也說：「很囉唆，因為要打很多字」。有些男生甚至覺得「女生更適合做網頁」。例如，A_5M3 指出：「因為女生打的字比男生多，所以女生比較適合做網頁」。A_5M5 也說：「女生比較細心會記住做網頁的步驟」。

有 8 位女生亦同意男生的看法，認為女性比男性更適合從事網頁製作的工作。A_5F7 以為，「網頁裡面需要放很多東西，有很多步驟，只有細心的人才做得好」。A_5F18 則說：「女生比較喜歡打字，不像男生做到一半就不做了」。MT1 根據全班的表現，也表示性別差異的確會影響網頁製作，「女生比較喜歡佈置，所以願意花時間裝飾自己的網頁，而男生比較好動，因此做網頁時，就顯得沒耐性」。

然而，在上電腦繪圖課時，我們察覺女生也和男生一樣不停地抱怨：「套索功能很煩人，必須用滑鼠一點一點地控制」。由此來看，女生並非天生比男生細心、認真或不怕麻煩，這其實涉及複雜的社會化經驗與同儕壓力。女生從小被教導要順從、心細，並對語言、女紅感到興趣；因此當老師教網頁編製時，她們表現出不同於男生的學習態度。

如同 A_5F9 所說：「網頁就像自己的家，當然要好好布置，讓別人看了感覺很舒服，願意再來參觀」。A_5F16 也強調：「做網頁有很多步驟，每一頁、每個圖都要點選，因此要很小心，才不會漏掉。不過，我覺得做網頁很好玩，可以找很多圖來放，也可以讓我變得更細心」。個性懶散的 A_5F6，雖然覺得做網頁很繁瑣不適合她，但看到其他女生都很專注地找圖、下標題，她也只好跟著做。男生就不同了，在沒有老師期望、同儕壓力之下，大多草率了事。

除了性別與個性之外，家中有無電腦設備也會影響學童的網頁表現。A_5F16 認為，班上網頁做得最好的是 A_5F22，「因為她家裡有網路，而且她的哥哥都會教她，所以她的網頁做得比別人好」。其實 A_5F22 上課時，常偷偷上網做其他事，因其家裡有網路，又有經營家族的經驗，就算分心也能迎頭趕上，並能在網頁上做出變化，因而成為其他女生爭相模仿的對象。

事實上，不僅是 A_5F22，家中有電腦者在接受電腦識讀時，的確比那些沒有電腦的同學更易進入狀況，[20]而且他們上課的態度也比較隨便，經常帶頭講話。例如：坐在第二排後面的女生們（A_5F15 至 A_5F18）因不斷地交頭接耳，所以跟不上老師的進度，但 A_5F15 看一下旁邊同學的練習，就能立即上手並幫其他人完成老師的要求。

男生的狀況與女生相同，A_5M20 和 A_5M21 都熱衷於網頁製作，但後者因為家裡沒有電腦，經常會在製作網頁時遭遇困難。A_5M21 抱怨：「時間太短了，老師又教的太快，網頁根本無法好好做，尤其是網頁上傳時，有許多細節，因為沒弄好，所以一直重弄」。A_5M20 似乎沒有這方面的困擾，他不但能在家裡練習老師所教的技巧，還會上圖書館找相關的書籍來看。他聲稱：「做網頁其實很簡單，男生也可以做的很好」。

A_5M3 是男生當中電腦程度最差的一位。身為轉學生的他是第一次學習電腦識讀，而且家裡沒有電腦，因此不熟悉鍵盤與滑鼠的運作。在上電腦繪圖時，他因為不會滑鼠拖曳而跟不上進度。由於缺乏電腦操作技巧，A_5M3 不僅作業做不好，上課也經常發呆。當研究員問他：「你有在上課嗎？」他卻反問：「老師在講什麼？」。

綜上所述，我們發現，「中性」（或不談性別／族群）的電腦識讀技巧，其實無法幫助學童破除性別／族群的刻板印象。從表面上來看，網頁製作因涉及語言、編排，以及連結的能力，屬於女性擅長的項目，因此女性在課堂上的整體表現比男性好。但若深入探究，則會發現男、女童受到性別經驗與同儕壓力的影響，會偏好不同的電腦活動、學習主題以及使用策略——男童傾向對電玩、硬體、指令及繪圖感到興趣；女童則喜歡人際溝通、文書處理及網頁製作。

---

[20] 這點和蔡禹亮、吳慧敏（2003）的發現大異其趣，可能是因為學童所處的脈絡（不論是在地、學校或教室脈絡）不同所致。

此時，教師若以「男女有別」的觀點來看學童的網頁學習，不但無法正視男童在識讀上所面臨的問題（例如：男生不重視語文，其語言能力明顯落後女性)，也會不自覺地強化既有的性別看法。

其次，性別雖然會左右學童的網頁學習，但男／女生並非是一個同質性的類目。性別其實交錯著其他因素（如：個性或家庭經濟能力)，對學童的網頁表現造成不同程度的影響。其中，居劣勢的學童（如：A_5M3）因缺乏電腦操作的經驗，家中又無電腦，導致其在學習過程中不斷地遭受挫折，進而誤以為自己不適合學習電腦，而不願意花太多心力在電腦識讀上。是以，教師在傳授電腦識讀時，也應隨時注意學童的個人處境，並給予必要的協助與支持，才能幫助其把握數位機會。

柒、結論

一、討論

S. Livingstone 與 M. Bober（2004）曾調查英國兒童使用網路的情形，發現他們的網路使用以娛樂消費為主（如：玩遊戲、下載音樂)，而較少從事網頁設計，除非是學校的指定作業。因此他們建議，學校應鼓勵學生從事網頁製作，以培養其文化創作力和公民參與的興趣。然而，學校是否要求網頁製作，就能改變學生原有的生存心態，朝向以資訊、民主為導向的網路使用？從我們的個案來看，問題顯然不是這麼簡單。

A 校的電腦老師為了讓學童參與「鄉土研究網頁比賽」，帶領班上同學一起學習網頁製作與蒐集資料，但由於學童缺乏動力，在時間壓力下，最後演變成 MT1 負責規劃並指派工作，大專志工從旁協助，而參與的學童也從全班逐漸轉變成少數幾位，站立一旁按照指示完成頁面。學童並未在這樣的比賽中，領悟在地文化和原住民認同的重要性，反而認為多了一份作業。

如同李書豪（2004）的研究發現，偏遠地區的國小由於資源和時間有限，大多只能消極應付各種資訊競賽，即便是大型學校最後也常淪為資訊組長一人的工作，而未能回到學生本位。在 A 校，似乎也是如此。儘管 MT1 十分有心，願意讓班上學童一同參與鄉土研究，但礙於現實，最終也只能應付了事。由此來看，以網頁進行在地研究，原本具有自我賦權的作用，但在政策或競賽的推動下，鄉土／網頁、在地／賦權，也流於形式，而未能落實深根在地。

儘管如此，我們從 A 校學童學習網頁製作的過程中，還是有五項重要發現。首先，一個缺乏「族群」、「性別」面向的電腦識讀，很難幫助原住民學童改善其數位落差。由於家庭與族群的緣故，學童的中文能力普遍不理想，男童尤為嚴重，因此電腦課程若一味地傳授技術，會導致中文程度差的男童無心學習電腦知識，並且誤以為自身缺乏電腦能力。

除此之外，當教師強調網頁技術是中性之際，也易忽略電腦軟體背後的市場機制，以及既有範例對學童創作網頁的影響。新識讀研究指出，識讀是一種意識型態的實踐，已被社會制度與權力關係所模式化（Street, 1995）。以網頁製作來說，商業軟體與操作手冊將「個人網頁」定位成「個人宣傳」，並鼓勵個人據實呈現線下的自我，尤其是社會所認可的一面。此符合主流社會的需要，卻不利於弱勢族群的發展——易讓其以主流的敘事方式再現自我。

其次，原住民學童很少在個人網頁裡提及「族群」身份，有部分原因是老師在示範時，遺漏了「族群」項目。但有趣的是，同樣被老師遺忘的「流行文化」，學童卻主動將它提出來並長篇大論。顯然，流行文化對學童的影響遠大於族群文化。而且在學童的眼裡，它似乎比族群文化更值得一提，更能用來表達自己是什麼樣的人。

Nakamura（2002: 4）指出，在線上之所以看不見少數族群，乃是因其擔心「他者性」（otherness）會遭受貶抑而自動隱藏。儘管Nakamura 懷疑網路的「無種族性」（raceless），卻仍強調少數族群不應小看網路的民主性，而只把它當成獲取流行文化的來源（Nakamura, 2004）。就此而論，容許個人生產自我形象的個人網頁，若只是用來介紹個人的現狀，抑或大量拼貼各種流行訊息，無疑只是複製既有的族群與性別形象，而無助於少數族群改變其處境。有鑑於此，教師在傳授軟體的各項技術之時，除了檢討軟體的可能限制外，也應鼓勵學童利用網路資源，反思其處境及所接觸的大眾文化。

第三，個人網頁乃是學童在電腦教室裡，與各種權力／論述協商後的產物。他們一面與教室內外的各方勢力（如：性別規範、師長權威、兩性關係、同儕壓力等）和各種論述（如：電腦識讀、流行文化、網路素材等）進行磋商；一面利用網頁建構其線上自我。其中，女生受到主流規範、教室氣氛、女孩文化，以及性別經驗的影響，在網頁製作時表現出比男生更積極，也傾向以表達式風格建構其網路自我。

S. Plant（1995）曾以「編織」（weaving）來比喻網路的運作，她認為擅長編織的女性，必然也能運用網路科技自如。我們也察覺，網頁製作的確有編織的特性，不但師生普遍認為女生比男生更適合從事此工作，而且女生也能藉此提高使用科技的意願。只是女生能否因此而廣泛對資訊科技感到興趣，還是僅止於女性化的網頁工作？為了避免淪為後者，基礎資訊教育必須加入「性別」考量，在鼓勵女孩使用科技的同時，也應注意她們是否發展出性別化的使用策略，進而限制其科技活動，或強化既有的性別分工？

第四，脈絡中的不均等權力也會影響學童的網頁表現。我們發現大多數女童的個人網頁，內容均有所保留。這是因為她們意識到教室是一個充滿敵意之地，她們的話語可能會招來禍端而使其選擇三緘其口。此顯示，平等近用其實不能解決權力不均對弱勢者所帶來的威脅。當女孩有相同的機會使用網路資源時，並不表示她們從此能在網路上暢所欲言；相反地，她們還是得面對以男性為主的競爭與攻擊文化。

正如 P. C. Gorski（2002）所言，光是平等近用是無法解決數位落差，除非網路能提供一個公正（equitable）、舒適、無敵意的近用環境。換言之，老師在實施電腦識讀時，不能只著重在識讀教材上，也應注意學習環境裡是否隱藏歧視，學童的差異是否普遍受到尊重，否則線下的歧視不但無法自動消失，也會擴延至線上，就像 A_5M10 在其網頁上嘲諷 A_5M21 為「娘娘」時，卻覺得無傷大雅。

最後，線上的性別建構的確受到性別規範與商業文化的影響，學童傾向使用主流的敘事風格來編製網頁。儘管如此，男／女童之間的網頁學習還是有差異存在，因為性別交錯著族群與階級，影響並限制學童的網頁製作與表現，而學童的網路實踐也反過來建構此權力關係。例如：缺乏電腦基礎的 A_5M3 創作網頁時，不僅拼音有困難，頁面連結也常出狀況，導致其網頁錯字連篇且無法點選。而 A_5M3 的網頁表現，正好強化其所處的差異位置。

然而，在權力建構的過程中，學童並非單純地複製既有的社會模式，而是持續地和權力關係進行抗爭與協商。例如：女童在製作網頁時，雖然受到性別規範的影響，傾向採用粉色系、女性化物件及感性用語，但在追求個性的同時，也可能換用其他顏色、物件或攻訐話語。

二、建議

M. Knoble 和 C. Lankshear（2002）指出，識讀實踐其實包含三面向，分別是以操作為主的技術面向、以意義為主的文化面向，以及以轉換為主的批判面向。目前國小的資訊教育，似乎只著重在前兩項，而忽略了批判識讀，導致學童只是使用科技或複製網路文化，而較少去重製和轉換市場訊息。事實上，流行文化對兒童的影響日益劇增，既然我們無法阻止學童接觸流行文化，倒不如藉由批判識讀鼓勵其有所行動，一面辨識文本的再現效果；一面利用網路空間去轉換與重製它們。

學校受到兒童保護主義的影響，教師多不願意強調網路的民主性；學童因此以為網路只是另一種學習或獲取資訊的工具，而未利用網路來實驗與拓展自我。事實上，學校所採用的保護與監控作法，並不能保證學童不受網路的侵害，因為他們在校外上網，還是有可能接觸到不良訊息。

由此觀之，教導學童如何選擇與解讀線上訊息，可能比防堵更有效。為了不讓學童只是被動地消費訊息，學校應正視學童的自主能力與網路的民主潛力，鼓勵學童培養批判力，並主動探索自我與外在世界。這對原住民學童而言尤為重要，因為大眾媒體經常貶抑與醜化其形象，而網路作為一個開放的文化場域，正好能讓他們練習如何去辨識、挑戰，以及轉換族群與性別的霸權建構。

最後，從偏遠地區學童的網路實踐來看，學校在推動電腦識讀與資訊教育時，不宜只考量政策和測量目的，也應從學童感興趣的層面著手，如此才能提高學習的動機。D. Buckingham （2002）指出，網路是一個「寓教於樂」（edutainment）的科技，同時包含教育與娛樂的功能。因此，資訊教育的推動可以結合媒體識讀，從流行文化入手，讓學童在上網玩樂的同時，一面辨視和檢驗流行文化；一面學習和增進電腦技能。此種玩樂的學習方式，對不重視課業成績的原住民學童來說，或許更能幫助其瞭解新科技對生活的影響，以及他們和資訊社會之間的關聯。

在下一章，我們將把建議化為行動，以暑期電腦營的方式，在A 校實驗如何將批判識讀／媒體識讀的觀點，融入電腦識讀的教學中，協助學童尋求科技賦權的可能性。

第十章　批判電腦識讀與網路實踐

偏遠地區學童的網路使用深受生存心態和文化資本的影響，而以玩樂為主，較少從事公民或社群活動。儘管學校試圖解決此問題，協助學童獲取有用的電腦技巧，但課程以「專業」為訴求，與學生的興趣相左而遭學生排斥。由此觀之，電腦課程若要發揮作用，必須和學生的生活產生共鳴，且能改變其原有的想法與使用習慣。從事兒童與流行文化研究的 J. Marsh（2006）指出，在教室場域內實施批判識讀，有助於改變師生的生存心態。為此，本章將從媒體識讀和批判識讀的觀點，發展一個批判電腦識讀課程，協助學童擺脫電腦的工具使用（instrumental uses），利用網路去關心自身和在地文化。[1]

壹、前言

在 A 校的觀察中，我們發現學校的電腦課以教導專業技巧為主，而學童的網路使用則以玩樂為志趣，形成校方／非校方、學習／玩樂之間的對峙與斷裂。學童普遍以為，學校所教的電腦知識既難又無趣，而且好像和生活沒有太多關聯。這種情形其實中外皆然（Buckingham, 2007; Selwyn, 2006）。

不過，國外學界已開始檢討基礎教育將學習／玩樂區分開來的作法。新識讀研究（New Literacy Studies）指出，傳統基礎教育不重

[1] 本章的個案分析初稿曾發表於《教育實踐與研究》，第 20 卷第 1 期。

視學童的生活經驗，導致學校所教導的知識無法被應用在現實生活中（Cross, 2005; Dyson, 1993; Koutsogiannis, 2007; Marsh, 2006）。媒體教育者也認同識讀研究的看法，並試圖以「媒體識讀」（media literacy）來連結校內／外的鴻溝。D. Buckingham（2003）指出，近年來學童的校外生活正快速地轉變，但學校並無任何因應措施，致使學校所學和現實經驗有所差距。他以為，學校應重視學童的媒體經驗，將流行文化帶進教室，讓學校成為文化意義的協商場域。

持批判觀點的媒體教育者 D. Kellner 與 J. Share（2005: 371）亦強調，媒體本身即是一種教育學形式（a form of pedagogy），教導我們有關這世上適當／不適當的行為、角色、價值及知識。因此，「媒體識讀」必須以批判探查（critical inquiry）為起點，協助學童察覺並解構流行文化的優勢意義，重新創造自己的意義與認同，進而參與社會的改造和轉換（Kellner & Share, 2005: 381-2）。

就此來看，「批判媒體識讀」乃是透過流行文化將學童的生活世界和學校的智識活動結合起來，一方面藉此超越傳統的教學模式，打破校內／校外、讀書／玩樂、心靈／身體、高級文化／低級文化的二元區分；另方面，則利用流行文化讓學童更深入地瞭解社會是如何被不公、不義地建構出來，並鼓勵他們從事解構與重構的工作，打造一個更多元、多樣的民主社會（Alvermann & Hagood, 2000; Kellner & Share, 2005; Semali & Hammett, 1999）。

由於學童的網路使用以流行文化為主，因此透過以網頁為主的電腦教學，不僅能結合資訊教育和媒體教育，也能連結正式／非正式的學習。有關批判識讀融入電腦教學，目前仍在草創階段（Duffelmeyer, 2000, 2002; Hoffman & Blake, 2003; Hoffman et al., 2005），國內尚缺乏相關的研究。因此，本章將先回顧相關文獻，包括媒體識讀的發展、電腦識讀、以及 P. Friere 的批判識讀等重要概念。然後以我們在 A 校寒／暑期電腦營所進行的電腦教學，發展一個短期的批判電腦識讀課程，並藉此觀察批判教學是否能刺激學童，尤其是原住民學童，培養批判意識和文化自覺。

貳、批判的媒體識讀

一、媒體素養 vs.媒體識讀

在國內，「media literacy」主要有兩種譯法：「媒體素養」和「媒體識讀」。本章採用後者，乃是基於批判的研究旨趣。R. Hobbs（1998, 2004）指出，「media literacy」概念底下囊括各種教育哲學、理論、架構、實踐、方法、目標以及結果。根據現有的研究來看，主要來自兩個典範：

一是效果典範，根植於實證主義的傳統，以技巧為主（skill-based）的取向（Mills, 2005: 68）。一般被譯為「媒體素養」，指有關近用、分析、評估及製造各種媒體的技巧與能力。此取向以為，個人可以經由學習獲得媒體素養，進而擺脫媒體的負面影響，並且個人所習得的素養也能透過科學測量檢定出高下。

S. Livingstone（2004: 8, 11）指出，以技巧為主的素養不僅容易忽略文本和科技如何介入傳播中，也傾向重視個人的能力甚於社會的知識安排。由此來看，「媒體素養」較偏重在個人層次，指個人在媒體／傳播方面的訓練與修為。媒體素養低者，不僅暗示其能力不足、訓練不夠，同時象徵其容易受媒體的誤導。

另一則是批判典範，奠基於批判教育學、文化研究以及女性主義的傳統，常被譯為「媒體識讀」，以解構／重構文本意義（textmeaning）為導向（Hammett, 1999; Kellner & Share, 2005）。媒體識讀並非只是一種分析技巧，而是一種解讀過程（reading process）——個人藉由解讀流行文本，不但能質疑媒體的再現方式，也能反思其文化經驗，發展出另類的解讀策略和反抗實踐，以轉換現有社會的不公不義（Nam, 2003; Semali & Hammett, 1999）。

顯然，「媒體識讀」較著重識讀的社會、文化層面，不再只是發展一套讓個人免於受到媒體污染的技能，而是關心各種讀／寫技能和符號系統、社經脈絡以及權力運作之間的關係，尋求賦權與解放的契機。

S. Nam（2003）表示，「媒體素養」已「去政治化」（depoliticized），被化約到媒體使用的認知和心理層面，無法連結到社會轉換，因而容易維持現狀。B. V. Street（2003）也指出，識讀從來就不是一套價值中立的技巧，而是特定權力運作下的產物。他主張以識讀的意識型態模式（ideological model of literacy）來取代過去的自主模式（autonomous model of literacy），並強調識讀是一種社會實踐、一套意識型態，總是植基於特定的世界觀。而所謂的標準或正確的讀寫方式，其實是宰制階級將其偏好的文化標準再現為普遍的價值，並透過各種教育機制，將其變成理所當然。

因此，本章以「媒體識讀」來取代「媒體素養」，試圖藉此說明現有的媒體知識、技能及教育，其實離不開權力的運作，並能發揮權力的效果——支持或反抗現狀。

二、批判媒體識讀的演變

源自批判典範的媒體識讀，為了和媒體素養有所區別，前面經常加上「批判」一詞。[2]批判媒體識讀作為一種教育學，旨在追求社

---

[2] 不論是「媒體識讀」或「媒體素養」，英文皆是 media literacy，因此「媒體

會正義，因此教育內容不再只是有關各種媒體的讀寫技巧，還包含對現狀的批判與社會實踐。

從現有的文獻來看，批判媒體識讀至少經歷三次轉變（見表 10.1）：

（一）文本解讀階段

早期受到法蘭克福學派的影響，學者以為大眾媒體是宰制意識型態的供應者（purveyors of dominant ideology），而閱聽眾（尤其是兒童）則是其受害者，因此教學著重在「去迷思化」（demystification）（Buckingham, 1998: 8）。在課堂上，教師扮演睿智者的角色，試圖喚醒（conscientize）學生的意識，並傳授其偵察和解讀的技巧，以進行文本解構的工作。

表 10.1　批判媒體識讀的演變

階段	媒體和兒童的定位	媒體識讀的教學模式
文本解讀	媒體：霸權工具 兒童：大眾文化的受害者	上對下的啟蒙模式 教學重點：去迷思化 教師：作為智者喚起學生的意識 學生：從事文化解構的練習
文本使用	媒體：霸權與反抗的工具 兒童：流行文化的專家	平等的參與模式 教學重點：文化表達與公民參與 教師：邀請學生參與活動 學生：分享文化經驗並採取行動
文本生產	媒體：霸權與反抗的工具 兒童：同時作為讀者／作者、消費者／生產者	積極的創作模式 教學重點：自我表達與自我再現 教師：作為協助者，鼓勵學生創作 學生：從事文化生產

資料來源：作者整理

識讀」為表明其批判旨趣，又稱為「批判媒體識讀」（critical media literacy）。但在中文轉譯（translation）上，我們直接以「識讀」來區辨，較不會產生典範混淆的問題。

此時，為了避免學生受到意識型態的蠱惑，媒體識讀將重點放在「再現」（representation）議題上，亦即關切文本是由誰所生產？文本呈現什麼內容？誰的觀點被凸顯或被排除？如此的表現，服務了誰，誰又可能因此受害？學生被要求培養批判思考（critical thinking），並將文本連結至權力脈絡，除了辨明文本背後所隱藏的宰制形式外，還應反省自己對自我、他者及社會的預設和看法，以尋求重構的可能性。

（二）文本使用階段

到了 80 年代，受到文化研究閱聽眾取向的衝擊，學者逐漸意識到文本的意義並非固定不變，學童也不是無知、被動的接受者，因而開始正視學生的文化經驗（Alvermann & Hagood, 2000: 194-5）。Buckingham（1998: 8）指出，學生其實是流行文化的專家，知道如何利用流行文化去建構自我和同儕文化，因此教師不能將權威和知識施壓在學生之上。

為了賦予學生權力，媒體識讀改用較平等的參與模式（participatory model）——由教師邀請學生共同參與流行文化的討論與分享。由於學生來自不同的社會、文化背景，對相同文本未必有相似的反應與詮釋，因此教師須留意學生之間的差異，並以提問、對話的方式，鼓勵學童說出自身的經驗，藉此凸顯認同差異與文化的多樣性（Luke, 1998）。

對媒體識讀學者而言，教室不只是教學場域，也是文化競逐地（cultural arena），讓來自不同處境的師生及各種意識型態，在教室內進行意義協商與抗爭（Sholle, 1994: 16）。在開放的教學模式下，教師為了追求解放，不僅鼓勵學生暢所欲言，也協助學生將其文化經驗放入更大的社會脈絡中檢驗，重新思考一些問題，包括我們如何定位自己或被定位在社經脈絡裡，成為性別化、階級化及種族化的個人？性別、階級、種族或性傾向如何被再現在流行文化中？流行文化以何種方式讚揚或貶抑哪些態度、行為及認同？共識如何被形成？當學生開始解讀文本和權力的關係時，除了質疑再現是否呈現狹隘的觀點外，也嘗試以多元方式重構個人和社會認同。

顯然，此時大眾媒體已不再只是霸權的工具，也是反抗的利器。透過流行文化，教師連結了校內／外的知識和經驗，協助學生質疑共識價值並關心社會議題，以增強其公民責任（Kendrick & Mckay, 2002; Weiner, 2003）。由此來看，媒體教育雖然放棄早期的菁英想法，從「文本解讀」轉向「文本使用」，但仍保留批判質疑、自我反思，同時更強調文化多樣性與社會行動。

（三）文本生產階段

進入 90 年代後，由於資訊科技日益普及，學生有更多機會近用資訊科技，參與數位文化的生產，因此媒體識讀轉而強調創造性生產（creative production; Peppler & Kafai, 2007; Willett, 2007），不再堅持文本解讀的必要性。

不同於傳統線性文本，資訊科技所生產的是多媒體、多樣式（multimodal）[3]的數位文本，允許學生在不同媒體平台之間做更多的選擇、挪用及詮釋，同時模糊了作者／讀者、生產者／消費者之間的界線，因此學生比過去更握有作者權，能自由表達意見，從事文化創作（見表 10.2）。媒體識讀也開始和「電腦識讀」、「資訊識讀」、「數位識讀」結合，發展出多元識讀（multiple literacies; Goodfellow, 2004; Kellner, 1998; Paul, 2006; Scheibe, 2004）。

3　「多樣式」指符號的呈現方式包含文字、圖像、影音等多種樣式。

表 10.2 傳統和新識讀之比較

	傳統印刷為主的學校識讀	新多元識讀
類型本質	以文本為主、言詞為中心	多媒體——混合印刷、形象、錄影帶、動畫、聲音
	抽象的技巧	想像的可能性
	單一和線性	多面向和觀點
	可預期	探索式
	被建立的規範與慣例	分殊化和以學生為中心
	知識的傳送	生產性
	慣例的教室	工作室環境
觀念繪製	既有知識	處境知識
	以文本為主	多元來源、超媒體
	單一作者	合作或團隊為主
	單一文本	多或互文性
	線性連結	多層面的介面
	連續的故事版	連續和多層面的故事版
	以作者為主	以閱聽人為主
社會政治	作者或教師建構	社會實踐
	附屬	社會賦權
	以學業和學校為主	以真實世界和工作世界為主
	個人式	合作性
	控制性的參與	民主的
	上對下支配	分配或分殊的專業
	文化適應	文化定義

資料來源：R. J. Tierney, E. Bond & J. Bresler（2006: 365）

Livingstone（2004: 5）指出，隨著科技的推陳出新，識讀的宰制形式雖然也起了變化，從早先以印刷媒體為主，轉變為以視聽媒體、甚至是電腦為主，但閱聽人的媒體習慣並未採用以新汰舊的「取代」方式，反而是呈現泛媒體（pan-media）整合的狀況。透過多元識讀，閱聽人將新增的科技技巧併入已有的識讀技巧中。

顯然，多元識讀涉及不同科技／媒體形式的識讀實踐，包含採用不同的識讀類型、使用地點及資訊來源，所進行的各項識讀實踐，其中特別關注意義如何在不同媒體、類型及文化參考架構之間被挪用與竄改，並產生互文性的瞭解（intertextual understanding）。對 e 世代而言，多元識讀尤其重要，因為 e 世代的媒體經驗即為互文性（intertextuality），他們總是在不同媒體平台、文本間尋找相似的素材，而且其休閒娛樂也離不開新科技（Carrington & Marsh, 2005）。為避免學生淪為被動的資訊消費者或無知的娛樂使用者，媒體識讀必須培養學生在資訊時代的新技能——多元識讀（包括科技技巧與媒體識讀）。

在教學模式上，媒體識讀主張以學生為中心，進行具有文化敏感性的實踐（culturally responsive practices）。P. V. Paul（2006）指出，多元識讀更容易連結多元觀點，凸顯文化的差異性、多元性及多樣性。因此，教師在課堂上應扮演協助者的角色，一方面幫助學生學習新科技的操作技巧，另一方面鼓勵其自我表達，透過文本生產表現差異。

Buckingham（1998, 2003）甚至主張，文本生產不同於過去的解構練習（deconstruction exercise），其重點在「文化創造」，而非培養學生對媒體的瞭解或批判分析能力。因此，教師應秉持開放、包容的態度，鼓勵學生透過玩樂（play）、愉悅（pleasure）的方式去生產文本，並讓他們在生產活動中瞭解、甚或挑戰權力的運作。他認為學生在文本生產的過程中，就算是模仿（imitation）宰制的生產形式，也不只是單純地套用，更涉及嘲諷（parody），例如：以誇張的方式凸顯宰制形式的可笑與荒謬，進而產生批判的潛力（Buckingham, 1998: 66）。

由此來看，媒體識讀受到後現代的影響，認為學生生活在異質、多元的文化底下，很難再僅以解構或反抗實踐去對抗多元壓抑，反而可以透過數位生產活動，以玩樂的方式探索自我和多元解讀的可能性。

參、電腦識讀

一、電腦素養 vs.電腦識讀

隨著新科技的出現，識讀的新形式也跟著產生，從電腦識讀、網路識讀、資訊識讀、e 識讀（e-literacy）至數位識讀等。儘管名稱不同，但都與電腦科技有關，其中電腦識讀可說是最基本的新形式。如同媒體識讀，電腦識讀若植基於效果典範則以技巧為主；反之，若源自批判典範，則強調資訊科技與資訊使用的社會政治面向（Bawden, 2001: 225, 228）。

在國內，「Computer Literacy」主要以技巧為主，普遍被翻譯成「電腦素養」，並被解釋為「操作電腦的經驗與能力，包括電腦軟硬體的架構、電腦軟體的技能、電腦應用與社會的倫理問題等（吳正已、邱貴發，1996；曾淑賢，2001；莊靜宜，2002；賴苑玲，1999）。隨著資訊科技的不斷進步，有些學者認為「電腦素養」似乎不足以解釋當前包羅萬象的資訊活動，因而改以「資訊素養」（information literacy）來取代之。

「資訊素養」是指「個人具有能力知道何時需要資訊，且能有效地尋獲、評估與使用此資訊（ALA, 1989）」。它是由四種素養結合而成，包括傳統素養、媒體素養、電腦素養及網路素養。換言之，個人除了具備基本的讀、寫和運算能力之外，也需瞭解資訊的不同種類與內涵，並能利用資訊科技去檢索、處理與評估資訊（曾淑賢，2001；莊靜宜，2002；賴苑玲，1999）。儘管「資訊素養」包含的範圍較廣，但仍以科技為中心，強調利用軟／硬體去達成任務。

目前有關「電腦素養」或「資訊素養」的討論，其實受到傳統識讀模式的影響，認為識讀是一套標準的讀寫技巧，個人不但可以經由學習獲得此能力，而且也能幫助個人成長，脫離文盲和貧窮

（Tyner, 1998: 17）。此模式亦被應用在電腦學習上。「電腦素養」被視為是現代人在資訊社會裡，所必備的一種生存技能，它能幫助個人適應資訊文明，從「電腦文盲（computer illiterate）」轉變成「電腦素養者（computer literate）」。很明顯地，識讀變成人人都應具有的技能，但因每個人的能力不同，素養程度也有高低之分。由此來看，「電腦素養」一詞偏重在個人層次，指個人在電腦／資訊方面的修為與訓練。所謂電腦素養低者，意義上不僅暗示其能力不足、訓練不夠，同時象徵其文明指數較低。

事實上，許多研究已發現，「能力」並非個人內在的潛力，而是某些行動的特性。此外，「學習」也不完全是心理活動，而是涉及個人與科技、學習脈絡以及集體實踐的持續轉換過程（Fox, 2000; Mehan, 1998; Simpson, 2000）。因此，個人的電腦能力與表現並非全由自身決定，而是受到其他外在因素的左右（林宇玲，2003a, 2004a）。誠如 J. Hartley（2002: 136）所言，「識讀從來就不是個人屬性，或由個人所獲得意識型態的遲鈍技巧（inert skill）……它受制於意識型態或政治，能被用來作為社會控制或管理的工具，也能成為爭取解放的進步武器（progressive weapon）」。

由於識讀不再是一套價值中立（value-neutral）的技巧，而是特定權力運作下的產物。因此本章採用「電腦識讀」來取代「電腦素養」，試圖藉此顯示現有的電腦技能其實離不開權力的運作，並能發揮權力的效果——支持或反抗現狀。

二、批判的電腦識讀課程

目前有關批判電腦識讀的研究，多以大學生為主。其中涉及課程部分的研究，又可分成兩類：一是強調以批判觀點來使用電腦科技，著重在電腦科技本身的效果與影響（Duffelmeyer, 2000, 2002;

Hoffman & Blake, 2003; Hoffman et al., 2005）；二是鼓勵個人運用電腦技巧，反思其生活並善盡社會責任（Doherty, 2002; Dyson, 2002; Labaree, 1998）。第二類的課程設計，尤其針對少數族群。譬如：D. Doherty（2002）試圖以友善的科技識讀計畫，協助原住民學生獲得多元的識讀技巧，藉此表達其認同。L. E. Dyson（2002）也強調，電腦識讀課程的設計必須考量到文化差異，如果是針對原住民學生，課程設計必須符合其學習式態、需要、價值與認同。

事實上，不僅大學生使用新科技，學童也不例外，而且他們比大學生更容易接受科技的宰制觀點，因此如何藉由批判識讀，協助學童使用網路科技也就變得格外重要。

肆、批判教育學與批判識讀

前面我們曾提及當代媒體識讀受到後現代的影響，有些學者已不再採用解構策略，反而鼓勵學生透過重製（remaking）或以玩樂的方式嘲弄意義（Banaji et al., 2006; Buckingham, 2003, 1998; Grace & Tobin, 1998）。不過，製造歧異和玩弄意義並不等於反抗，因此我們認為有必要重新瞭解媒體識讀的批判教學旨趣。

媒體識讀深受批判教育學（critical pedagogy）的影響，其承襲馬克思主義的傳統，主要有三個理論預設：

一、教育不是中性

所有的教育都具有政治性，不是馴服人，就是解放人。P. Freire（1970）以為，傳統教育是囤積式（banking）教育，執政者為了控制人民，強迫學生被動地接受既成的文化觀念。這就好像客戶到銀行存款一樣，學生只是保管者，負責將老師輸入的知識儲存至帳戶內。在此過程中，師生只是機械式地複製知識，而無任何批判意識。

二、發展批判意識

Freire（1970）強調，真正的教育是要讓人民發現其正處於「非人性化」（dehumanization）的事實。老師在提高學生識讀能力和知識水準的同時，也應讓其意識到自身的壓抑處境，並願意去改變此世界（Fischman & McLaren, 2005: 439）。為了不讓學生再受制於宰制文化，老師必須喚起學生的自覺，尤其是對壓抑的自覺（awareness of oppression）。這是一種「意識化」（conscientization）——提升意識（consciousness-raising）的過程，Freire（1973）將其分成三階段：

（一）半—不及物的意識（semi-intransitive consciousness）階段

「不及物的意識」（intransitive consciousness）指個人缺乏人類的能動性（human agency），以為生活就該如此，對物質現實完全沒有反思力，只是生存在沈默的文化（a culture of silence）中。「半—不及物的意識」則是個人開始出現一些意識，不過由於個人已內化宰制的觀點，因此意識的範圍相當有限，且易受到壓抑結構的影響。

（二）質樸—及物性（naïve-transitivity）階段

「及物性」（transitivity）指個人開始關切周遭的人事物，並能利用文字（word）去解讀（read）自我、他者、世界之間的關係。儘管個人在此階段已開始反省並希望能改變其處境，不過其意識仍不夠深刻，不僅對問題的看法過於簡化，也著迷於幻想性的現實解釋，傾向採用爭辯（polemics）而非對話的方式來從事實踐。

（三）批判—及物性（critical-transitivity）階段

個人在此階段已改變並重建其心態（mindset），採用批判的方式和世界相處。個人不但將其問題放在社會結構下觀看，審視其壓抑的癥結所在，同時也採取行動去對抗並轉換社會的不義。

在意識化的過程中，個人逐漸從世界裡的「客體」，轉變成自我賦權的「主體」。一旦獲得批判意識，個人就能擔任轉換的角色（transforming role），參與歷史和文化的創造，並負責個人和社會的解放。

三、連結批判識讀至實踐

教育的目的不僅是讓學生識字，還必須協助其認清世界，尤其是鼓勵他們培養批判意識，以從事社會改革（Giroux, 1987）。因此，教育內容不能只是功能性的生存技能，還應該包含批判識讀，亦即對現狀和權力的批判及實踐（praxis）。

批判識讀作為一種教育學，旨在對抗霸權並協助學生成為具有批判思考的公民，以從事社會實踐（Shor, 1999）。由於實踐是「對話—反思—行動」的不斷循環過程，因此 Freire（1970）建議採用提問（problem-posing）方式來進行教學。此教學法主要包含兩部分：

一是「對話」（dialogue），允許學生在教室裡，說出其自身的經驗。藉由公開、互動的對話方式，讓來自不同背景的師／生彼此交換意見，一面承認並尊重彼此的差異；一面檢視並反省「自我」、「他者」和「世界」的預設。

二是「提問」，鼓勵學生（尤其是被邊緣化的學生）從其生活經驗去提出問題，並質疑現有的答案。在提問的過程中，老師不再是權威者或真理的提供者，而是協助者；學生也不再是被動的接收者，而是有見識者（a knowledgeable person）。師生共同學習如何面對問題並採取行動，試圖以更平等的方式去轉換自我和社會的關係。

歸納上述，我們發現批判識讀植基於批判教育學，旨在讓學生發展自己的語言，並藉此命名（naming）和改造社會。它包含三層面：（一）技術層面——基本的讀寫能力，學生至少能讀文本；（二）文化層面——賦予文本意義，學生能利用語言來表述和創作；（三）批判層面——解構文本背後的意識型態，學生不但能辨明文本的再現與其他的物質效果，同時有能力重寫文本。

不同於後現代的玩樂主張，批判教育學試圖給予學生批判知識和分析工具，讓其成為理性、自主的社會作用者。然而，我們也必須承認，兒童與新媒體之間的關係的確是建立在玩樂、愉悅的基礎上。他們喜歡近用流行文化——即所謂的「宰制形式」（dominant form），並將情感投入其中，享受感官被刺激的爽（jouissance）感。因此，我們若一味地否認其愉悅，並要求他們保持批判距離，可能反而令其喪失能動性。

由此來看，今日的媒體識讀可能要採取理性／情感、意識型態／愉悅、解構／重構齊頭並進的方式，一面接受學童的玩樂方式；一面要求他們反思處境和現有的網路文化問題，並激勵其以新科技重製流行文本、或生產和自身相關的文本，將玩樂或批判行動拓展到校外——在網路社會發展新認同、新關係及新社群，成為改變的作用者（agents of change）。

伍、批判電腦識讀課程的設計

一、文本生產模式的反思

網路最大的民主潛力是社會參與，由於 A 校學童平時（不論是上課或私下）並未善用此機會，因此我們嘗試在寒／暑假期間，以電腦輔導課／電腦營的方式，將媒體識讀融入電腦教學中，協助 A 校學童把握科技賦權的機會。

在 2004 年寒、暑假及 2005 年寒假期間，我們採用媒體識讀的「文本生產」模式，利用 A 校現成的資源（電腦教室的軟、硬體），一面提供學童近用新科技的機會，一面協助其獲取電腦技巧，[4]生產自己的數位文本，如：簡報或網頁。

在開放的教學情境下，學童能自行選擇生產的內容與類型，確實讓他們將校外的流行文化和生活經驗帶進教室，並化為創作的動力。不論是在簡報或網頁內，他們大方介紹自己喜愛的電玩、卡通、明星等，並張貼相關的圖片，旁邊附註：「這是我最喜歡的……！」、「我好喜歡、好喜歡……！」。從作品中，我們可以瞭解兒童如何將情感投入流行文化中，但較難看到「模仿」宰制形式的嘲弄效果。加上學童參加電腦營的目的是上網玩樂，而非生產文本，所以創作部分經常草草了事，不願意延伸到自身的處境或在地文化。

此結果也讓我們重新思索以「文本生產」做為自我反思的策略，在缺乏資源的偏遠地區是否可行？D. J. Grace 和 J. Tobin（1998）認為，在生產的過程中，就算是仿做，也會出現歧異或新（newness）要素，進而刺激學童檢視或反思當中的權力運作。然而，反思的前

---

[4] 由於寒假期間比較短，電腦輔導課以複習學校所學技巧（如：簡報和繪圖軟體）為主；暑假則以網頁製作為主。

提是創作者有心於生產活動，並渴望自我表達。在我們的實驗中，學童對於開放教學，雖然感到自在，卻顯得不知所措，經常問：「那我要做什麼？」他們為了能早點上網，不是仿效同學的作品，就是其他大眾文本，導致其模仿較少自覺，反而是急就章、未經深思熟慮的表現。

Buckingham（1998: 68）也發現，生產實踐其實有三種不同的形式，分別是模仿、自我意識及批判形式；其中，模仿的自覺性是最低，也較難引發嘲弄的效果。因此，創作者若想嘲弄文本，「自覺」是必要的，必須先察覺生產規則的「鴨霸」，並在意識層次上進行反思——挪用或玩弄宰制形式，嘲弄才能發揮反叛的效果。由於我們一開始以「自我表達」作為教學目的，並未有系統地實施批判識讀或給予分析工具，而學童對流行文化又是如此心悅誠服，因此很難察覺生產過程中的「歧異」處，更遑論以它作為轉換的力道。

其實，Buckingham（2007: 114-5）後來也意識到製作和批判瞭解之間的動態關係，轉而強調創造性生產不僅是發展科技技巧和促進自我表達，還須鼓勵學生深入瞭解和反思媒體的運作。換言之，當我們邀請學生生產文本的同時，也須協助其反省文化消費的經驗，才有可能擺脫宰制形式／意義的束縛。

H. Janks（2000）也建議，由於學生習慣「近用」宰制形式，因此在他們從事「設計」之前，必須先「解構」並尋求「多樣」（diversity）的可能性。在此過程中，批判識讀仍是必要的工具。所以，我們改從批判識讀的觀點，設計一個以網頁為主的暑期電腦營，鼓勵學生利用網頁製作去表達自我和重建其族群認同。

二、批判電腦識讀課程的規劃

在第九章，我們曾提及原住民長久以來因缺乏傳播權而遭受媒體的污名化，而網頁製作有助於他們自我賦權，一面生產原住民的正面形象；一面對抗有關族群的霸權運作。由於 A 校學童以原住民居多，故我們設計一個具有文化敏感性的電腦識讀課程（見表 10.3），並採用自由軟體 NUV 進行網頁教學。[5]

電腦營除了堅持批判教育學的精神外，也採用提問方式進行。電腦識讀包含三部分：（一）技術層面——基本的電腦操作和網頁軟體的應用，學生至少能編製網頁；（二）文化層面——學生有能力設計和製作特定文化意義的網頁；（三）批判層面——學生在挪用網路資源的同時，不但能批判其所使用的文本，而且能改寫文本，將其連結至更大的社會、文化脈絡。

我們試圖藉此設計，讓學童獲得五種識讀能力：

（一）培養網頁製作的技能

網頁是一種文化生產的新媒體，允許使用者以多媒體（包括文字、聲音、圖片或影像）的方式，去產製多樣式（multimodal）的文本（Mills, 2005: 71）。對缺乏語文訓練的原住民學生而言，他們可以選擇其擅長的方式（如：繪畫、照相、錄音或錄影等）在線上建構自我和表達意見，並從文化消費者轉變成生產者，將電腦技術應用在文化創作上。

---

[5] 在研究中，我們發現 A 校學童因家中沒有相關軟體而無法練習在校所學的技巧，故我們在 2005 年改用自由軟體 NUV，避免產生相似問題。

表 10.3　**批判電腦識讀課程之設計**

<table>
<tr><td colspan="2">班級層次</td><td colspan="2">個人層次</td></tr>
<tr><td>班級、小團體的分享目標</td><td colspan="2">**目標**</td><td>個人目標</td></tr>
<tr><td colspan="4">研究者擬定識讀重點：技術、文化及批判面向由研究者、研究員與學童互相協商，共同設定目標</td></tr>
<tr><td>文化支持</td><td colspan="2">**環境**</td><td>支持個人需求、興趣</td></tr>
<tr><td colspan="4">營造友善的環境，允許學童各自使用一台電腦，並且自行決定其創造風格</td></tr>
<tr><td>班級教學</td><td colspan="2">**老師**</td><td>一對一教學</td></tr>
<tr><td colspan="4">研究員作為協助者，鼓勵學生學習網頁技術和參與識讀活動</td></tr>
<tr><td>合作性的班級、小團體活動</td><td colspan="2">**活動**</td><td>個人活動</td></tr>
<tr><td colspan="4">活動包含：自我介紹、上機操作、紙上作業、網頁製作、識讀活動、社區參訪、團體討論</td></tr>
<tr><td>考量原住民文化</td><td colspan="2">**教材**</td><td>考量個人興趣</td></tr>
<tr><td colspan="4">各項教材的選擇必須引起原住民學童的興趣（如：流行音樂、動畫和遊戲文本)並喚起族群認同的討論</td></tr>
<tr><td>團體評量</td><td colspan="2">**評量**</td><td>個人評量</td></tr>
<tr><td colspan="4">觀察學童的上機操作、完成五項識讀能力的要求、填寫各項活動的問卷、觀察學童的參與過程與表現、學童對自我表現的評估、由學童票選最佳作品、小組討論</td></tr>
</table>

資料來源：作者整理

（二）發覺自己的聲音

K. H. Au 與 T. E. Raphael（2000）指出，識讀活動應連結至學生的生活經驗，讓其說出自己的觀點。為此，學童在學習網頁製作時，被鼓勵藉此機會在線上說出自身經驗，或介紹在地生活、族群文化。由於傳統的電腦課程強調電腦技術的專業性，導致學童以為它是一門功課，無法應用在日常生活中。不過，識讀若能連結到學童的愉悅和生活經驗，他們自然比較瞭解如何利用網路來發聲。

（三）辨明文本的意識型態效果

由於原住民學生多利用網路來獲取流行資訊（如：電腦遊戲、音樂等），因此電腦營也安排動畫和電玩識讀，試圖藉此發展學生的批判意識，讓他們透過解讀大眾文本的活動來瞭解意識型態的運作。在課堂上，我們以對話方式，讓學生一同觀看和討論一些大眾文本，問題包括：文本出現／排除什麼？何種形象被稱讚／被否定？為什麼文本要這樣做？它們可能對我們產生哪些好／壞的影響？並將這些閱讀經驗延伸到學童的現實生活，進一步探究社會排斥如何發生？希望藉由這些練習，一面協助學童反思一些「理所當然」的觀點，尤其是有關族群的分類與刻畫；一面鼓勵他們採取主動的位置（active postion-taking），挪用大眾文本並改寫其意義。

（四）肯定個人的認同

Dyson（2002）強調，電腦識讀課程必須考量原住民學生的文化認同。因此，電腦營的設計是從原住民學童的觀點、利益及認同出發，希望透過營造一個友善、信賴、合作的學習環境，讓原住民學生能自我肯定，並願意接受其「他者性」，利用網頁重新建構其認同和關心族群文化。

（五）轉換社會行動

電腦識讀提供技術，讓學童在發展自我／族群認同之際，也能有所作為，藉此技術關心並改變其處境，也就是學生不再只是批評，而是透過有意識的行動改變現況。由於原住民學童在上課期間經常使用（口語或肢體）暴力，因此電腦營最後也安排了暴力識讀，鼓勵學童面對自身和在地文化的問題，並以網頁做為工具，重構其與他者之間的關係，並改變其日常經驗。

我們取得 A 校的同意後，在 2005 年 8 月 8 日至 26 日期間，進行課程的實驗，並招募了 3 位研究員和 15 位學童參與此項計畫。3 位研究員為世新大學的學生，除了負責教學外，也需進行參與觀察並深入瞭解學童的學習狀況。在活動期間，他們雖是電腦營的講師，但扮演「協助者」的角色，一面以友善、誘導的方式，協助學生學習；一面則協助研究者進行研究。除了負責教學記錄、現場錄影及訪談資料外，他們也需不斷地和研究者進行溝通與檢討，以隨時修正識讀的方向與內容。

至於 15 位學童，漢族有 3 人（2 女、1 男），其餘都是原住民（7 男、5 女）。因電腦營沒有年級的限制，有許多是兄弟或姊弟一同報名參加，[6]大多數的學童家裡都有電腦，但能上網者只有 2 戶（見表 10.4）。

表 10.4　2005 年 A 校暑假電腦營學童基本資料

代號	年級	族群	有／無電腦	能／否在家上網	有／無完成（至少）5 頁網頁
AsF1	六	漢族	有	能	有
AsF2	六	原住民	有	否	無
AsF3	六	原住民	無	否	無
AsF4	六	漢族	有	能	有
AsM5	三	漢族	有	能（與 AsF4 同戶）	有
AsM6	六	原住民	有	否	有
AsM7	五	原住民	有	否	有
AsF8	六	原住民	有	否	有
AsM9	五	原住民	無	否	有
AsM10	五	原住民	無	否	有
AsF11	六	原住民	有	否	無
AsM12	四	原住民	有	否	有
AsM13	六	原住民	無	否	無
AsF14	六	原住民	無	否	無
AsM15	六	原住民	有	否	有

資料來源：作者整理

[6] 學童之間有親屬關係者，如：AsF4、AsM5 是姊弟；AsM6、AsM7 是兄弟並與 AsF8 是表兄妹關係；AsM9、AsM10 是兄弟；AsF11、AsM12 則是姊弟。

參加電腦營的學童除了學習網頁技能和上網玩樂外，也協助我們瞭解其壓抑處境並認識在地文化。在活動期間，他們不僅帶領研究員探訪學校和社區，也透過接受訪談、填寫問卷、參與討論等方式，分享其知識與經驗。

陸、批判識讀與學童的網頁實踐

我們邀請研究員和學童一起參與實驗。一方面，試圖藉此打破研究者／被研究者、老師／學生、研究員／學員之間的層級關係與二元區分，提供一個較民主且合作性的學習場所。另一方面，則給予缺乏權力者發聲（give voices to those who lack power）的機會，讓他們在對話的過程中，說出、分享及反思其生活經驗。

表 10.5　五項識讀能力之評量方式

識讀課程面向	五項識讀能力	評量項目
技術 獲得多媒體的網頁技術	→培養網頁製作的技能	● 上機操作 ● 網頁製作（包含使用文字、圖、聲音、影像等） ● 網頁的新增與刪除
文化 製作特定文化意義的網頁	→發覺自己的聲音 →辨明文本的意識型態	● 製作【我的作品】或【我的家人】（包含個人繪畫創作、照相等） ● 製作【我與 W 區】或【我與泰雅族】 ● 製作【我與流行文化】
批判 批評文本、反思生活及採取行動	→肯定個人認同 →轉換社會行動	● 參與動畫和電玩識讀的活動、討論、問卷填寫 ● 製作【遊戲識讀】 ● 參與原住民的簡報討論 ● 參與暴力識讀討論並進行留言版的「好言好語」活動

資料來源：作者整理

不過，實驗是在暑假進行，學童經常遲到或缺席，導致我們較難評估活動的整體成效。但從學生的參與過程和完成的作品來看，大多數的學童多少都獲得五項識讀能力。活動結束時，有 10 位學童順利完成（至少）5 頁的網頁製作，包括【首頁】、【我的作品】或【我的家人】、【我與流行文化】(如：我最喜歡的遊戲或音樂等)、【我與 W 區】或【我與泰雅族】、【遊戲識讀】、【留言版】等，有 8 位學童網頁上傳成功（見表 10.5）。

以下，我們將分別討論學童在各項識讀能力的表現：

一、培養網頁製作的技能

Dyson（2002）認為，以原住民為主的電腦識讀課，除了必須肯定其文化外，也應配合其學習式態（indigenous learning styles）。由於原住民學童不習慣抽象思考和口頭指正，因此課程應以實例和活動為主，讓學童能在「看中做」(watch and do)，並透過合作、互動的方式來完成活動的任務，從中獲得電腦技巧（Dyson, 2002; Kapitzke et al., 2001）。根據此原則，我們在培養學童網頁技術時，也將識讀計畫規劃成不同的單元，每一單元先以實例示範，再讓學童自我練習，並提供個別協助或鼓勵其相互扶持。

我們發現，中文拼音是學童在學習網頁製作時的最大障礙。他們不僅分不清某些注音符號（如：ㄓ、ㄗ；ㄟ、ㄝ；ㄛ、ㄜ等），也無法分辨聲調的差異。

AsF2：這個「字」，我打不出來。(手指著電腦上的「字」)
AsR1：好，ㄓ、ㄗ哪一個有翹舌？（在紙上寫著ㄓ、ㄗ）
AsF2：這一個！（她指著ㄓ）

AsR1：答對了，很好。那你唸一次「字」。

AsF2：字。（沒有翹舌）

AsR1：有翹舌嗎？

AsF2：不知道。

AsR1：你沒有翹舌ㄚ，來說一次「知道」。

AsF2：知道。（沒有翹舌）

AsR1 發現 AsF2 無法辨識ㄓ、ㄗ音：好，那試試ㄓ、ㄗ都打看看，找一找哪一個正確。

AsF2：好麻煩喔！

在此情況下，研究員們也反應，「好像是來教注音」。中文打字對拼音能力有待加強的學童而言，確實是一項艱鉅的任務。

AsR2：你覺得注音哪裡困難？

AsF8：就幾聲幾聲啊，我都搞不清楚！

AsR2：那我教你好不好。

AsF8：很激動大拍桌子：我不要！

AsR2：那妳以後常常要用電腦ㄝ，打字怎麼辦？

AsF8：沒關係，就玩遊戲ㄚ。

因為不擅長中文的緣故，學童沒有意願在拼音和打字上投注太多時間。在課後檢討時，我就網頁的多媒體與民主特性和研究員交換意見，希望研究員不要太強調文字的使用，而讓學童誤以為中文能力會影響網頁製作的好壞，並試圖借重網路科技的特長，進一步讓他們瞭解多元表達的可能性。

AsF3 在打字時，從鍵盤的左上方開始尋找她要的注音符號。不久，她便失去耐心，在研究員的協助下，她終於完成了兩行。

AsF3：我可以拍 DV 了嗎？

AsR2：好。妳想唱泰雅族歌嗎？

AsF3：我想唱國語歌。（她開始對著鏡頭自我介紹，並唱了一小段阿杜的〔他一定很愛妳〕）

AsF3：我看！我看！（AsR2 播放剛錄的影片給 AsF3 看）

AsF3 笑得很開心：我還想照相，可以嗎？

然而，A 校的電腦系統無法支援我們的影音播錄格式，所以我們只好改用圖片和音樂來取代。相較於文字，學童明顯對此感到興趣，也會耐心上網找圖和音樂。

AsR3 示範完「抓圖」技巧後，學童便各自找圖。

AsF4：哇！好多，我可以全部都要嗎？（很興奮地指著螢幕上找到的七龍珠圖）

其他人都圍過來看，AsF4：好酷唷，也有戰鬥陀螺！

AsF1：哇！我也到找好多 Hello Kitty，可以都要嗎？

學童在抓圖、找音樂和下載的過程中都能操作自如。隨後，我們又要求他們正視「著作權」問題；亦即網頁只能放置「免費下載」的素材，學童也都欣然接受。

AsF4：這好好看喔！我要用。

AsR1：那妳看看它有沒有說可以免費下載？

AsF4：沒有啊！

AsR1：那就不行了，妳只能下載到自己的電腦上看，不能公開放在妳的網頁上。不然妳也可以寫信給站長，問他妳能不能使用他的圖片。

AsF4：為什麼？

AsR1：如果今天妳畫了一張圖，別人沒經過妳的同意就把它影印下來，然後到處貼，這樣妳會高興嗎？

坐在旁邊 AsF1：不高興！

AsR1：所以看妳要不要寫信給站長，還是要在找別的？

AsF4：那我在找別的。（AsF4 上網搜尋）啊！都沒有セ……那我自己畫好了，妳可以幫我傳到電腦上嗎？

隔天 AsF4 睡眼惺忪的拿著圖給 AsR1：我畫好了。

AsR1：妳眼睛怎麼這麼腫！妳昨天沒睡覺啊。

AsF4：沒有啦，我晚上畫了很久才畫完。

大多數學童在瞭解「著作財產權」不容侵犯的觀念後，都改用自己的圖畫或照片，其他人也自動為其資料「註明出處」。值得一提的是，原本不願意打字的 AsF8 在進行超連結時，發現只有圖片的網頁，其實很難和首頁連結，因而自動為每頁補上標題和簡單的內容說明。這顯示學童在識讀活動中，其實有能力選擇自己所需並適合的媒體形式。

雖然學童（尤其是男童）在活動期間，經常為了能盡快上網玩遊戲，而草率地完成任務，但在最後一週，我們發現大多數的學童已學會網頁技術，不僅能自行新增／修改網頁，也能協助後來加入者解決技術問題。

二、發覺自己的聲音

玩遊戲、聽音樂及看圖是學童主要的網路活動，即使在網頁製作時，他們仍以介紹卡通、偶像或明星為主，並直接將相關訊息複製／貼在其網頁上。顯然，學童將網頁製作當成「文化消費」而非

「文化表達」。因此，我們要求學童製作兩頁有關「我與 W 區」和「我與泰雅族」。

「我與 W 區」的製作，是由擔任嚮導的學童，引領大家從學校步行至附近的瀑布區，並沿途用數位相機拍下自己所喜歡或特別想介紹的地點；回到教室後再將照片上傳，並寫下對該地的感受。學童走出校園，顯得異常興奮，每到一處總是能沾親帶故，「這是我的同學家」、「這是我的親戚家」、「這是我們的活動中心」。AsM10 甚至得意地說：「這是我的家鄉！」。他們時而跑進老街的店裡，時而摸摸路上的東西（如：遊戲機、腳踏車），一副識途老馬在為外來者引路。而他們對在地的記憶與情感，也不像觀光客只是瀑布、纜車景點，而是一棵大樹或一台遊戲機。

至於「我與泰雅族」的製作，則是讓學童說出並寫下一些有關泰雅族的傳說。此活動先以團體討論的方式進行，然後再讓其個別完成故事。

AsR2：你們有沒有聽過什麼泰雅族的傳說？

眾人：有！（開始有人舉手）

AsM6：就是有兩個人從石頭裡出來。

AsM10：不是啦，是三個人。就是有一對兄妹，他們從石頭裡出來，有人跟哥哥說：你怎麼不去生孩子？後來那個妹妹就跟哥哥說，某一天某個時候，可以到一顆大石頭後面去，那邊會有一個小姐。結果哥哥去了，真的看到一個小姐，原來那個小姐就是他妹妹。她把自己的臉畫的花花的，他哥哥不知道，和她生了很多小孩，他們的小孩就變成很多族的人。

AsF8：還有彩虹的故事。

AsM9：太陽的故事。（眾人附和：太陽的故事！）

AsM9：以前有兩個太陽，有一個人他的田被曬乾了，他的兒子也被曬死了。他為了報仇，就把一個太陽射下來了。

AsR2：那你們覺得泰雅族是一個什麼樣的族群？

眾人：很勇敢！會唱歌！會跳舞！愛喝酒！

AsR2：那你們知道黥面文化嗎？

眾人：知道！

AsR2：那你們有沒有看過黥面的人？

AsM6：我的祖先。

AsF8：我的祖母的媽媽。

AsR2：大家都可以黥面嗎？

AsF11：只有織布的女生跟會打獵的勇士。

AsR2：那由誰來決定誰可以黥面？

AsM10：長老。（其他人：酋長！）

AsR2：那你們會不會覺得自己是泰雅族人很驕傲？（眾人點頭）

AsR2：你們希不希望把你們的文化介紹給全世界？讓全世界的人都可以看到你們的網頁。

AsM7：老師，他們怎麼知道我們的網址？

AsR2：網路是全世界相通的，只要你們把網頁上傳到網路上，有網路的地方都可以看到。

眾人：獅子島看的到嗎？越南？泰國？南極？非洲？

AsR2：都可以喔！那大家開始介紹泰雅族的故事。

平時討厭打字的 AsF8，也開始認真地打「彩虹的故事」。只有漢族的 AsF1 和 AsF4：老師，我們不知道做什麼？我們可以修改之前的網頁嗎？

此活動的設計，試圖讓學童瞭解網路除了娛樂用途之外，亦能用於建構自我認同和保存族群文化，藉由表達「我是誰？」、「屬於哪個地方或哪個群體？」、「此地方或群體有哪些特色與價值？」等問題，讓學童注意其文化遺產，並據此和外在（甚至是跨國）的流行文化進行協商。更重要的是，學童能夠藉此說出自己的經驗和看法。

三、辨明文本的意識型態效果

我們曾在前文中提及，學童大量挪用流行文本來豐富其網頁。為了避免他們受到商業媒體的負面影響，我們安排了「電玩識讀」和「動畫識讀」，並要求學童檢視和反省其所使用的流行資訊，問題包括「為何喜歡？」、「哪裡吸引人？」、「何種形象被呈現？」、「內容有沒有問題？」或「有無其他的可能性？」等。

在「電玩識讀」部分，我們選了兩個具有種族刻板印象的網路遊戲：「暴力橄欖球」和「打拳擊」，並先讓學童玩遊戲，再進行團體討論。學童一開始即指出，「黑人的樣子很好笑，尤其是被打倒的時候」。但他們也認為，黑人比較厲害，因為「黑人曬得很黑，一看就知道平常有練習」、「黑人比較壯」、「黑人力氣大」。不過，經過討論後，AsM9 指出：「我看過泰雅族的大人在練拳擊」。AsM10 附和，「泰雅族人也很強！」。AsF8 接著說：「不一定皮膚黑，才有力氣！」。AsM6 也強調：「不一定體力大才會贏，有些人個子小，但有實力也會贏」。在對話中，學童逐漸意識到電玩文本對不同族群的刻板描述（如：黑人的大頭），並從自身經驗去回應文本：「皮膚黑的人不見得很凶、或很有力氣！」。

我們在電玩識讀的過程中發現，起初學童並未正視遊戲內容對其認知的影響，只是單純地玩遊戲；直到進行討論時，他們才開始注意到遊戲文本如何負面化有色人種的角色（如：體態壯碩、四肢發達、頭腦簡單等），同時也試圖從日常經驗去反思並重新評價有色人種的作為與表現。

除此之外，我們也鼓勵學童同時關注遊戲角色的其他刻板描繪（如：性別刻板）。在網頁練習時，有 7 位學童增設了「遊戲識讀」網頁。他們各自上網選擇一個遊戲，下載其畫面並以文字說明其刻板處，譬如 AsM10 以「街頭霸王」為例，網頁插入一張男、女主角對峙的圖片，標題則是「不一定女生軟弱就會輸；男生強壯就會贏！」。在持續不斷的練習下，我們發現學童經過批判識讀後，對遊戲文本更具有文化敏感力，不但能確切指出遊戲背後所隱藏的文化迷思，甚至能駁斥此觀點。

至於「動畫識讀」部分，我們以【風中奇緣】為範例，讓學童和我們一同觀看並分享其閱讀經驗。

> 當電影播到雙方互相唱著對方是蠻夷時
> AsF4：老師，蠻夷是什麼？
> AsR1：電影裡面的蠻夷是指印地安人！
> AsF4：哈哈哈，可是你看，蠻夷也說白人是蠻夷啊？！
> AsR1：那妳覺得白人和黑人誰是蠻夷？
> AsF4：當然是黑人啊！
> AsM6：哪有，胖子才是壞人，因為那胖子（指著白人開發者的頭頭）很殘忍，而且他是胖，不是壯。
> AsF8：老師，他們為什麼一直在唱歌？
> AsR2：妳喜歡唱歌嗎？
> AsF8：不喜歡。
> AsR2：妳覺得原住民都很愛唱歌嗎？
> AsF8：沒有啊！我就不喜歡。

學童在觀看過程中，會主動對電影中某些刻板之處提出質問，並藉由討論一同分享個人對族群／種族的文化經驗。當學童被問及「你最喜歡哪位男性角色」時，大家一致選男主角「邁斯」，因為「他是白人，比較帥！」。AsF4 以為，「高剛是印地安人，感覺比較野蠻」。AsM6 補充，「他很容易激動，可是邁斯很冷靜」。AsF8 附和：「因為邁斯是倫敦人，比較聰明」。儘管如此，大多數的學童（除了 AsM7）都認為，寶嘉康蒂（女主角）不應跟隨男主角到倫敦去，因為「族人需要她」，她應該留下來保護族人。

從學童的對話中可發現，他們在解讀大眾文本時，處於「宰制—協商」的矛盾位置。一方面，他們雖然察覺動畫文本刻意將白人形塑成文明人，以凸顯原住民的野蠻和落後，但他們最後還是選擇文本的優勢意義（preferred meanings）——因為文本中的「白人」被賦予「教養」、「聰明」、「果敢」等文化意義。另一方面，學童指出大眾文本過於強調原住民載歌載舞的特色，但當我們反問學童：「你們覺得原住民除了唱歌、跳舞、打獵之外，還會做什麼？」大多數的學童卻回答不出來，反而表示其資質與條件的確不如漢族。此顯示，學童雖有能力察覺大眾文本如何貶抑有色人種，但卻無法具體說明自身族群的特色與優勢，反而容易以主流價值來評價自身。

四、肯定個人的認同

對學童而言，他們難以將解讀經驗應用到現實生活中，因此 AsR2 另外製作一個簡報檔，介紹各行各業的原住民，包括詩人、作家、藝術家、攝影師及立委等。我們希望藉此讓學童瞭解原住民除了運動和唱歌外，也能有其他的發展。

AsR2：你覺得在別人眼中，自己是一個什麼樣的族群？
眾人：普普通通！很古老！很會罵人！
AsM9：老師，我知道，他們覺得我們很賤，因為母幹常常被我們嗆！
AsR2：母幹是什麼？（眾人大笑）
AsF8：母幹是平地人。
AsM6：他們覺得我們很會跳舞、很會做小米酒。
AsR2：那你們覺得自己是這樣的嗎？
眾人：我們還會打獵！
AsR2：除這些呢？（眾人沒回答）
AsR2：你覺得電視上的原住民都是什麼樣子？
AsM6：穿著泰雅族的衣服唱歌和跳舞。
AsR2：那你們覺得自己除了唱歌、跳舞，還會做什麼？
眾人：打獵啊！
AsR2：還有沒有別的？
眾人：織布！喝酒！
AsR2：那有沒有很會唸書的？
AsF11：不可能的事。
AsM6：對啊！不可能。
AsR2：為什麼不可能？
AsM6：因為我們很愛玩？
AsR2：有沒有人以後想讀大學？
AsF8：NO，大學要考試せ。（除了 AsM7、AsF8 外，眾人都舉手）
AsR2：那要讀大學就要用功唸書！
AsM12：可是我們是很笨的族群。

AsR2：為什麼？

AsM12：因為這裡的每個人都是瘋子。

AsM6：你自己才是瘋子！

AsF8：我們是很勇敢的族群。

AsR2：你們認同 AsF8 嗎？（眾人齊聲：認同！）

AsR2：那你們認同自己是聰明的族群嗎？

AsM6：不認同。（眾人附和：不認同！）

AsM9：很生氣地說：認！同！（眾人開始質疑 AsM9）

AsF11：為什麼？為什麼？為什麼？你說啊？（AsM9 無言以對）

AsF8：平地人比較聰明，因為平地人有上課我們沒有啊？

AsR2：我們現在不是在上課嗎？

AsM10：平地人都在補習班補習。

AsM9：還有平地人都戴眼鏡。

AsR2：戴眼鏡就是比較聰明嗎？

眾人：對啊！書讀得比較多。

AsR2：那你身邊有沒有傑出的原住民朋友？

AsF1：AsF11 唱歌很好聽，跳舞也很棒。

AsF8：我的表姊，因為她很會母語。

AsR2：你們說平地人戴眼鏡，所以比較聰明，其實不是這樣，因為你們綠色看得多，所以眼睛比他們好。

AsM9：老師，他們都在補習せ。

AsR2：補習不一定比較厲害，只是資源比較多。

之後，我們播放簡報檔，列舉幾個傑出的原住民案例。

AsR2：你們喜歡自己的族群嗎？

眾人：喜歡。（AsM7：不喜歡！）

AsR2：你喜歡人家說你們只會喝酒、打架、唱歌嗎？

眾人：不喜歡！

AsR2：你們可以改變自己是泰雅族的事實嗎？

眾人：不可以。

AsR2：但你們可以改變別人的想法嗎？

眾人：可以啊！

由於學童深受大眾媒體的影響，無法說出其族群的特長，因此我們設計此活動讓學童瞭解原住民在各行各業也有傑出的表現，不是只有大眾媒體所再現的歌舞表演而已。在對話中，原住民學童將「眼鏡」視為「聰明」的表徵，令研究員更強烈地感受到原／漢族之間教育與資源的差距。儘管在討論後，學童似乎較能接受並肯定其認同，但就他們的回答來看，其明顯受到宰制觀點與壓抑結構的影響，因此意識範圍相當有限，仍停留在 Freire 所謂的「半—不及物的意識」階段，尚未發展出批判意識。

然而，我們發現對學童而言，族群認同似乎不是簡單地破除刻板印象就能解決。以 AsM7 為例，他是唯一在「動畫識讀」時，贊同寶嘉康蒂離開族人到倫敦的學童。他之所以拒絕泰雅族文化，並非是因為缺乏自覺，而是親身經歷了文化的傷害。AsM7 表示，他的父親失業後，回到山上就只會喝酒和亂打人。因此，「泰雅族」對他來說，總是離不開「喝酒—暴力」。

在某種程度上，AsM7 的故事也讓我們意識到 Freire 二元模式（壓抑者 vs. 被壓抑者）的缺點。被壓抑者並不是一個同質化的團體，而且在其文化中也存在著壓抑和非人性化的運作。面對 AsM7 的困擾，我們也必須承認，「自覺」或「解構」並不足以解決壓抑問題，還須進行在地的轉換行動，但這已超出此次課程的範圍。[7]

---

7 未來的識讀研究可以帶領原住民學童進行一些社會議題的計畫，如：「我的

五、轉換社會行動

我們察覺在進行識讀期間，學童深受在地文化影響，視「暴力」為一種處世的方式，罵髒話或動粗對他們來說，是生活中習以為常的言行表現。

AsF4：我想不出我的首頁名稱啦！妳幫我想。

AsR1：不行。我又不是妳，妳要自己想。（AsF4 開始轉椅子）

AsM7 跑過來在首頁上打「88438」：爸爸是三八！（眾人大笑）

AsM6 把數字刪掉，打上「幹幹」。

AsR1：你怎麼寫髒話？

AsM6：唉唷！老師你不懂啦。

AsM7 又把字刪掉，改成「幹你娘」：100 分！

AsR2：為什麼你們一直用髒話？

AsF8：靠，他們本來就是這樣。

AsR1：喂！你自己也在講髒話！（AsF8 笑）

AsF1：老師，男生本來就是粗暴的動物，我們班的男生都會罵髒話和打架！

學童經常在練習時互罵對方：「去死！」、「煩せ！」、「幹！」，不然就是動手動腳。有一次，AsM7 和 AsM13 一言不合而大打出手，AsM7 被 AsM13 踹了一腳，抱腹痛哭。其他人卻說：「他們兩人是仇人，經常打架」。儘管研究員一再制止，但似乎也只是消極勸阻。因此，我們在活動結束之際，安排了「暴力識讀」。擷取一些學童常

族人為何喜歡喝酒？」讓學童在親身調查中，瞭解族群和個人壓抑的癥結所在，並擴大進行在地的社會改革。

玩的暴力遊戲作為例子，再配合虐待動物的新聞，讓學童明瞭如果我們經常接觸或使用暴力，就容易對暴力視若無睹。

> 螢幕上出現【虐待貓】的網路遊戲（把貓丟進洗衣機，攪成血肉模糊狀）時
>
> AsM7、AsM12（興奮狀）：這是我玩過的遊戲せ！
>
> AsR2：你們覺得這個玩久了會怎樣？
>
> 眾人：不會怎樣啊！
>
> AsR2：有人可能會覺得電玩和真實又不一樣，但是，真的有這種事情發生喔！
>
> 螢幕接著播放貓、狗被虐待的新聞，此時，大家都安靜下來，緊盯著螢幕。
>
> sR2：看完這些圖片後，你們會不會覺得那些欺負小動物的人很可惡！
>
> 眾人：不會啊！（AsM15：這很正常！）
>
> AsF14：AsM7 會拿 BB 槍射牠。
>
> AsR2：你們常常看到人家欺負小動物嗎？（部分人：對！）
>
> AsR2：如果今天是你們自己養的貓，被人家這樣，那你們高興嗎？（有人搖頭）
>
> AsF4：我殺死兩隻小貓。
>
> AsF1：AsF4 把貓咪的嘴巴打開，直接用筷子插進去，貓咪就死了。
>
> AsM10：暴力女！
>
> AsR2：如果你的狗胖胖也被這樣弄，你高興嗎？（AsF4 搖頭）
>
> AsR2：對阿！牠是有生命的東西せ！牠會痛喔！

AsM10：老師，我用東西把貓咪壓下去，牠沒有死。（用兩手掌做出壓東西的動作）

眾人開始討論自己虐待小動物的經驗。

AsR2：你看，像這些暴力遊戲玩久之後，你們都變得沒有同情心，把貓咪弄死，也不覺得怎麼樣，還是很開心，你們欺負小動物，也不覺得小動物很可憐ㄟ。

在「暴力識讀」中，學童對虐待動物一事不以為意。之後，討論「當別人對你使用暴力」時，學童的反應也是以暴制暴，如：「罵他」、「揍他」、「跟他拼了」、「拿石頭丟他」。暴力對學童來說，是解決衝突的有效方式。為了讓學童瞭解在日常中，有許多暴力是可以避免的，因此要求大家在留言版上練習「誇獎他人」，試圖以「好言好語」來代替挑釁與髒話，藉此降低學童之間的衝突。

AsR2：你們常常罵髒話，如果你今天被罵髒話，你心裡有什麼感覺？

AsF8：想揍他！想扁他！（其他人：罵回來！）

AsR2：你們聽到髒話都會不開心，對不對？那你們有沒有常常誇獎別人？

AsM15：不常。

AsM7：偶爾啦！有時候啦！我只會誇獎 AsF8 跟 AsF14。

AsR2：你們被誇獎是什麼感覺？

AsM15：沒感覺。

AsF1、AsF4、AsF8：高興！

AsR2：那我們現在來做誇獎別人的練習。

學童紛紛上網至其他人的留言版，寫下如「妳的網頁做得很好看」、「我喜歡你的圖片」等話語，讚美代替了口頭暴力。當他們看到別人善意的回應，也露出會心的一笑。由此可見，學童也能透過批判識讀，從中反思其行為模式。

在電腦營結業當日，我們詢問學童對此次活動的意見，他們普遍表示，「已學會做網頁」。AsM10 說：「以前以為很難學，現在覺得很簡單」。AsM6 甚至強調，「現在可以教別人了」。此外，學童也對電玩和影片識讀部分感到興趣。AsM7 表示：「在說話的時候要加強」。AsM8 補充：「學到不要使用暴力」。AsM9 則說：「學會用頭腦來想」。在某程度上，學童似乎也從批判識讀中得到一些啟發。

研究員中除了 AsR2 之外，另外兩位都認為識讀活動對學童的幫助有限，因為其習性已經根深蒂固。然而，AsR2 同意我的看法，認為這是意識的開始，至少「在他們的心中，已經埋下一粒種子」。儘管研究員對活動成效的看法不一，但電腦營的確提供我們一個機會，讓師／生和研究者、研究員／學童在批判教／學的過程中，重新反省理論並傾聽彼此的聲音。

柒、結論與建議

此課程在 A 校實施之前，我們已先在 B 校進行試驗，[8]也獲得相似的結果。在技術方面，B 校學童在課程結束之際，不僅獲得網

[8] B 校的暑期電腦營是從 2005 年 7 月 13 日至 30 日（共 15 日），一共招募 5 位研究員和 8 位學童。由於 B 校參與的人數較少，且學童有強烈族群認同，故我們以 A 校為例，說明批判電腦教學能否幫助缺乏族群認同的 A 校學童，培養批判意識和文化自覺。

頁製作的相關技巧，也能從事多媒體和多樣式的符號操作。在文化部分，由於後山的學童有強烈的族群認同且熟悉母語，因此我們安排由學童擔任母語小老師，教導我們有關泰雅族的問候語和歌謠，並將其記錄在網頁上。B 校學童不再上網下載流行音樂，而是上傳自己所演唱的部落歌謠；有些學童甚至在網頁上解說歌曲的大意。

最後，在批判部分，B 校學童受到主流價值的影響，在接受性別與族群識讀後，雖然同意兩性平等，但仍堅持男女有別，如：「男孩不行玩化妝遊戲」。儘管如此，他們還是願意「改寫」文本，而不再只是進行複製／貼上。例如：喜歡打籃球的 B_4M2，將 NBA 球員灌籃的照片修改成自己，「雖然我長的小，但我技巧很好喔！」。他們逐漸將文本生產、愉悅及認同結合在一起。在結業當日，B_4M3 甚至表示，他將利用上課所學的網頁技巧為母親的小吃店製作一個網站，以招攬更多的顧客。顯然，B 校學童已能將電腦知識應用在其生活中。

之後，我們轉至 A 校進行實驗，有了 B 校的教學經驗，讓我們更能掌握課程的進行。除了將原先的識讀檔案修改成更淺顯外，也針對 A 校學童的特性做了一些修正，譬如：有些學童不願意讓別人知道其族群身份、或同學之間經常暴力相向，而在課程安排上特別強調族群認同和暴力識讀。就 A 校實驗的結果來看，有三項重點發現。

首先，針對學習者。參加電腦營的學童逐漸接受「電腦課≠學技術」，還應利用資訊科技和技術去說出自己的看法。例如，AsM12 一開始曾抱怨：「電腦營為什麼不是學電腦，還做這麼多事？」。不過當我們討論到電玩的刻板問題時，喜歡玩「化妝遊戲」的他也改變了想法，並在其「遊戲識讀」網頁裡，以「男生換裝」為題，寫明「男生也愛美，也要學習穿衣服」。顯然，批判課程若能與學童的壓抑經驗扣連，愈能喚起學生的共鳴，也愈能激發以網頁技術去說出和轉換其生活世界。同時，這亦凸顯學童是文化的行動者，不僅有能力接收資訊和學習技巧，更有能力利用網路從事文化生產。

其次，就識讀成效而言，我們發現 A 校的原住民學童已經內化了主流的觀點，因此意識的層面較有限，離反思還有一段距離。儘管我們的識讀活動包含「技術」、「文化」及「批判」三種內容，但學童平常並無機會接受批判訓練，因此較易獲得網頁技術，而較難發展出批判意識。對學童來說，「技術」只要多練習就能掌握竅門，但「批判自覺」則需拒絕那些「習以為常」的事物，並對處境有更深刻的反省，對他們而言比較困難。

然而，從學童的態度來看，則有明顯的改變，從一開始對文化層面的排斥到後來的經驗分享；從回答「不知道」到「也不是這樣」，多少反映出學童的自我掙扎和成長。但我們也必須承認，批判面向較難在短期內看到成效，必須經過長時間培養並與其他課程配合，才能有效地幫助學童發展意識。誠如 B. Green（1998: 81）所言，學習是一種轉換的實踐（transformative practice），旨在「產生不一樣」（make a difference），但轉換並非一蹴可幾，而是有不同的層次、種類及範疇。A 校學童在活動中至少邁出第一步，願意說出並反省其想法與經驗。

第三，在課程設計方面。我們發現電腦識讀以「批判」而非「技術」為導向時，學童有較多的機會去分享其經驗，並思考其認同與文化問題，從而發展出「多元電腦技巧」、「發覺自己聲音」、「辨明意識型態效果」、「肯定個人認同」、「轉換行動」等五項識讀能力。不過，我們也必須坦承，儘管我們一直希望從原住民／學童的角度出發，但整個課程設計仍以漢人／成人經驗為主，尤其是有關批判層面的轉換行動。我們原希望學童能從自身的壓抑經驗去提出「轉換」計畫與行動，但學童在短時間裡似乎較難察覺其問題，最後仍由我們為其安排「暴力識讀」和「好言好語」活動，這其實並未完全實現「科技賦權」的目的。

由此來看，批判電腦識讀需長時間且階段性的進行。課程設計可根據 Friere 的意識三階段，在不同意識階段，特別培養某些識讀能力，如 A 校學童仍處於「半—不及物的意識狀態」，可強調前三項能力，等學童開始關切周遭的人事物並想改變時，再增強後二項能力。

另外，值得注意的是，學童在學習期間受限於學校的資源，只能使用注音軟體。此軟體不但無法改善原住民學童的拼音問題，也易造成學習電腦的障礙。當課程以中文輸入為主時，大多數的學童表現出抗拒、反應遲鈍；但若改變教學內容（如：以視覺表現來代替文字表達），其學習意願則明顯提高、反應也變快。這顯示學童的識讀能力會受到學習環境的影響，因此有關單位在實施電腦識讀時，宜考量學生的程度並選擇適合他們的軟／硬體，以協助其建立學習新科技的信心。

本章花了許多篇幅介紹批判電腦識讀的設計與執行過程，主要是因為前面各章有關 A 校的討論一再指出，A 校學童的電腦／網路使用深受生存心態和文化資本的影響，傾向採用非探索性、及時行樂的用法，恐不利於其在資訊社會的發展。為此，我們嘗試以媒體識讀融入電腦教學的作法，將學童的玩樂納入數位生產中，並以批判識讀作為中介。從實驗中，我們發現學童似乎對玩樂的對象開始產生「疑慮」，多了所謂的「批判性距離」，若能長期累積這樣的文化資本，將有助於改善其生存心態。如同 Marsh（2006）的研究指出，教師若能在教室場域內實施批判識讀，協助學生將其轉變為形體化的能力（embodied competence），應用在文本的挑選、挪用及解釋上，將能挑戰個人既有的生存心態，並產生新想法或「即興表演」（improvisation），繼而造成個人的改變。就此來看，批判的電腦識讀不僅有助於提高學童的數位能力，也能連結他們的生活經驗和學校的智識活動，並幫助其科技賦權——擴大使用範圍和參與社群活動。

第十一章　結論

本書以 A 校學童為例，從在校學習、居家生活、同儕玩樂及課後輔導等面向，檢視偏遠地區兒童與網路的關係，結果發現兩者互相建構彼此。網路作為科技，機器本身隱藏著某種偏好與價值，若運用在學習上，將不利於那些缺乏經濟資本（如：缺乏軟硬體設施）或文化資本（如：中、英文能力不佳）者的電腦學習（詳見第九、十章）。

網路作為媒體，內容背後蘊藏著某種宰制的意義，若應用在娛樂上，則不利於那些被邊緣化學童（如：原住民學童或性傾向模糊者）的文化或自我認同（詳見第六、七章）。

網路作為網路空間（cyberspace），不論是當成「數位運動場」（digital playground）或所謂的「第三地」（the third place）[1]，雖然能讓學童和親朋好友相約在此玩樂抑或結交新朋友，打破線上／線下、虛擬／現實、全球／在地之分，但不利於那些缺乏風險感學童的使用（詳見第四、八章）。

由此來看，兒童與網路其實指涉多層面，一方面，網路本身（包含軟硬體）具體化某種社會關係，當兒童使用它時，它會反過來形塑兒童的認知與能力。另方面，儘管兒童的網路使用受制於脈絡、科技本身及主流價值，但他們仍試圖透過每日的網路使用，扮演或協商某種認同並從事社會實踐——亦即複製或挑戰現存的社會關係。顯然，兒童的網路實踐和自我認同交疊在日常生活的不同場域

[1] C. Steinkuehler 與 D. Williams (2006)認為，網路提供空間進行社會互動和建立關係，有別於傳統的家戶和學校是「第三地」，可以從事非正式的社交，如同現實生活中的酒吧或咖啡廳。

（如：學校、家戶、社區等）和不同面向（如：學習、娛樂、社會化等）之中，而且不斷地建構彼此。

從脈絡化的研究中，我們亦發現偏遠地區學童受到在地文化、生存心態及文化資本的影響，傾向以及時行樂、非探索式的方式使用網路，並將其併入既有的活動與關係中，造成他們在教室或家戶的網路使用，不論是應用在電腦學習、休閒玩樂或同儕文化的維護上，都出現性別化、族群化和階級化的使用模式。

不過，偏遠地區兒童並非同質化的群體，他們來自不同的社經、文化背景，並未以相同方式或同等機會近用網路，導致他們之間的網路使用出現漸層式（或不同程度）的使用差距（詳見第三、五章）。

儘管學校試圖利用電腦課來導正學童的網路使用並提高其資訊素養，但因課程以技巧為主，缺乏性別、族群的敏感度，而無法有效幫助學童改善現狀（詳見第九章）。不同於制式的電腦教學，我們嘗試採用批判識讀融入資訊教育的作法，發現具有文化敏感性的電腦識讀課程有益於學童將校內／外、學習／玩樂、專業知識／流行文化連結在一起，並反思其處境，將網路應用在其日常生活中（詳見第十章）。

根據 A 校的研究，我們亦察覺數位落差並非單純肇因於電腦資源的分配不均，而是涉及社會結構的權力運作，且體現在日常生活的各層面，從學童的學習、休閒至社會化。誠如 L. Kvasny（2005）所言，數位落差乃是根植於宰制權力的歷史體系所衍生的政治結果，而這些勢力會在第一時間限制少數族群的網路近用與使用，讓其繼續淪為數位落後的他者。

從學校的課程設計、軟體選擇至評量方式，抑或網路的文化表現，在在顯示漢族、中產階級的智識價值與品味。A 校學童面對學校所提供的電腦學習，經常反應「好難」、「沒興趣」或「用不著」；

面對網路市場所提供的多元服務，也傾向選擇狹隘的娛樂使用，似乎出現 Kvasny（2005）所擔憂的少數族群在資訊社會中實現負面自我的預言。為避免偏遠地區學童成為數位落後的他者，我們除了提供近用／使用網路的機會外，也應反省整個資訊教育是否潛藏著某種階級優勢，排斥或貶抑其他弱勢者的學習；另也應尋求以批判識讀來打破師生原有的生存心態，讓其發展出多元的網路使用，並致力於個人／社群的科技賦權。

由於前面各章已針對主題做出結論，細節就不再贅述。下面，我們將從反身性（reflexivity）的概念，反省我們在 W 區和 A 校所做的研究，試圖從研究本身來說明本書可能有的問題與限制，最後並提出實務的具體建議。

壹、研究的反思與限制

P. Bourdieu（轉引自 Wacquant, 1992: 39）指出，有三種偏見會影響社會學的凝視（sociological gaze）：（一）研究者的社會出身（如：所屬的階級、性別、族群等）；（二）研究者在學術領域上所占的位置；（三）智識的偏見（intellectualist bias）指研究者將世界看成一個景觀（a spectacle），作為一套有待解釋的意指符號；而非有待實踐解決的具體問題。他以為，智識的偏見比前面兩者更易讓我們忽視實踐邏輯的「種差」（differentia specifica），因此建議我們應批判並反思那些影響我們認識世界的種種預設。

顯然，反身性乃是研究者回頭凝視自己的經驗，將自己視為客體，透過不斷地「反過來針對」自我並擴大至他者的處境及社會所建構的本質。在此過程，由於自我和文化他者總是多元且持續地被建構，一直處於變成（becoming）而非固定的狀態，導致民俗誌的生產也只是局部且偶然的知識產製（Foley, 2002: 473）。

D. E. Foley（2002: 476）認為，Bourdieu 的反身社會學（reflexive sociology）屬於理論的反身性（theoretical reflexivity），以推論性的認識方式（abductive way of knowing）來檢視日常生活，研究者在具體場域的經驗和抽象理論的解釋之間反覆進行演繹與歸納的工作。

基本上，本書也是如此，試圖透過相關理論引導我們思考兒童所面對的數位不平等問題（包括數位風險、科技馴化、遊戲賦權等），並藉由研究場域所取得的經驗資料來回應與反思理論所凸顯的問題。由於 Bourdieu 強調，研究者應注意自己的學科訓練如何侷限並影響其思考與寫作，因此下面我們也將針對整個研究過程（包括學科訓練、研究執行及資料詮釋），進行批判與反思。

一、學科訓練

批判研究旨在揭露社會不義，並協助被壓迫者從事反抗，雖然研究強調給予被壓迫者聲音，但又暗示其可能被權力所宰制，故其言語也可能只是服膺宰制階級。顯然，批判研究在某程度上仍抱持菁英的觀點，預設研究者比受訪者（或參與者）更能察覺表象背後的權力運作，在智識位階上似乎高過受訪者。

對此，我們一直心存警惕，研究者並非全知、全能者，只是對權力的運作比較敏感且具有批判意識，所以能協助學童察覺其壓抑處境，不過我們對學童的生活世界（尤其是數位世界）仍是一知半解，有賴他們來澄清與說明，因此研究的重點仍在鼓勵學童說出其經驗與感受，尤其是面對權威與壓制時，他們所採取的策略與應對之道。

二、與兒童一起做研究

受到童年社會研究的影響，我們視學童為合作伙伴而非研究對象，並邀請他們參與我們的研究。然而，當學童分享其高風險的網路經驗（如：A_6F16 為情所苦、A_6M6 偷跑到網咖）時，我們陷入兩難，是否該介入或該告訴其導師？或是在暑期電腦營中，男童流連於色情網站或在班上大打出手，我們是否該出面制止？如果學童已成年，這些或許都不是問題，但因其未成年，也迫使我們面對研究倫理與兒童隱私的抉擇。

儘管我們避免規訓（discipline）學童或以道德的方式評價其作為，但不容否認，研究者／研究員與學童之間仍有權力位階存在（Hobday-Kusch & McVittie, 2002; Holt, 2004）。當我們進入學校，學童會認為我們是來協助或指導他們，所以會向我們求助，或視我們為糾紛的仲裁者，導致我們也被迫行使權威——勸阻學童點選色情圖片或暴力相向。

誠如 S. J. Blackman（2007）所言，研究者其實不時侵入受訪者的生活世界，和受訪者之間的情感關係屬於隱藏民俗誌（hidden ethnography）的一部分。我們也必須坦承，在研究進行的過程中，研究者／研究員與學童之間也常發生緊張與衝突。即便我們對學童施展了權威、干預其使用，甚或影響其回應，但他們並非被動的依賴者而是主動的行動者，在權力操演的過程中，他們也會個別或集體反抗。這也提供我們機會瞭解其如何面對權威與壓制，以及網路科技在其中所扮演的角色。

由此可知，當我們進入場域調查學童的網路使用時，我們其實也成了研究的一部分——透過我們和學童的互動，間接影響其當下的反應。在長期的互動中，學童也可能察覺我們對什麼樣的問題或答案感興趣，而迎合我們的預期。為避免彼此互相誤導，我們除了聽其言、觀其行外，也透過多元方法來掌握學童的實際作為。

三、資料蒐集

我們在 W 區採用多元方法在不同場域進行調查，結果發現不同方法所獲得的資料彼此有些衝突。譬如：有些女童在填寫問卷或個別訪談時，並未承認其高風險的網路使用，但在團體座談時卻主動提及認識網友的經過。我們發現，學童在填寫問卷或個別訪談時，比較容易受到社會期望的影響，希望寫／說出的東西符合其身份，尤其是性別身份，所以女童多不願意表明自己喜歡玩電玩或結交陌生網友。

此外，我們也察覺原住民學童比較難以語文表達其想法，不論是填寫問卷或回答問題，他們經常回答：「沒有」或「不知道」。除了學童的個人原因（如：不想寫或語文能力）外，有部分原因則是出在問題設計本身——這些問題是透過理論引導並從成人角度所提出來，對學童來說根本不是問題，所以他們不知如何回應。

然而，參與觀察法則能彌補這方面的不足，提供研究者有關學童在場域內使用網路的種種細節和行為模式，包括學童所在位置、網路活動、和同儕／師長／家人的互動及抗爭等。此外，焦點團體座談亦能凸顯同儕間的權力關係，由於學童在教室的座位是固定的，較難看到隱微的排擠行為，但透過焦點團體則可以清楚知道誰的談話（如：A_6M29 或 A_5F1）被刻意打斷或忽略。

由此來看，資料間的矛盾不但有助於我們思考權力運作，尤其是學童所處的結構位置如何限制和影響其行為，同時亦讓我們看到學童多元、流動的認同建構過程。

四、資料詮釋與呈現

基於研究者的立場與性別方面的訓練，我們在處理資料時，可能特別注意、選擇、甚或擴大某些聲音（如：性別方面的運作），而忽略或刪除某些意見，因此本書不是在反映學童的心聲或呈現客觀事實，而是試圖以個案的方式，針對偏遠地區學童的網路實踐與數位落差間的關聯，提供一種局部、有限且處境性的解釋。

偏遠地區學童作為文化他者，當我們在撰寫或重新建構其生活經驗時，也左右兩難，究竟應如何掌握他們的意見才能為其發聲，而非再次貶抑其為「無權力者」或「能力低者」？雖然我們竭力以女性主義者所主張的「尊重」、「平等」、「互惠」來從事研究（Skeggs, 2001），並從壓抑處境來解釋其數位表現，但在某程度上，研究結果仍然容易將他們負面化。[2]儘管這不是我們所樂見，但也不得不坦承，研究雖然聲稱以兒童為中心，但最後的詮釋權仍是在研究者的手中——由研究者的成人、漢族、女性、中產階級、受過良好教育者的角度出發，多少影響觀看和詮釋學童的數位表現。

正如 E. Manias 與 A. Street（2001）所言，整個研究建構在批判典範的旨趣底下，不是在產製一個無偏見的客觀知識，而是提供一個機會讓所有參與者從事社會和政治實踐。在長達兩年的脈絡化研究中，我們盡可能讓所有參與者（研究員、師生等）分享不同的觀點與經驗，但每次的努力都只能幫助我們揭示霸權運作的某些面貌，並察覺兒童的數位表現和深層結構間的某種可能關係。

2　早先我們所發表的個案分析並未隱匿 A 校之名，A 校校長表示我們的研究結果可能會讓外界對他們有負面看法。對此，我們深感抱歉。批判研究並非在指責參與行動的個人或機構，而是在檢視背後的整個權力結構。顯然，我們在資料處理與詮釋上，還是容易讓人產生誤解，故在此必須再三強調：個人或機構的不當或不佳表現並非內在因素使然，而是肇因於外在的權力運作。

為此，本書也只是提供一種看法，未來研究可以從不同角度、擴大調查不同地區、學校、場域（如：網咖）如何影響偏遠地區兒童的數位表現，或是以相互對話的方式來書寫兒童與網路的關係，必能彌補本書的不足並豐富此新興領域。

貳、建議

本書以偏遠地區學童為對象，旨在說明來自迥異處境的兒童有不同的數位機會與表現，若欲瞭解其網路使用能否發揮科技賦權的作用，還是應從被邊緣化的他們著手，才能釐清兒童的科技使用，在現實世界裡究竟受到哪些限制與約束，並造成兒童之間不同程度的使用差距。

B. Mehra 等人（2004: 798）指出，網路研究應致力於將少數族群和被邊緣化者的使用納入資訊計畫和公共政策中。因此，我們彙整本書的發現，提供一些具體建議。

首先，在政策方面，政策制訂者應跳脫數位落差的二元模式，光是提供（標準化的）物質近用，是無法解決弱勢者的數位學習問題，還必須考量學習者的處境與限制，提供符合其利益與需求的軟硬體（如：契合使用者友善的原則）與配套措施（如：定期在地的維修與提供 Q&A 服務）。

另外，在電腦教學部分，任何資訊推廣計畫不能僅以技術為導向，還必須具有文化敏感性，考量學習者的生活需求與利益，以「做中學」的方式，教導其如何利用新科技去解決日常問題，讓新科技能併入在地生活，而不只是作為娛樂工具。

在學校方面，就 A 校學童的學習來看，缺乏文化敏感度的電腦課程，對學童的幫助很有限，也易強化既有的偏見，如：男生喜歡硬體組合；女生偏好打字練習。教師受到兒童保護主義的影響，多不願意強調網路的民主性，學童因此以為網路只是另一種學習或傳播工具，而未利用網路來實驗自我與探索外在世界。事實上，學校所採用的保護作法，並不能保證學童不受網路的侵害，因為他們在校外上網，還是有可能遭遇網路風險。由此來看，教導學童如何選擇與解讀線上訊息與服務，可能比防堵更有效。

為了不讓學童只是被動地消費訊息，學校應正視學童的自主能力與網路的民主潛力，鼓勵學童培養批判力與從事數位生產。這對原住民學童而言尤為重要，因為大眾媒體經常貶抑其族群形象，而網路作為一個開放的文化場域，正好讓其練習如何去辨識、挑戰，以及轉換族群的形象。

此外，學校是家戶之外學童的重要生活場域，但教室卻是一個充滿敵意與威脅的場所。由於權力不均，一些因性傾向、階級、族群或其他因素而無法扮演出同儕預期的身份特質者，不但會遭受排擠，也會被污名化（如：男生被譏諷為「婆豬」）。在教育部大力推動性別、族群平等的今日，教師應特別注意班級經營與班風樹立，不能再漠視學生的漢族中心、男性霸權，以及恐同文化，並鼓勵學生以多樣的網路活動（如：男女交換玩性別化的遊戲），學習互相包容、尊重彼此的差異，如此才能有效落實平等教育。

在家戶方面，一般在家戶研究中皆強調家長應指導或陪同學童上網，但從 A 校的經驗中，我們察覺家戶政治不同，並非每位家長都有時間或能力陪同小孩上網。然而，從國內外的研究顯示，家長在日常生活中若能關心兒童，給予情感上的支持，兒童比較不會沉迷於虛擬世界的人際關係。在我們的研究中，亦發現高年級學童其實已明白網路交友的風險，只有在得不到家人或同儕的支持時，才會轉而尋求線上的慰藉。為此，家戶能做的至少是瞭解學童上網做什麼，並讓他們知道家人的關心與支持。

在學童方面，大多數偏遠地區的學童較不在意學業表現，因此網路使用以玩樂為導向。但網路玩樂隱藏許多風險，若學童缺乏自覺，將易蒙受其害。因此，學童在玩樂時，也需提高意識並以負責任的方式使用網路，以保護自身安全。此外，網路玩樂也能結合學習，若學童能培養批判識讀能力，將玩樂經驗（如：打電玩或經營家族的經驗）擴大應用在學習生活技能或探索在地文化上，譬如：經營線上漫畫家族的女生也能轉而設立「每日一語」的母語家族，將有助於開展其網路應用的面向，從單純玩樂拓展至公民參與、文化生產。

網路玩樂已成為學童日常生活的一部分，對不喜歡唸書的兒童來說尤其明顯。不管成人以道德勸說或強行管制的手段，可能都無法改變學童喜歡網路玩樂的事實。儘管網路潛藏風險，但也帶來數位機會，網路玩樂還是有可能轉為學習的動力。因此，如何讓學童從玩樂中學習並擴大應用面向，以及如何利用媒體／資訊識讀讓其成為耳聰目明的使用者，也成了今後我們該努力的方向。

參考文獻

中文書目

王建翔（2005）。《國小兒童網路使用行為之研究——以桃園市國小高年級學童為例》。元智大學資訊社會研究所碩士論文。
王奐敏(2005)。《不利偏遠地區學校資訊素養教育推動因素之研究》。交通大學傳播研究所碩士論文。
王盈惠（2001）。《國中生電子遊戲經驗與學習參與、人際關係、偏差行為之關係研究》。高雄師範大學教育學系研究所碩士論文。
王嵩音（1997）。〈台灣原住民還我土地運動之媒體再現〉，「1997 中華傳播學會研討會」論文，台北縣深坑。
王嵩音、池熙璿（1997）。〈原住民網路新聞討論群之研究——以 tw.bbs.soc.tayal 為例〉，中研院社會學研究所籌備處第二屆「資訊科技與社會轉型研討會」論文，台北市。
王嵩音（1996）。〈原住民議題與新聞再現——以蘭嶼核廢料場抗爭為例〉，台灣大學「原住民傳播權益與新聞報導研討會」論文，台北市。
孔文吉（1994）。〈原住民與傳播媒介之批判〉，《原住民文化會議論文》，頁 97-127。台北：文建會。
司俊榮（2005）。《原住民地區小學資訊環境與學生資訊素養之相關研究：以南投縣信義鄉與南投市高年級學生為例》。大葉大學資訊管理學研究所碩士論文。
行政院研究發展考核委員會（2006）。〈國中小學生數位能力與數位學習機會調查報告〉上網日期：2008 年 6 月 14 日，取自 http://www.rdec.gov.tw/public/Attachment/774935671.pdf
行政院發展考核研究委員會（2005）。〈94 個人／家戶數位落差調查報告〉。上網日期：2008 年 6 月 3 日，取自 http://www.rdec.gov.tw/public/Attachment/7749354371.pdf
江桂珍（2004）。〈概述烏來泰雅族〉，《國立歷史博物館館刊：歷史文物》，14(5): 38-50。
朱慧清（2000）。〈從原住民學童的學校成就談家庭文化的衝擊〉，《原住民教育季刊》，19: 41-49。

呂翠夏譯（2002）。《兒童的社會發展：策略與活動》，台北：桂冠。（原書 Smith, C. A. [2001]. *Promoting the social development of young children: Strategies and activities.* Palo Alto, CA: Mayfield.）

呂秋華（2005）。《線上遊戲小學生玩家經驗之質性研究》。屏東師範學院教育心理與輔導學研究所碩士論文。

呂淑怡（2003）。《訂做一個他—交友網站的個人網頁自我形象分析》。中正大學電訊傳播研究所碩士論文。

余民寧（1993）。〈國小學生學習電腦的態度及其相關因素之研究〉，《國立政治大學學報》，67: 75-106。

李士傑（1998）。《民眾參與的網路運動——推動「偏遠地區上網」計畫的經驗研究》。東華大學族群關係與文化研究所碩士論文。

李田英（1988）。〈學習成就之性別差異〉，《台北師院學報》，1: 119-130。

李宗薇、李宜修、吳姿瑩（2007）。〈偏遠地區學童數位落差之探討——以桃園縣某國小為例〉，《研習資訊》，24(3): 73-79。

李美靜（2005）。《屏東地區國小數位學習現況之探討》。高雄師範大學工業科技教育研究所碩士論文。

李青育（2005）。《利用關聯規則探勘不同學習風格學童之網站學習歷程樣式》。國立台北師範學院自然科學教育研究所碩士論文。

李書豪（2004）。《宜蘭縣國中小學校數位落差之研究》。佛光人文社會學院教育資訊學研究所碩士論文。

李煙長（2000）。《國小學童網路化寫作學習社群之建構與實施》。淡江大學教育科技研究所碩士論文。

何榮桂（1999）。〈教育部「資訊教育基礎建設計畫」與北、高兩市「資訊教育白皮書」簡介〉，《資訊與教育》，70: 2-8。

林宇玲（2007a）。〈偏遠地區學童的電玩實踐與性別建構—以台北縣烏來地區某國小六年級學童為例〉，《新聞學研究》，90: 43-99。

林宇玲（2007b）。〈批判的電腦識讀與學童的網路實踐—以台北縣某偏遠國小的暑假電腦營為例〉，《教育實踐與研究》，20(1): 1-36。

林宇玲（2007c）。〈性味盎然的網路小遊戲〉，《媒體識讀教育月刊》，60: 1-5。

林宇玲（2007d）。〈超越召喚：線上遊戲的快感〉，台灣資訊社會研究學會、交通大學客家文化學院傳播與科技學系、元智大學資訊社會研究所舉辦「2007 台灣資訊社會研究學會年會暨論文」研討會論文，新竹市。

林宇玲（2006）。〈兒童與線上遊戲：性別建構與文化實踐〉，2006 年「數碼傳播與社會轉型：中華社會及其他地區之經驗」國際研討會，香港。

林宇玲（2005a）。〈偏遠地區兒童的網路使用與性別化同儕文化的發展〉，《新聞學研究》，82: 87-131。

林宇玲（2005b）。〈從性別角度探討偏遠地區學童的網路實踐〉，《女學學誌：婦女與性別研究》，19: 105-156。
林宇玲（2004a）。〈從性別角度探討社會弱勢者的電腦學習：以台北市職訓中心第九期「電腦基礎班」為例〉，《女學學誌》，17: 201-241。
林宇玲（2004b）。〈兒童的網路使用與性別化同儕文化的發展——以烏來國小六年級學生為例〉，2004 年世新大學「性別、媒體與文化研究」學術研討會，台北市。
林宇玲（2004c）。〈數位機會？數位落差？從性別觀點反省資訊推廣與訓練計畫〉，《婦研縱橫》，69: 82-87。
林宇玲（2003a）。〈社會弱勢者與電腦學習：以台北市職訓中心第五期「電腦為例〉，《教學科技與媒體》，64: 4-17。
林宇玲（2003b）。〈電腦恐懼的理論探究〉，《資訊社會研究》，5: 327-358。
林宇玲（2003c）。〈從行動者網絡理論來看電腦輔助教室教學：以「性別與媒體」課程的教室實踐為例〉，《教學科技與媒體》，66: 35-47。
林宇玲（2002）。《網路與性別》。台北：華之鳳科技。
林宇玲（2000）。〈解讀全球資訊網上的台灣女性網站：由網站論述現看性別與科技之關係〉，《婦女與兩性學刊》，11: 1-33。台北：台灣大學人口與性別研究中心婦女與性別研究組。
林宇玲、林祐如（2006）。〈從召喚觀點解讀線上遊戲的性別再現〉，成露茜、黃鈴媚主編，《世新五十學術專書——傳播研究的傳承與創新》，頁 77-202。台北：世新大學出版中心。
林宗立（2004）。《性別與網頁設計之訴求——以第五屆立法委員網站為例》。樹德科技大學人類性學研究所碩士論文。
林育賢（2001）。《電玩暴力對學童攻擊行為之效果研究》。世新大學傳播研究所碩士論文。
林奎佑（2002）。《電玩——慾望與機器的共生體》。清華大學社會學研究所碩士論文。
周芳宜、張芸韶（2007）。〈從 van Dijk 的四種近用看國小學童的數位落差：以花蓮縣市為例〉，「2007 中華傳播學會研討會」論文，台北縣深坑。
周桂田（2000）。〈風險社會之政治實踐〉，《當代》，154：36-49。
周桂田（1998）。〈現代性與風險社會〉，《台灣社會學刊》，21：89-129。
吳明隆（1998）。《國小學生數學學習行為與其電腦焦慮、電腦態度關係之研究》，高雄師範大學教育學類研究所博士論文。
吳正已、邱貴發（1996）。《資訊社會國民的電腦素養》。〈社會教育雙月刊〉，73: 13-18。
吳聲毅、林鳳釵（2004）。〈Yes or No? 線上遊戲經驗之相關議題研究〉，《資訊社會研究》，7: 235-253。

研考會（2007）。〈九十六年數位落差調查報告〉。上網日期：2008 年 6 月 3 日，取自 http://www.rdec.gov.tw/public/Attachment/81714551671.pdf
研考會（2002）。〈台灣地區數位落差問題之研究〉。（委託研究報告，RDEC-RES-086-001）。台北：作者。
柯文生（2003）。《學童網咖成迷與偏差行為之相關因素研究》。屏東師範學院心理輔導教育研究所碩士論文。
施文超（2006）。《彰化縣國小高年級學童網路使用行為、性知識及性態度之相關研究》。花蓮教育大學社會發展研究所碩士論文。
施宏諭、林菁（2004）。〈嘉義市國小高年級學童使用網路遊戲與資訊能力之相關研究〉，佛光大學「2004 年教育資訊國際學術研討會」，宜蘭縣。
侯蓉蘭（2002）。《角色扮演的網路遊戲對少年自我認同的影響》。東海大學社會工作學系碩士論文。
紀惠英、劉錫麒（2000）。〈泰雅族兒童的學習世界〉，《花蓮師院學報》，10: 65-100。
胡乾鋒（2002）。《台中縣青春期學生色情經驗、性態度與兩性教育需求之研究》。中正大學犯罪防治研究所碩士論文。
浦忠勇（2001）。〈數位科技會使原住民更邊緣化嗎？——談「社會公平與數位落差」，《資訊社會與數位落差研討會彙編》。上網日期：2008 年 6 月 7 日，取自 http://www.iis.sinica.edu.tw/2001-digital-divide-workshop/2-3.htm
徐廷兆（2004）。〈偏遠地區資訊服務推動現況〉，《研考雙月刊》，28(1): 103-111。
徐松郁（2004）。《苗栗縣國小學童數位學習機會與表現之研究》。臺中師範學院國民教育研究所碩士論文。
徐尚文（2006）。《台北市國小高年級學童線上遊戲經驗、態度與生活適應表現之相關研究》。台東大學教育研究所碩士論文。
夏林清（1996）。〈實踐取向的研究方法〉，胡幼慧主編，《質性研究：理論、方法及本土女性研究實例》，頁 99-120。台北：巨流。
孫曼蘋（2001）。〈青少年家用電腦使用之研究——質化研究方法初探〉，《廣播與電視》，16: 27-52。
孫曼蘋（1996）。〈中美青少年家用電腦使用對其家庭生活影響之比較研究〉，輔仁大學「媒介與環境學術研討會」論文，台北縣。
麥孟生（2000）。《個人心理類型、自我效能及態度對電腦學習成效之影響》。中央大學資訊管理研究所碩士論文。
莊元妤（2000）。《台北市國小高年級兒童電腦遊戲行為與創造力、寂寞感之相關研究》。中國文化大學兒童福利研究所碩士論文。
莊靜宜（2002）。〈資訊職業訓練對社會地位取得之影響〉，《資訊社會研究》，2：59-92。

郭孟佳（2005）。《公主變女傭：觀光發展下的烏來泰雅族女性》。世新大學社會發展研究所。
許淑惠（2006）。《國小六年級學童網路使用行為，家庭相關因素與網路成癮之研究》。靜宜大學管理碩士在職專班碩士論文。
陳怡安（2002）。〈線上遊戲之新天堂樂園〉，《資訊社會研究》，3: 183-214。
陳俞霖（2003）。《網路同儕對 N 世代青少年的意義：認同感的追尋》。南華大學社會學研究所碩士論文。
陳芳哲（2004）。《偏遠地區的數位落差：以阿里山達邦社區為例》。南華大學社會學研究所碩士論文。
陳昭如（1994）。〈原住民新聞與漢人新聞媒體〉，《原住民文化會議論文》，頁 129-145。台北：文建會。
陳啟健（2007）。〈男童參與線上遊戲與同性同儕之身分建構〉，「九十五學年度世新大學學生學術研討會」論文，台北市。
陳詩蘋（2001）。《政治人物網站呈現及其回饋機制之研究─以第四屆立法委員網站為例》。中山大學傳播管理研究所碩士論文。
陳碧姬、吳宜鮮（2005）。〈家庭內兩性數位機會、電腦態度與網路使用行為初探〉，《資訊社會研究》，9: 295-324。
教育部（2004）。〈建立中小學數位學習指標暨城鄉數位落差之現況調查、評估與形成因素分析〉。（教育部數位學習國家型計畫）。上網日期：2008 年 7 月 15 日，取自：陳芳哲（2005）。〈數位落差〉，《網路社會學通訊期刊》，第 44 期網頁 http://mail.nhu.edu.tw/~society/e-j/44/44-03.htm
曾淑芬（2002）。〈數位落差的社會意涵與影響〉，清華大學社會研究所「2002 網路與社會研討會」論文，新竹市。上網日期：2008 年 7 月 16 日，取自 http://teens.theweb.org.tw/iscenter/conference2002/thesis/files/20020528110442140.114.117.111.doc
曾淑賢（2001）。《兒童資訊需求、資訊素養及資訊尋求行為》。台北：文華。
曾玉慧、梁朝雲（2002）。〈從網路遊戲的盛行與網咖的發展談國高中學校教育政策〉，《視聽教育雙月刊》，44(2): 2-12。
曾慧敏等譯（2004）。《西爾格德心理學概論》。台北：桂冠。（原書 Atkinson, R. L. et al. [1996]. *Hilgard's Introduction to Psychology* [12th ed.]. Harcourt College Publishers.）
黃田正美（2005）。《「非父系社會」原住民國中生性別價值觀與態度之探討》。中山大學教育學系研究所碩士論文。
黃啟龍（2001）。《網路上的公共領域實踐──以弱勢社群網站為例》。世新大學傳播研究所碩士論文。

黃宇暄（2006）。《國中生線上遊戲行為與人際關係之研究》。輔仁大學應用統計學研究所碩士論文。
黃雅玲（2007）。《國小高年級學童線上遊戲之成癮性、使用行為與休閒滿意度相關之研究 》。大葉大學休閒事業管理學系碩士在職專班碩士論文。
黃雅慧（2003）。《虛擬世界中的真實人生：線上遊戲成癮現象及其相關因素探究》。世新大學傳播研究所碩士論文。
黃葳葳（1997）。〈原住民傳播權益與電視新聞節目：一個回饋的觀點〉，《新聞學研究》，55: 76-102。
張弘毅、林姿君（2003）。〈國高中生對網路遊戲的使用研究〉，《教學科技與媒體》，64: 36-52。
傅麗玉、張志立（2002）。〈初探青少年網路族群不平等：以竹苗地區泰雅族與平地國中生為例〉，「2002 年清華大學網路與社會研討會」論文，新竹市。
楊雅斐（2005）。《高雄縣市國小學生數位落差影響因素之研究》。臺南大學教育經營與管理研究所碩士論文。
楊家興（2001）。〈網路教學在九年一貫課程下的應用〉，《台灣教育》，607: 2-9。
趙小玲、劉奕蘭（1999）。〈國小學童所知覺的父母婚姻暴力與行為問題關聯之研究〉，中央研究院社會學研究所「1999 年台灣社會問題研究學術研討會」論文，台北市。
趙梅華（2002）。《電腦冒險遊戲對國小高年級學童的創造力、問題解決能力與成就動機之影響》。台南師範學院國民教育研究所碩士論文。
蔡元隆、侯相如、王郁青（2008）。〈教學部落格運用在國小課程輔導的可行性之探討〉，《研習資訊》，25(2): 71-80。
蔡禹亮、吳慧敏（2003）。〈國小高年級學童電腦課程資訊素養習得之研究〉，「2003 年資訊素養與終身學習社會國際研討會」，台北市。
董麗芬、黃宗偉（2005）。〈偏遠地區學童參與網路專題計畫之歷程與省思〉。上網日期：2008 年 7 月 18 日，取自 http://sts.dhp.ks.edu.tw/andy/2005/ICCITE2005-271.pdf
鄭綺兒（2002）。《影響台北市國小學生電腦網路態度相關因素之研究》。中國文化大學新聞研究所碩士論文。
鄭朝誠（2003）。《線上遊戲玩家的遊戲行動與意義》。世新大學傳播研究所碩士論文。
賴柏偉（2002）。《虛擬社群：一個想像共同體的形成—以線上角色扮演遊戲【網路創世紀】為例》。世新大學傳播研究所碩士論文。
賴苑玲（1999）。〈資訊素養與國小圖書館利用教育〉，《中師圖書館館訊》，26。

蕃薯藤（2006）。〈小朋友網路行為調查〉。上網日期：2008 年 6 月 6 日，取自 http://survey.yam.com
薛世杰（2002）。《國中男、女生的網路遊戲使用時間與使用動機、自我效能、人格特質、學業成就、人際關係之相關研究》。屏東師範學院教育科技所碩士論文。
薛淑如（2002）。《青少年母親電腦網路使用與母子（女）互動》。台灣師範大學家政教育研究所碩士論文。
韓佩凌（2000）。《台灣中學生網路使用者特性、網路使用行為、心理特性對網路沈迷現象之影響》。台灣師範大學教育心理與輔導研究所博士論文。
譚光鼎、林明芳（2002）。〈原住民學童學習式態的特質——花蓮縣秀林鄉泰雅族學童之探討〉，《教育研究集刊》，48(2): 233-261。
羅幼蓮（1998）。《桃園縣國小原住民與非原住民學生性知識來源、性知識與性態度之研究》。花蓮師範學院國民教育研究所碩士論文。
羅健霖（2002）。《泰雅族男童的世界觀：兼論其教育意義》。花蓮師範學院多元文化研究所碩士論文。
蘇船利（2002）。《學童暴力電子遊戲經驗與死亡概念、死亡態度相關性之研究》。臺東師範學院教育研究所碩士論文。

英文書目

Agosto, D. E. (2003). Girls and gaming: A summary of the research with implications for practice. Retrieved December 2, 2004, from http://girlstech.douglass.rutgers.edu/PDF/GirlsAndGaming.pdf
Alliance for Childhood (2004). *Tech tonic: Towards a new literacy of technology.* Retrieved March 15, 2006, from http://www.allianceforchildhood.org
Alvermann, D. E., Commeyras, M., Young, J. P., Randall, S., & Hinson, D. (1997). Interrupting gendered discursive practices in classroom talk about texts: easy to think, difficult to do. *Journal of Literacy Research, 29*(1), 73-104.
American Association of University Women (AAUW) (2000). Girls and computer games. Retrieved October 2, 2004, from http://et.sdsu.edu/Apastor/girlgames/

American Library Association (ALA) (1989). *American library association presidential committee on information literacy.* Retrieved February 1, 2006, from http://www.infolit.org/documents/98report.htm

Angus, L., Snyder, I., & Sutherland-Smith, W. (2004). ICT and education policy: Cultural lessons from families. In G. Walford (Ed.), *Investigating educational policy through ethnography* (pp. 63-91). London: JAI Press.

Au, K. H. & Raphael, T. E. (2000). Equity and literacy in the next millennium. *Reading Research Quarterly, 35*(1), 170-188.

Bakardjieva M. (2005). *Internet society: The internet in everyday life.* London , Thousand Oaks, New Delhi: Sage.

Banaji, S., Burn, A., & Buckingham, D. (2006). Rhetorics of creativity: literature review. Retrieved January 20, 2008, from http://www.creative-partnerships.com/content/gdocs/rhetorics.pdf

Barlett, L. (2000). E-racing and engendering representation in student homepages. Retrieved May 19, 2002, from http://mrspock.marion.ohio-state.edu/bartlett.77/hopmepagepaper.htm

Bawden, D. (2001). Information and digital literacies: A review of concepts. *Journal of Documentation, 57*(2), 218-259.

Beavis, C. (1998, Nov. 29-Dec. 3). *Computer games: Youth culture, resistant readers and consuming passions.* Paper presented at the 1998 Research in Education: Does it Count Australian Association for Research in Education annual conference Adelaide, Australia. Retrieved June 3, 2004, from http://www.aare.edu.au/98pap/bea98139.htm.

Beck, U. (1994). The reinvention of politics: Towards theory of reflexive modernization. In U. Beck, A. Giddens & S. Lash (Eds.), *Reflexive modernization: Politics, tradition and aesthetics in the modern social order* (pp. 1-55). Cambridge: Polity.

Beck, U. (1992). *Risk society:Toward a new modernity.* London: Sage.

Beck, U., Bonss, W., & Lau, C. (2003). The theory of reflexive modernization: Problematic, hypotheses and research programme. *Theory, Culture & Society, 20* (2), 1-33.

Beck, U., Giddens, A., & Lash, S. (1994). *Reflexive modernization: Politics, tradition and aesthetics in the modern social order.* Cambridge: Polity.

Becker, H. J. (2000). Who’s wired and who’s not: Children's access to and use of computer technology. *The Future of Children, 10*(2), 44-75

Benjamin, S., Nind, M., Hall, K., Collins, J., & Sheehy, K. (2003). Moments of inclusion and exclusion: Pupils negotiating classroom contexts. *British Journal of Sociology of Education, 24*(5), 547-558.

Berg, Anne-Jorunn (1996). *Digital feminism*. Norway: Norwegian University of Science and Technology.

Berg, Anne-Jorunn (1994). Technological, flexibility: Bring gender into technology (or was it the other way round?). In C. Cockburn & R. Furst-Dilic (Eds.), *Bring technology home: Gender and technology in a changing Europe* (pp. 94-110). Hong Kong: Open University Press.

Berger, A. A. (2002). *Video games: A popular culture phenomenon*. London: Transaction Publishers.

Bijker, W. E. (1995). Sociohistoical technology studies. In Jasanoff, S. (Ed.), Handbook of science and technology studies (pp. 229-256). London: Sage.

Blackman, S. J. (2007). Hidden ethnography: Crossing emotional borders in qualitative accounts of young people's lives. *Sociology, 41*(4), 699-716.

Blair, K., & Takayoshi, P. (1999). Introduction: Mapping the terrain of feminist cyberscapes. In K. Blair & P. Takayoshi (Eds.), *Feminist cyberscapes: Mapping gendered academic spaces*. Ablex Publishing Corporation.

Bolter, D,.& Grusin, R. (1999). *Remediation : understanding new media*. Cambridge, Mass.: MIT Press.

Borcbert, M. (1998). The challenge of cyberspace: Internet access and persons with disabilities. In B. Ebo (Ed.), *Cyberghetto or cybertopia? race, class, and gender on the Internet* (pp. 49-74). London: Praeger.

Bourdieu, P. (1993). *Sociology in question*. London: Sage.

Bourdieu, P. (1992). *An invitation to reflexive sociology*. Cambridge: Polity Press.

Bourdieu, P. (1990). *The logic of practice*. Cambridge: Polity Press .

Bourdieu, P. (1984). *Distinction*. London: Routledge.

Bourdieu, P. (1977). *Outline of a theory of practice*. Cambridge: Cambridge University Press.

Boyle, D. E., Marshall, N. L., & Robeson, W. W. (2003). Gender at play: Fourth-grade girls and boys on the playground. *American Behavioral Scientist, 46*(10), 1326-1345.

Braidotti, R. (1998). Cyberfeminism with a difference. Retrieved May 10, 2001, from http://www.let.run.nl/womens_studies/rosi/cyberfem.htm

Brosnan, M. J. (1998). *Technophobia: The psychological impact of information technology*. London and New York: Routledge.

Brumbaugh, A. M., & Lee, R. G. (2003). Gender and technology-based games. *Advances in Consumer Research, 30*, 91-93.

Bryce, J., & Rutter, J. (2003a). The gendering of computer gaming: experience and space. Retrieved July 2, 2004, from http://les.man.ac.uk/cric/Jason_Rutter/papers/LSA.pdf.

Bryce, J., & Rutter, J. (2003b). Gender dynamics and the social and spatial organization of computer gaming. *Leisure Studies, 22*, 1-15.

Bryce, J. & Rutter, J. (2002). Killing like a girl: Gendered gaming and girl gamers. Retrieved July 2, 2004, from http://www.digiplay.org.uk/media/cgdc.pdf.

Buckingham, D. (2007). Media education goes digital: An introduction. *Learning, Media & Technology, 32*(2), 111-119.

Buckingham, D. (2003). Media education and the end of the critical consumer. *Harvard Educational Review, 73*(3), 309-328.

Buckingham, D. (2002). The electronic generation? Children and new media. In L. A. Lievrouw (Eds.), *Handbook of new media: Social shaping and consequences of ICTs* (pp. 77-89). London: Sage.

Buckingham, D. (2000). *After the death of childhood: Growing up in the age of electronic media.* Cambridge: Polity Press.

Buckingham, D. (1998). *Teaching popular culture: Beyond radical pedagogy.* London: UCL Press.

Bullen, E., & Kenway, J. (2002). Who's afraid of a mouse? In N. Yelland & A. Rubin, (Eds.), *Ghosts in the machine* (pp. 55-69). New York: Peter Lang.

Butler, J. (1990). *Gender trouble: Feminism and the subversion of identity.* London: Routledge.

Burrows, R., & Nettleton, S. (2002). Reflexive modernization, the emergence of wired self-help. In K. A. Renninger & W. Shumar (Eds.), *Building virtual communities* (pp. 249-268). New York: Cambridge University Press.

Callon, M. (1986). Some elements of a sociology of translation: Domestication of the scallops and fishermen of St. Brieuc Bay. In J, Law (Eds.), *Power, action and belief: a new sociology of knowledge?* (pp. 196-233). London: Routledge.

Carrier, R. (1998). On the electronic information frontier: Training the information-poor in an age of unequal access. In B. Ebo (Ed.) *Cyberghetto or cybertopia? Race, class, and gender on the Internet* (pp. 153-168). London: Praeger.

Carrington, V., & Luke, A. (1997). Literacy and Bourdieu's sociological theory: a reframing. *Language and Education, 11*(2), 96-112.

Carrington, V., & Marsh, J. (2005). Digital childhood and youth: New texts, new literacies. *Discourse, 26*(3), 279-285.

Cassell, J., & Jenkins, H. (1998). Chess for girls? Feminism and computer games. In J. Cassell & H. Jenkins (Eds.), *From barbie to mortal kombat: Gender and computer games* (pp. 2-45). Cambridge: The MIT Press.

Chambers, R. et al. (1998). Cyberphobia. Retrieved May 10, 2001, from http://www.kdinc.com/MIS760.htm.

Chandler, D. (1998). Personal homepages and the construction of identies on the web. Retrieved July 17, 2001, from http://www.aber.ac.uk/media/Documents/short/webident.html

Chandler, D. (1994). Video games and young players. Retrieved Nov. 22, 2004, from http://www.aber.ac.uk/media/Documents/short/vidgame.html

Chandler, D., & Roberts-Young, D. (1998). The construction of identity in the personal homepages of adolescents. Retrieved May 10, 2005, from http://www.aber.ac.uk/media/Documents/short/strasbourg.html

Chu, K. C. (2004). *Gender reactions to games for learning among fifth and eighth graders*. Unpublished MA thesis, Michigan State University.

Clark, C., & Gorski, P. (2001). Multicultural education and the digital divide: Focus on race, language, socioeconomic class, sex, and disability. *Multicultural Perspectives, 3*(3), 39-44.

Clegg, S., & Trayhun, D. (2000). Gender and computing: Not the same old problem. *British Educational Research Journal, 26*(1), 75-90.

Connolly, P. (1998). *Racism, gender identities, and young children: Social relations in a multi-ethnic, inner-city primary school.* London: Routledge.

Corsaro, W. A. (2005). *The sociology of childhood.* Pine Forge Press: London.

Cross, B. (2005). Split frame thinking and multiple scenario awareness: How boys' game expertise reshapes possible structures of sense in a digital world. *Discourse, 26*(3), 333-354.

Csíkszentmihályi, M. (1975). *Beyond boredom and anxiety*. San Francisco, CA: Jossey-Bass.

Darbyshire, P., MacDougall, C., & Schiller, W. (2005). Multiple methods in qualitative research with children: More insight or just more? *Qualitative Research, 5*(4), 417-436.

Davies, C. B. (1994). *Black women, writing and identity: Migrations of the subject.*
London: Routledge.

de Certeau, M. (1984). *The practice of everyday life.* Berkeley: University of California Press.

Devine-Eller, A. (2005). Rethinking Bourdieu on race: A critical review of cultural capital and habitus in the sociology of education qualitative literature. Retrieved March 10, 2008, from http://www.eden.rutgers.edu/~auderey/Rethinking%20Bourdieu,%20A%20Critical%20Review%20of%20Cultural%20Capital.pdf

D'Naenens, L., Koeman, J., & Saeys, F. (2007). Digital citizenship among ethnic minority youths in the Netherlands and Flanders. *New Media & Society, 9*(2), 278-299.

Doherty, D. (2002). Extending horizons: Critical technological literacy for urban aboriginal students. *Journal of Adolescent & Adult literacy, 46*(1), 50-59.

Dominick, J. R. (1999). Who do you think you are? Personal home page and self- presentation on the world-wild web. *Journalism & Mass Communication Quarterly, 76*(4), 648-658.

Dorer, J. (2002). Internet and the construction of gender: Female professionals and the process of doing gender. In M. Consalve & S. Paasonen (Eds.), *Women and everyday uses of the internet: Agency and identity* (pp. 62-89). New York: Peter Lang.

Duffelmeyer, B. B. (2002). Critical work in first-year composition: computers, pedagogy, and research. *Pedagogy: Critical Approaches to Teaching Literature, Language, Composition, and Culture, 2* (3), 357-374.

Duffelmeyer, B. B. (2000). Critical computer literacy. Computers in first-year composition as topic and environment. *Computers and Composition, 17*, 289-307.

Dumis, S. A. (2002). Cultural capital, gender and school success: the role of habitus. *Sociology of Education, 75* (1), 44-68.

Dyson, A. H. (2008). Staying in the (curricular) lines: practice constraints and possibilities in childhood writing. *Written Communication, 25*(1), 119-159.

Dyson, L. E. (2003). Indigenous Australians in the information age: Exploring issues of neutrality in information technology. In C. Ciborra, R. Mercurio, M. DeMarco, M. Martomez & A. Carignani (Eds.), *New paradigms in organizations, markets and society: Proceedings of the*

11th European conference on information systems (ECIS). Naples, Italy.

Dyson, L. E. (2002). Design for a culturally affirming indigenous computer literacy course. In A. Williamson, C. Gunn, A. Young & T. Clear (Eds.), *Winds of change in the sea of learning: proceedings of the 19th annual conference of the Australasian society for computers in learning in tertiary education* (ASCILITE). Auckland, New Zealand.

Eamon, M. K., (2004). Digital divide in computer access and use between poor and non-poor youth. *Journal of Sociology and Social Welfare, 31*(2), 91-112.

Edwards, P. N. (1995). From 'impact' to social process: Computers in society and culture. In S. Jasanoff (Ed.), *Handbook of science and technology studies* (pp. 257-285). London: Sage.

Eisenhart, M. (2001). Educational ethnography past, present and future: Ideas to think with. *Educational Researcher, 30*(8): 16-27.

European Commission (2001). *E-inclusion: The information society's potential for social inclusion in Europe* [with the support of the high level group "Employment and Social Dimension of the Information Society" (ESDIS)]. Brussels: European Commission.

Facer, K., Sutherland, R., Furlong, R., & Furlong, J. (2001). What's the point of using computers? The development of young people's computer expertise in the home. *New Media & Society, 3*(2), 199-219.

Fadulkner, W. (1998). Extraordinary journeys around ordinary technologies in ordinary lives. *Social studies of science, 28*(3), 484-89.

Faulker, W. (2000). The power and the pleasure? A research agenda for 'Making gender stick' to engineers. *Science, Technology & Human Values, 25*(1), 89-119.

Filiciak, M. (2003). Hyperidentities: postmodern identity patterns in massively multiplayer online role-playing games. In M. J. P. Wolf & B. Perron (Eds.), *The video game theory reader* (pp. 87-102). New York: Routledge.

Fischman, G. E., & McLaren, P. (2005). Rethinking critical pedagogy and the gramscian and freirean legacies: From organic to committed intellectuals or critical pedagogy, commitment, and praxis. *Cultural Studies ↔ Critical Methodologies, 5*(4), 425-447.

Fiske, J. (1989a). *Understanding popular culture.* Boston: Unwin Hyman.

Fiske, J. (1989b). *Reading the popular.* London: Routledge.

Fleming, D. (1996). *Powerplay: toys as popular culture*. Manchester: Manchester University Press.

Flieger, J. A. (2001). Has Oedipus signed off (or struck out)? " Zizek, Lacan and the field of cyberspace." *Paragraph: A Journal of Modern Critical Theory, 24*(2), 53-77.

Foley, D. E. (2002). Critical ethnography: the reflexive turn. *International Journal of Qualitative Studies in Education, 15*(4), 469-490.

Foucault, M. (1986). Texts/contexts of other spaces. *Diacritics, 16*(1), 22-27.

Fox, S. (2000). Communities of practice, Foucault and actor-network theory. *Journal of Management Studies, 37*(6), 853-867.

Francis, B. (2000). *Boys, girls and achievement.* London: RoutledgeFalmer.

Francis, B. (1998). *Power plays: Primary school children's constructions of gender, power and adult work*. Stoke-on-Trent: Trentham.

Francis, B. (1997). Discussing discrimination: children's constructions of sexism between pupils in primary school. *British Journal of Education and Work, 9* (3), 47-58.

Frasca, G. (2001a). Videogames of the oppressed. Unpublished Master's thesis, School of Literature, Communication and Culture, Georgia Institute of Technology, Atlanta, Georgia, USA. Retrieved November 24, 2005, from http://www.ludology.org/articles/thesis/

Frasca, G. (2001b). Rethinking agency and immersion: video games as a means of consciousness-raising. *Digital Creativity, 12*(3), 167-174.

Freire, P. (1970). *Pedagogy of the oppressed*. New York: Seabury.

Freire, P. (1973). *Education for critical consciousness*. New York: Seabury.

Friedman, S. J. (2000). *Children and the world-wide web: Tool or trap?* Lanham, ML.: University Press of America.

Fromme, J. (2003). Computer games as part of children's culture. *Journal of Computer Game Research, 3*(1), Retrieved September 23, 2004, from http://www.gamestudies.org/0301/fromme/

Funk, J. B., & Buchman, D. D. (1996). Children's perceptions of gender differences in social approval for playing electronic games. *Sex Roles, 35*(3/4), 219-231.

Furuta, R., & Marshall, C. C. (1995). Genre as reflection of technology in the world-wide web. Retrieved November 13, 2000, from http://www.csdl.tamu.edu/csdl/trpubs/csdl95001.pdf

Garite, M. (2003). The Ideology of Interactivity (or Video Games and Taylorization of Leisure). In M. Copier & J. Raessens (Eds), *Level up: Digital games research conference proceedings*. Retrieved August 4, 2005, from http://www.digra.org/dl/db/05150.15436

Gee, J. P.(2003). *What video games have to teach us about learning and literacy*. New York: Palgrave Macmillan.

Gentile, D. A., Lynch, P. J., Linder, J. R., & Walsh, D. A. (2004). The effect of violent video game habits on adolescent hostility, aggressive behaviors, and school performance. *Journal of Adolescence, 27*, 5-22.

Gerrard, L. (1999). Feminist research in computers and composition. In K. Blair (Eds.), *Feminist cyberspaces: Mapping gendered academic spaces* (pp. 377-404). Ablex Publishing Corporation.

Gershung, J. (2003). Web use and net nerds: A neofunctionalist analysis of the impact of information technology in the home. *Social Forces, 82*(1), 141-168.

Gershung, J. (2000). *Changing times: Work and leisure in postindustrial society.* Oxford: Oxford University Press.

Giroux, H. (1987). Introduction: Literacy and the pedagogy of political empowerment. In P. Freire & D. Macedo (Eds.), *Literacy: Reading the word and the world* (pp. 1-27). South Hadley, MA: Bergin and Garvey.

Goffman, E. (1969). *The presentation of self in everyday life.* Harmondsworth: penguin.

Goodfellow, R. (2004). Online literacies and learning: Operational, cultural and critical dimensions. *Language and Education, 18*(5), 379-399.

Gordon, T., Holland, J., & Lahelma, E. (2001). *Ethnographic research in educational* settings. In P. A. Atkinson, A. J. Coffey, S. Delamont, J. Lofland & L. H. Lofland (Eds.), *Handbook of ethnography* (pp. 188-203). London: Sage.

Gorski, P. C. (2002). Dismantling the digital divide: a multicultural education framework. *Multicultural Education, 10*(1), 28-30.

Gorski, P. C., & Clark, C. (2001). Multicultural education and the digital divide: Focus on race. *Multicultural Perspectives, 3*(4), 15-25.

Grace, D. J., & Tobin, J. (1998). Butt jokes and mean-teacher parodies: video production in the elementary classroom. In D. Buckingham (Ed.), *Teaching popular culture: Beyond radical pedagogy* (pp. 42- 62). London: UCL Press.

Green, B. (1998). Teaching for difference: Learning theory and post-critical pedagogy. In D. Buckingham (Ed.), *Teaching popular culture: Beyond radical pedagogy* (pp. 177-197). London: UCL Press.

Greenfield, P. (1984). *Mind and media: The effects of television, video games and computers*. London: Fontana.

Griffiths, M., Davies, M. N. O., & Chappell, D. (2003). Breaking the stereotype: The case of online gaming. *Cyber Psychology and Behavior, 6*(1), 81-91.

Grimes, S. M. (2003, November). *You shoot like a girl! The female protagonist in action-adventure video games.* Paper presented at Level up! : Digital games research association (DiGRA) international conference, Utrecht, The Netherlands.

Grint, K., & Woolgar, S. (1997). *The Machine at Work: Technology, Work and Organization.* Cambridge: Polity Press.

Habib, L., & Cornford, T. (2001, June). *Computers in the home: domestic technology and the process of domestication*. Paper for Global Co-Operation in the New Millennium, The 9th European Conference on Information Systems, Bled, Slovenia.

Haddon, L. (2007). Roger Silverstone's legacies: domestication. *New Media and Society, 9*(1), 25-33.

Haddon, L.(1995, May). *Information and Communication Technologies: A View from the Home*. Paper for the PICT International Conference on the Social and Economic Implications of Information and Communications Technologies, Westminster, London.

Haddon, L. (1992a). *Telework, Gender And Information And Communication Technologies: A Report On Research In Progress*. Retrieved May 5, 2000, from http://members.aol.com/ leshaddon/Brunel.html

Haddon, L. (1992b). Explaining ICT consumption: the case of the home computer. In R. Silverstone & E. Hirsch (Eds.), *Consuming technologies, media and information in domestic spaces* (pp. 82-96). London: Routledge.

Haddon, L., & Silverstone, R. (1996). *The young elderly and their information and communication technologies* (SPRU/CICT Report Series). University of Sussex.

Haddon, L., & Silverstone, R. (1995). *Lone parents and their information and communication technologies* (SPRU/CICT Report Series, No.12). University of Sussex.

Haddon, L., & Silverstone, R. (1993). *Teleworking in the 1990s: A view from the home* (SPRU/CICT Report Series, No. 10). University of Sussex.

Hamilton, M. (1999). Ethnography for classrooms: Constructing a reflective curriculum for literacy, *Curriculum Studies, 7*(3), 429-444.

Hammett, R. (1999). Intermediality, hypermedia, and critical media literacy. In L. Semali & A. W. Pailliotet (Eds.), *Intermediality: Teachers' handbook of critical media literacy* (pp. 207-222). Boulder, Colorado: Westview Press.

Harding, S. (1986). *The Science Question in Feminism*. Milton Keynes, England: Open University Press.

Harrison, L. H. (2001). *Troubleshooting e-HR: Combating technophobia.* Cornell: Center for Advanced Human Resource Studies.

Hartley, J. (2002). *Communication, cultural and media studies: The key concepts*. London: Routledge.

Hawisher, G. E., & Selfe, C. L. (2000). Introduction: Testing the claims. In G. E. Hawisher & C. L. Selfe (Eds.), *Global literacies and the world-wide web* (pp. 1-18). London: Routledge.

Heim, J., Brandtzaeg, P. B., Kaare, B. H., Endestad, T., & Torgersen, L. (2007). Children's usage of media technologies and psychosocial factor. *New Media & Society, 9*(3), 425-454.

Henderson, H. (1999). *Issues in the information age*. CA: Lucent Books.

Hirsch, E. (1992). The long term and the short term of domestic consumption: An ethnographic case study. In R. Silverstone & E. Hirsch (Eds.), *Consuming technologies, media and information in domestic spaces* (pp. 208-226). London: Routledge.

Hobbs, R. (2004). A review of school-based initiatives in media literacy education. *American Behavioral Scientist, 48*(1), 42-59.

Hobbs, R.(1998). The seven great debates in the media literacy movement. *Journal of Communication, 48*(1), 16-32.

Hobday-Kusch, J. & McVittie, J. (2002). Just clowning around: classroom perspectives on children's humour. *Canadian Journal of Education, 27*(2),195-210.

Hoffman, M., & Blake, J. (2003). Computer literacy: today and tomorrow. *Journal of Computing Sciences in Colleges, 18*(5), 221-233.

Hoffman, M., Blake, J., McKeon, J., Leone, S., & Schorr, M. (2005). A critical computer literacy course. *Journal of Computing Sciences in Colleges, 20*(5), 163-175.

Holland, J. R., Ramazanoglu, C., Sharpe, S., & Thomson, R. (1998). *The male in the head.* London: Tufnell Press.

Holloway, S. (2002). *Cyberkids: children in the information age*. Routledge: London.

Holloway, S. L., & Valentine, G. (2003). *Cyberkids :children in the information age.*London: RoutledgeFalmer.

Holloway, S. L., & Valentine, G. (2001). “It's only as stupid as you are”: children’s and adults’ negotiation of ICT competence at home and at school. *Social & Cultural Geography, 2*, 25-42.

Holloway, S., & Valentine, G. (2000). Spatiality and the new social studies of childhood. *Sociology, 34*(4), 763-783.

Holt, L. (2004). The voices of children: De-centering empowering research relations. *Children's Geographies, 2(*1), 13-27.

Hooks, b. (1992). *Black Looks: Race and Representation*. Boston: South End Press.

Hostetter, O. (2002). Video games - the necessity of incorporating video games as part of constructivist learning. Retrieved June 30, 2005, from http://www.game-research.com/art_games_contructivist.asp

Hot, L. (2004). The voices of children: de-centering empowering research relations. *Children's Geographies, 2*(1), 13-27.

Hourigan, B. (2006). You need love and friendship for this mission. *Reconstruction, 6*(1).

Hubtamo, E. (1999) From Cybernation to Interaction: A Contribution to an Archaeology of Interactivity. In P. Lunenfeild (Ed.), *The Digital Dialectic: New Essays on New Media* (pp. 96-110). Massachusetts: MIT Press.

Iseke-Barnes, J. M. (2002). Aboriginal and indigenous people’s resistance, the Internet, and education. *Race Ethnicity and Education, 5*(2), 171-198.

Ito, M. (2005a). Technologies of the childhood imagination: Yugioh, media mixes, and everyday cultural production. Received March 21, 2007, from http://www.itofisher.com/mito/archives/technoimagination.pdf

Ito, M. (2005b). Cultural Production in a digital age: Mobilizing fun in the production and consumption of children’s software. *The ANNALS of the American Academy of Political and Social Science*, *597*, 82-102.

Ivory, J. D. (2001). Video games and the elusive search for their effects on children: An assessment of twenty years of research. Retrieved July 20, 2004, from http://www.unc.edu/~jivory/video.html

Jackson, L. A., Samona, R., Moomaw, J., Ramsay, L., Murray, C., Smith, A., & Murray. L. (2007). What children do on the internet: Domains visited and their relationship to socio-demographic characteristics and academic performance. *CyberPsychology & Behavior, 10*(2), 182-190.

James, A. (2001). Ethnography in the study of children and childhood. In P. Atkinson, A. Coffey, S. Delamont, J. Lofland & L. Lofland (Eds.), *Handbook of ethnography* (pp. 246-257). London: Sage.

James, A., Jenks, C., & Prout, A. (1998). *Theorizing childhood.* Cambridge: Polity Press.

James, A. & Prout, A. (Eds.) (1990). *Constructing and reconstructing childhood: Contemporary issues in the sociological study of childhood.* Basingstoke: Falmer Press.

Janks, H. (2000). Domination, access, diversity and design. *Educational Review, 52*(2), 175-185.

Jenkins, H. (2001). From barbie to mortal kombat: Further reflections. Retrieved October 26, 2004, from http://culturalpolicy.uchicago.edu/conf2001/papers/jenkins.html

Jenkins, H. (1998a). Introduction: Childhood innocence and other modern myths. In H. H. Jenkins (Ed.), *The children's culture reader* (pp. 1-37). New York & London: New York University Press.

Jenkins, H. (1998b). Complete freedom of movement: Video games as gendered play spaces. In J. Cassell & H. Jenkins (Eds.), *From barbie to mortal kombat: Gender and computer games* (pp. 262-294). Cambridge: The MIT Press.

Jenks, C. (Ed.). (1982). *The sociology of childhood: Essential readings.* London: Batsford.

Jensen S. Q. (2006). Rethinking subcultural capital. *Young-Nordic Journal of Youth Research, 14*(3), 257-276.

Johansson, B. (2000). 'Time to eat! Okay, I'll just die first…' The computer in children's everyday life. Retrieved October 6, 2002, from http://www.hum.gu.se/humfak/forskarutbildning/pdf/diss/Johansson.pdf

Jones, B. (1996). *Critical Computer Literacy.* Retrieved August 10, 2006, from http://communication.ucsd.edu/bjones/comp_lit.html

Kapitzke, C., Bogitini, S., Chen, M., MacNeill, G., Mayer, D., Muirhead, B., & Renshaw, P. (2001). Weaving words with the dreamweaver: Literacy, indigeneity, and technology. *Journal of Adolescent & Adult Literacy, 44*(4), 336-345.

Kaufmann, J. (2001). Oppositional feminist ethnography: What does it have to offer adult education? Retrieved December 11, 2004, from http://www.edst.educ.ubc.ca/aerc/2001/2001kaufmann.htm

Kellner, D. (1998). Multiple literacies and critical. pedagogy in a multicultural society. Retrieved November 10, 2007, from http://www.gseis.ucla.edu/faculty/kellner/essays/multipleliteraciescriticalpedagogy.pdf

Kellner, D., & Share, J. (2005). Toward critical media literacy: Core concepts, debates, organizations, and policy. *Discourse, 26*(3), 369-386.

Kendrick, M., & McKay, R. (2002). Uncovering literacy narratives through children's drawings. *Canadian Journal of Education, 27*(1), 45-60.

Kennedy, H. (2005). Illegitimate, monstrous, and out there: female Quake players and inappropriate pleasures. In J. Hallows & R. Mosley (Eds.), Feminism in Popular Culture, London: Berg.

Kerka, S. (2000). Extending information literacy in electronic environments. *New Directions for Adult and Continuing Education, 88,* 27-38.

Kerr, A. (2003). Girls just want to have fun. Retrieved June 11, 2004, from http://www.rcss.ed.ac.uk/sigis/public/documents/SIGIS_D05_2.08_DCU3.pdf.

Kirkup, G. (2001). Getting our hands on It : Gendered inequality in access to information and communications technologies. In S. Lax (Ed.), *Access Denied in the Information Age* (pp. 45-66). London: Palgrave.

Klastrup, L. (2003). Paradigms of interaction: Conceptions and misconceptions of the field today. *Dichtung Digital, 4*(30), Special issue on Scandinavian Research. Retrieved March 21, 2007, from http://www.dichtung-digital.com/2003/4-klastrup.htm

Klevjer, R. (2001). Computer game aesthetics and media studies. Retrieved August 20, 2006, from http://www.uib.no/people/smkrk/docs/klevjerpaper_2001.htm

Kline, S. (2000). Mediating media: Research into the changing domestic context of. children's culture. Retrieved December 12, 2006, from http://www.sfu.ca/media-lab/research/mediaed/Mediating%20Media.pdf

Knobel, M., & Lankshear, C. (2002). Critical cyberliteracies: What young people can teach us about reading and writing the world. Retrieved May 30, 2004, from http://www.geocities.com/c.lankshear/cyberliteracies.html

Knobel, M., & Lankshear, C. (2001). Cut, paste, publish: The production and consumption of zines. Retrieved May 30, 2004, from http://www.geocities.com/c.lankshear/zines.html

Kolko, B. E. (2000). Erasing @ race: Going white in the (inter)face. In B. E. Kolko et al. (Eds.), *Race in cyberspace* (pp. 213-232). New York: Routledge.

Kolo, C. & Baur, T. (2004). Living a virtual life: social dynamics of online gaming. *The International Journal of Computer Game Research, 4*(1).

Retrieved November 24, 2005, from http://www.gamestudies.org/0401/kolo/

Korth, B. (2002). Critical qualitative research as consciousness raising: the dialogic text of researcher/researchee interactions. *Qualitative Inquiring, 8* (3), 381-403.

Krotz, F. (2002). Who are the new media users? Retrieved May 27, 2005, from http://www.fathom.com/feature/122229/

Kücklich, J. (2003). Perspectives of computer game philology. *Game Studies, 3*(1). Retrieved December 20, 2005, from http://www.gamestudies.org/0301/kucklich/

Kvasny, L. (2003, April). *Triple jeopardy: race, gender, and class politics of women in technology.* Proceedings of the 2003ACM SIGMIS conference on Computer personnel research: Freedom in Philadelphia--leveraging differences and diversity in the IT workforce (pp. 112-116). Philadelphia, PA.

Kvasny, L. (2002, August). *A conceptual framework for studying digital inequality.* Proceedings of the Americas Conference on Information Systems (AMCIS) (pp.1798-1805). Dallas, TX. Retrieved April 3, 2008, from http://aisel.isworld.org/Publications/AMCIS/2002/022802.pdf.

Kvasny, L., & Payton, F. C. (2005). Minorities and the digital divide. In M. Khosrow-Pour (Ed.), *Encyclopedia of Information Science and Technology* (pp. 1955-1959). Hershey: Idea Group.

Labaree, R. V. (1998, April 13-17). *Computer literacy empowerment strategies in a social context: A sample approach to teaching a credit course.* Paper presented at the Annual Meeting of the American Educational Research Association, San Diego, CA.

Lankshear, C., & Knoble, M. (1998). Critical literacy and new technologies. Retrieved August 25, 2002, from http://www.geocities.com/c.lankshear/critlitnewtechs.html

Lather, P. (1992). Critical frames in educational research: Feminist and post-structural perspectives. *Theory Into Practice, 31*(2), 87-99.

Lather, P. (1986). Research as praxis. *Narvard Educational Keview, 56*(3), 257-276.

Latour, B. (1999). On recalling ANT. In J. Law & J. Hassard (Eds.), *Actor network theory and after* (pp. 15-25). Oxford: Blackwell.

Lauteren, G. (2002). The pleasure of the playable text: towards an aesthetic theory of computer games. In F. Mäyrä (Ed.), *Computer games and digital cultures*. Tampere: Tampere University Press.

Lax, S. (2001). Information, education and inequality: Is new technology the solution. In S. Lax (Ed.), *Access denied in the information age* (pp. 107-124). London: Palgrave.

Leander, K., & Johnson, K. (2002). Tracing the everyday "sitings" of adolescents on the Internet: A strategic adaptation of ethnography across online and offline space. Retrieved March 9, 2005, from http://www.geocities.com/c.lankshear/adolescents.html

Lee, H. (2003). Different individuals, different approaches to L2 literacy practices. Retrieved September 5, 2005, from http://ec.hku.hk/kd2/pdf/Theme2/LeeHeekyeong215.pdf

Lee, L. (2008). The impact of young people's internet use on class boundaries and life trajectories. *Sociology, 42*(1), 137-153.

Lenzer, G. (2001). Children's studies: Beginnings and purposes. Introductory essay to children studies. Special Issue of *The Lion and The Unicorn, 25,* 181-186.

Lesnard, L. (2005). *Social change, daily life and the Internet* (Chimera Working Paper, No. 2005-07). Colchester: University of Essex.

Lewis, T. (2006). DIY Selves? Reflexivity and habitus in young people's use of the internet for health information. *European Journal of Cultural Studies, 9*(4), 461-479.

Liberman, C. J. (2002). Analyzing the gaming culture: Do gender and age play a role in the utilization of motivation for video games? Retrieved June 21, 2005, from http://beard.dialnsa.edu/~efraller/papers/LibermanCorey.pdf

Lievens, E. (2007). Protecting children in the new media environment: Rising to the regulatory challenge? *Telematics and Informatics, 24*(4), 315-330.

Livingstone, S. (2006a). *Children's privacy online. In computers, phones, and the internet: Domesticating information technologies* (pp.145-167). London: Oxford University Press.

Livingstone, S. (2006b). Drawing conclusions from new media research: Reflections and puzzles regarding children's experience of the internet. *The Information Society, 22*(4), 219-230.

Livingstone, S. (2005). Mediating the public/private boundary at home: children's use of the internet for privacy and participation. *Journal of Media Practice, 6*(1), 41-51.

Livingstone, S. (2004). Media literacy and the challenge of new information and communication technologies. *The communication Review, 7*, 3-14.

Livingstone, S. (2003). Children's use of the internet: Reflections on the emerging research agenda. *New Media Society, 5*(2), 147-166.

Livingstone, S. (2002a). Children's use of Internet: A review of the research literature commissioned by the national children's bureau, Retrieved November 21, 2005, from Media@LSE on the World-Wide Web: http://www.ise.ac.uk/depts/media/people/slivingstone/index.html

Livingstone, S. (2002b). *Young people and new media: Childhood and the changing media environment*. London: Sage.

Livingstone, S. (1998). Mediated childhoods: A comparative approach to young people's changing media environment in Europe. *European Journal of Communication, 13*(4), 435-456.

Livingstone, S. (1992). The meaning of domestic technologies: a personal construct analysis of familiar gender relations. In R. Silverstone & E. Hirsch (Eds.), *Consuming technologies, media and information in domestic spaces* (pp. 15-31). London: Routledge.

Livingstone, S., & Bober, M. (2005). *UK children go online: Final report of key project findings*. London: London School of Economic and Politics Science.

Livingstone, S., & Bober, M. (2004). Taking up online opportunities? Children's uses of the internet for education, communication and participation. *E-learning, 1*(3), 395-419.

Livingstone, S.. & Bovill, D. (2001). Families and the internet: An observational study of children and young people's internet use. Retrieved July 14, 2004, from http://www.lse.ac.uk/collections/media@lse/pdf/btreport_familiesinternet.pdf

Livingstone, S., Bober, M., & Helsper, E. J. (2005a). Active participation or just more information? Young people's take up of opportunities to act and interact on internet. *Information, Communication & Society, 8*(3), 287-314.

Livingstone, S., Bober, M., & Helsper, E. J. (2005b). *Internet literacy among children and young people*. London: LSE Report.

Livingstone, S., Bober, M., & Helsper, E. J. (2005c). *Inequalities and the digital divide. In children and young people's internet use: findings from the UK children go online project.* London: LSE Report.

Livingstone, S., & Helsper, E. J. (2007). Gradations in digital inclusion: Children, young people and the digital divide. *New Media & Society, 9*(4), 671-696.

Lucas, K., & Sherry, J. L. (2004). Sex differences in video game play: A communication-based explanation. *Communication research*, *3*(5), 499-523.

Luke, C. (1998). Pedagogy and authority: Lessons from feminist and cultural studies, postmodernism and feminist pedagogy. In D. Buckingham (Ed.), *Teaching Popular Culture: Beyond Radical Pedagogy* (pp. 18-41). London: Routledge.

MacNaughton, G. (2000) *Rethinking gender in early childhood education*. St Leonards, NSW: Allen & Unwin.

Malin, M. (2003). Competing interests between researcher, teacher and student in the ethics of classroom ethnography. *Westminster Studies in Education, 26*(1), 21-31.

Mahar, C.(1990). Pierre Bourdieu: the intellectual project. In R. Harker, C. Mahar & C. Wilkes (Eds.), *An introduction to the work of Pierre Bourdieu: the practice of theory*. London: MacMillan.

Mallon, B., & Webb, B. (2005). Stand up and take your place: Identifying narrative elements in narrative adventure and role-play games. *Computers in Entertainment*, 3(1).

Manias, E., & Street, A. (2001). Rethinking ethnography: Reconstructing nursing relationships. *Journal of Advanced Nursing, 33*(2), 234-242.

Markussen, R. (1995). Constructing easiness-historical perspective on work, computerization and women. In S. L. Star (Ed.), *The cultures of computing* (pp. 158-180). Oxford: Blackwell.

Marsh, J. (2006). Popular culture in the literacy curriculum. *Reading Research Quarterly, 41*(2), 160-174.

Marsh, J. (2005). *Popular culture, new media and digital literacy in early childhood*. London ; New York : RoutledgeFalmer

Marsh, J., & Millard, E. M . (2000). *Literacy and popular culture: using children's culture in the classroom*. London : Paul Chapman.

McConaghy, C., & Snyder, H. (2000). Working the web in postcolonial Australia. In G. E. Hawisher & C. I. Selfe (Eds.), *Global literacies and the world-wide web* (pp74-92). Routledge: London.

McLaughlin, J., Rosen, P., Skinner, D., & Webster, A. (1999) .*Valuing technology: organizations, culture and change.* London: Routledge.

McMillan, S., & Morrison, M. (2006). Coming of age with the internet: A qualitative exploration of how the internet has become an integral part of young people's lives. *New Media & Society, 8*(1), 73-95.

McNamee, K. (2000). Heterotopia and children's everyday lives. *Childhood, 7*(4), 479-92.

McNay, L. (2003). Agency, anticipation and indeterminacy in feminist theory. *Feminist Theory*, *4*(2), 139-148.

McNay, L. (2000). *Gender and agency: Reconfiguring the subject in feminist and social theory.* Cambridge: Polity Press.

McNay, L. (1999). Gender, habitus and the field: P. Bourdieu and the limits of reflexivity. Theory, Culture & Society, 16(1), 95-117.

McNutt, J. G. (1998). Ensuring social justice for the new underclass: Community interventions to meet the needs of the new poor. In B. Ebo (Ed.), *Cyberghetto or cybertopia? race, class, and gender on the Internet* (pp. 33-47). London: Praeger.

Meetoo, D., & Temple, B. (2003). Issues in multi-method research: Constructing self-care. *International Journal of Qualitative Methods, 2*(3). Retrieved January 27, 2006, from http://www.ualberta.ca/iiqm/backissues/2_3final/pdf/meetootemple.pdf

Mehan, H. (1998). The study of social interaction in educational settings: accomplishments and unresolved issues. *Human Development, 41*, 245-269.

Mehra, B., Merkel, C., & Bishop, A. P. (2004). The internet for empowerment of minority and marginalized users. *New Media & Society, 6*(6), 781-802.

Merchant, G. (2006). Identity, social networks and online communication. *Journal of E-Learning*, 3(2), 235-244.

Merriam, S. B. (2002). The nature of qualitative inquiry: Introduction to qualitative research. Retrieved December 30, 2004, from http://media.wiley.com/product_data/excerpt/56/07879589/0787958956.pdf

Miller, H., & Arnold, J. (2003). Self in web homepages: Gender, identity and power in cyberspace. In G. Riva & C. Galimberti (Eds.), *Towards cyber psychology: Mind, cognitions and society in the internet age* (pp 73-94). Amsterdam, IOS Press.

Miller, H., & Mather, R. (1998). The presentation of self in www homepages. Retrieved April, 6, 2001, from http://www.sosig.ac.uk/iriss/papers/paper21.htm

Miller, S. E. (1996). *Civilizing cyberspace: Policy, power, and the information superhighway*. NY: ACM press.

Mills, K. A. (2005). Deconstructing binary oppositions in literacy discourse & pedagogy. *Australian Journal of Language and Literacy, 28*(1), 67-82.

Mitchell, C., & Reid-Walsh, J. (2002). *Researching children's popular culture: the cultural spaces of childhood*. London: Rouledge.

Montelaro, J. J. (1999). Reaching and teaching girls: Gender and literacy across the middle school curriculum. In L. B. Alvine & L. F. Cullum (Eds.), *Breaking the cycle: gender, literacy and learning*. Portsmouth, NH: Boynton.

Montgomery, K. C. (2000). Children's media culture in the new millennium: Mapping the digital landscape. *The future of Children, 10*(2), 145-167.

Montgomery, K. C., Gottlieb-Robles, B., & Larson, G. O. (2004). Y*outh as E-Citizens: Engaging the digital generation.* Washington, DC: Center for Social Media.

Morrison, D. E., & Svennevig, M. (2001). The process of change: an empirical examination of the uptake and impact of technology. In S. Lax (Ed.), *Access denied in the information age* (pp. 125-141). London: Palgrave.

Morse, J., & Chung, S. E. (2003). Toward holism: The significance of methodological pluralism. *International Journal of Qualitative Methods, 2*(3). Retrieved January 27, 2006, from http://www.ualberta.ca/~iiqm/backissues/2_3final/pdf/morsechung.pdf.

Mortensen, T. (2003). *Pleasures of the player: flow and control in online games*. Doctoral Dissertation Volda College and University of Bergen. Retrieved October 26, 2005, from http://www.hivolda.no/attachments/site/group23/tm_thesis.pdf

Moss, P., & Petrie, P. (2002). *From children's services to children's spaces: Public policy, children and childhood*. New York: Routledge Falmer.

Mourtisen, F. (1998). Child culture—play culture. Retrieved December 6, 2006, from http://www.hum.sdu.dk/projekter/ipfu/ipfu-dk/online-artikler/mouritsen-culture.pdf

Mulvey, L. (1975). Visual pleasure and narrative cinema. *Screen, 16*(3), 6-18

Mumtaz, S. (2001). Children's enjoyment and perception of computer use in the home and the school. *Computers & Education, 36*, 347-362.

Murdock, G., Hartmann, P., & Gray, P. (1992). Contextualizing home computing: Resources and practices. In R. Silverstone & E. Hirsch (Eds.), *Consuming technologies, media and information in domestic spaces*. London: Routledge.

Myers, J., Hammett, R., & McKillop, A. M.(2000). Connecting, exploring, and exposing the self in hypermedia projects. In M. Gallegoe & S.

Hollingsworth (Eds.), *What counts as literacy: Challenging the school standard* (pp. 85-105.). New York: Teachers College Press.

Na, M. (2001). The home computer in Korea: Gender, technology, and the family. *Feminist Media Studies, 1*(3): 291-306.

Nam, S. (2003). Remapping pedagogical borderlands: Critical media literacy as a pedagogy of freedom. Retrieved October 26, 2007, from http://www.allacademic.com/meta/p112195_index.html

Nakamura, L. (2004) Interrogating the digital divide: The political economy of race and commerce in new media. In P. N. Howard & S. Jones (Eds.), *Society Online: The Internet in Context* (pp. 71-83). London: Sage.

Nakamura, L. (2002). *Cybertypes: race, ethnicity, and identity on the internet.* New York: Routledge.

Nelson, M. K. (2008). Watching children: describing the use of baby monitors on Epinions. Com. *Journal of Family Issues, 29*(4), 516-538.

Newman, D. (2002). *Sociology: Exploring the architecture of everyday life.* Thousand Oaks, CA: Pine Forge Press.

Nightingale, A. (2003). A feminist in the forest: Situated knowledges and mixing methods in natural resource management. *ACME: An International E-Journal for Critical Geographies, 2*(1), 77-90.

Oksman, V. (2002). "So I got it into my head that I should set up my own stable…" Creating virtual stables on the internet as girls' own computer culture. In M, Consalvo (Ed.), *Women and everyday uses of the internet: Agency and identity* (pp 191-210). New York: Peter Lang.

Orleans, M., & Laney, M. C. (2000). Children's computer use in the home. Isolation or sociation*? Social Science Computer Review, 18*(1), 56-72.

orr Vered, K. (1998, April). Schooling in the digital domain: Gendered play and work in the classroom context. *Doctoral Consortium,* 72-3.

Paasonen, S. (2002). Gender, identity, and (the limits of) play on the Internet. In M. Consalve & S. Paasonen (Eds.), *Women and everyday uses of the internet: Agency and identity* (pp. 21-43). New York: Peter Lang.

Paechter, C. F. (1998). *Educating the other: Gender, power and schooling.* London: Falmer.

Parker, D., & Song, M. (2006). New ethnicities online: The emergence of British Asian and British Chinese web sites. *The Sociological Review, 54*(3), 575-594.

Paul, P. V. (2006). New literacies, multiple literacies, unlimited literacies: What now, what next, where to? A response to blue listerine, parochialism and ASL literacy. *Journal of Deaf Studies and Deaf Education, 11(*3), 382-387.

Pelletier, C. (2005). Reconfiguring interactivity, agency and pleasure in the education and computer games debate – using Žižek's. concept of interpassivity to analyze educational play. *E-Learning, 2*(4), 317-326.

Peppler, K. A., & Kafai, Y. B. (2007). From supergoo to scratch: Exploring creative digital media production in informal learning. *Learning, Media and Technology, 32*(2), 149-166.

Piecowye, J. (2003). Habitus in transition? CMC use and impacts among young women in the United Arab Emirates. *Journal of Computer-Mediated Communication, 8* (2). Retrieved March 20, 2005, form http://www.ascusc.org/jcmc/vol8/issue2/essandsudweeks.html

Plant, S. (1995). The future looms: Weaving women and cybernetics. *Body and Society, 1*(3-4), 45-64.

Polsky, A. D. (2001). Skins, patches, and plug-ins. *Genders, 34*. Retrieved July 26, 2005, from http://www.genders.org/g34/g34_polsky.html

Prensky, M. (2001). *Digital game-based learning*. London: McGraw-Hill.

Putnam, T. (1992). Regimes of closure: The representation of cultural process in domestic consumption. In R. Silverstone & E. Hirsch (Eds.), *Consuming technologies, media and information in domestic spaces* (pp. 195-207). London: Routledge.

Qvortrup, J., Bardy, M., Sgritta, G., & Wintersberger, H. (Eds.) (1994). *Childhood matters: Social theory, practice and politics.* Aldershot: Averbury.

Reay, D. (2004). 'It's all becoming a habitus' : Beyond the habitual use of Pierre Bourdieu's concept of habitus in educational research. *British Journal of Sociology of Education, 25*(4), 431-444.

Reay, D. (1995). 'They employ clearners to do that': habitus in the primary classroom. *British Journal of Sociology of Education, 16*(3), 353-371.

Rehak, B. (2003). Mapping the bit girl. *Information, Communication and Society, 6*(4), 477-496.

Rojas, V., et al. (2001). Beyond access: Cultural capital and the roots of the digital divide. *The Information Society.* Retrieved December 13, 2003, From http://www.utexas.edu/research/tipi/research/Beyond_Access.pdf

Ropers-Huilman, B. (1998). *Feminist teaching in theory and practice: Situating power and knowledge in poststructural classrooms*. New York: Teachers College Press.

Rowan, L., Knobel, M., Bigum, C. & Lankshear, C. (2002). *Boys, literacies and schooling: the dangerous territories of gender-based literacy reform*. Buckingham: Open University Press.

Sandvig, C. (2006). The Internet at play: Child users of public Internet connections. *Journal of Computer-Mediated Communication, 11*(4), article 3. Retrieved June 7, 2008, from http://jcmc.indiana.edu/vol11/issue4/sandvig.html

Sanford, K., & Madill, L. (2006). Resistance through video game play: It's a boy thing. *Canadian Journal of Education, 29*(1), 287-306.

Scheibe, C. (2004). A deeper sense of literacy: Curriculum-driven approaches to media literacy in the K-12 classroom. *American behavioral scientist, 48*(1), 60-8.

Schleiner, Anne-Marie. (2001). Does Lara Croft wear fake polygons? Gender and gender-role subversion in computer adventure games. *Leonardo, 34*(3), 221-6.

Schott, G. R., & Hornell, K. R. (2000). Girl gamers and their relationship with the gaming culture. *Convergence: The International Journal of Research into New Media Technologies, 6*(4), 36-53.

Sefton-Green, J. (Ed.). (1998). *Digital diversions.* London: University College London Press.

Sefton-Green, J. & Buckingham, D. (1996). Digital visions: children's "creative" uses of multimedia technologies, *Convergence : The International Journal of Research into New Media Technologies, 2*(2), 47-79.

Selfe, C. (1999). *Technology and literacy in the twenty-first century: The perils of not paying attention.* Carbonale, IL: Southern Illinois University Press.

Selwyn, N. (2006). Exploring the 'digital disconnect' between net-savvy students and their schools. *Learning, Media &Technology, 31*(1), 5-17.

Selwyn, N. (2004a). Reconsidering political and popular understandings of digital divide. *New Media & Society, 6*(3), 341-362.

Selwyn, N. (2004b). Exploring the role of children in adults' adoption and use of computers. *Information Technology & People, 17*(1), 53-70.

Selwyn, N. (2003). Doing it for the kids: Re-examining children, computers and the information society. *Media, Culture & Society, 25*(3), 351-378.

Selwyn, N., Gorard, S., & Williams, S. (2001). Digital divide or digital opportunity? The role of technology in overcoming social exclusion in US education. Educational Policy, *15*(2), 258-277.

Semali, L., & Hammett, R. (1999). Critical media literacy: Content or process? *Review of Education, Pedagogy, and Cultural Studies, 20*(4), 365-384.

Shade, L. R. (2004). Bending gender into the Net: Feminizing content, corporate, interests and research strategy. In P. N. Howard & S. Jones (Eds.), *Society Online: the Internet in Context* (pp. 57-70). London: Sage.

Shields, M. K., & Behrman, R. E. (2000). Children and computer technology: Analysis and recommendations. *The Future of Children and Computer Technology, 10*(2), 4-30.

Sholle, D. (1994). The theory of critical media pedagogy. *Journal of Communication Inquiry, 18*(2), 8-29.

Shor, I. (1999). What is critical literacy? Retrieved February 15, 2006, from http://www.lesley.edu/journals/jppp/4/shor.html

Silverstone, R. (1999). *Why study the media?* London: Sage.

Silverstone, R., and Haddon, L. (1998, March). *New dimensions of social exclusion in a telematic society* (ACTS FAIR Working Paper, No. 45). University of Sussex.

Silverstone, R., & Haddon, L. (1996). Design and the domestication of information and communication technologies: technical change and everyday life. In R. Mansell & R. Silverstone (Eds.), *Communication by design, the politics of information and communication technologies* (pp. 44-74). Oxford University Press.

Silverstone, R., Hirsch, E., & Morley D. (1994). Information and communication technologies and the moral economy of the household. In R. Silverstone & E. Hirsch (Eds.), *Consuming technologies* (pp. 15-31). London: Routledge.

Silverstone, R., Hirsch, E., & Morley, D. (1992). Information and communication technologies and the moral economy of the household. In R. Silverstone & E. Hirsch (Eds.), *Consuming technologies, media and information in domestic spaces* (pp. 15-31). London: Routledge.

Silverstone, R., & Mansell, R. (1996). The politics of information and communication technologies. In R. Mansell & R. Silverstone (Eds.), *Communication by design, the politics of information and communication technologies* (pp. 213-227). Oxford University Press.

Simpson, N. (2000). *Studing innovation in education: the case of the Connect Ed project*. Retrieved September 20, 2004, from http://www.aare.edu.au/00pap/sim00027.htm

Smith, E. (2003). Ethos, habitus and situation for learning: An ecology. *British Journal of Sociology of Education, 24*(4), 463-470.

Smith, R., & Curtin, P. (1998). Children, computers and life online: Education in a cyber-world. In I. Snyder (Ed.), *Page to screen: Taking literacy into the electronic era* (pp 211-233). London: Routledge.

Skeggs, B. (2001). Feminist ethnography. In P. Atkinson, A. Coffey, S. Delmont, J. Lofland & L. Lofland, (Eds.), *Handbook of ethnography* (pp. 426-442). London: Sage Publications.

Skelton, C. (2001). *Schooling the boys: Masculinities and primary education*. Buckingham: Open University Press.

Sørensen, B. H., & Olesen, B. R. (Eds.) (2004). Investigating children's use of ICT–A challenge for adults. *Revista de Informatic Social, 2,* 16-26.

Squire, K. (2002). Cultural framing of computer/video games. *Game studies: The International Journal of computer Game Research, 1*(2). Retrieved September 4, 2004, from http://www.gamestudies.org/0102/squire/

Steinkuehler, C. A. (2006). Massively multiplayer online video game as participation in a discourse. *Mind, Culture and Activity, 13*(1), 38-52.

Steinkuehler, C., & Williams, D. (2006). Where everybody knows your (screen) name: Online games as "third places". *Journal of Computer-Mediated Communication, 11*(4), article 1. Retrieved July 3, 2008, from http://jcmc.indiana.edu/vol11/issue4/steinkuehler.html

Sterne, J. (2003). Bourdieu, technique and technology. *Cultural Studies, 17* (3/4), 367-389.

Sterne, J. (2000). The computer race goes to class: how computers in schools helped shape the racial topography of the Internet, In Bath, E. Kolko, Nakamura, L., & Gilbert, B. Rodman (Eds.), *Race in cyberspace* (pp. 191-212). New York: Routledge.

Stewart, J. (2003). Boys and girls stay in to play: Creating inclusive and exclusive computer entertainment for children. Retrieved November 23, 2004, form http://rcss.ed.ac.uk/sigis/public/documents/SIGIS_D04_2.09_UEDIN3.pdf

Straubhaar, T. (2000). Digital divide in ease Austin. Retrieved February 24, 2003, form ftp://uts.cc.utextas.edu/Coc/rtf/digitaldivide/UTDigitalDivide.html

Street, B. V. (2003). What's 'new' in new literacy studies? Critical approach to literacy in theory and practice. *Current Issues in Comparative Education, 5*(2), 77-91.

Street, B. V. (1995). *Social literacies: Critical approaches to literacy in development, ethnography and education*. New York: Longman.

Subrahmanyam, K., Kraut, R. E., Greenfield, P. M., & Gross, E. F.(2000). The impact of home computer use on children's activities and development. *The future of Children, 10*(2): 123-144.

Subrahmanyam, K., & Lin, G. (2007). Adolescents on the net: Internet use and well-being. *Adolescence, 42*, 659-677.

Suess, D., Suoninen, A., Garitaonandia, C., Juaristi, P., Koikkalanine, R., & Oleaga, J. A. (1998). Media use and the relationships of children and teenagers with their peer groups. *European Journal of Communication, 13*(4), 521-538.

Suoninen, A. (2001). The role of media in peer group relations. In S. Livingstone (Ed.), *Children and their changing media environment: A European comparative study* (pp. 201-220). New Jersey: Lawrence Erlbaum Associates.

Sutton, R. (1991). Equity and computers in the schools: A decade of research. *Review of Educational Research, 61*(4), 475-503.

Swain, J. (2004). The resources and strategies that 10-11-year-old boys use to construct masculinities in the school setting. *British Educational Research Journal, 30*(1), 167-185

Swartz, P. (1997). *Culture and power: the sociology of Pierre Bourdieu.* Chicago, IL: The University of Chicago Press .

Taku, S. (1999). Three critical 'gaps': Successes and failures of computer literacy in Japanese education. Retrieved August 20, 2005, from http://www.nime.ac.jp/conf99/pre/ Sugimoto.paper/Sugimoto.html

Tapscott, D. (1998). *Growing up digital-the rise of the net generation.* New York: McGraw-Hill.

Taylor, L. (2003). When seams fall apart: Video game space and the player. *Game Studies, 3*(2). Retrieved July 22, 2006, from http://www.gamestudies.org/0302/taylor/

Tierney, R. J., Bond, E., & Bresler, J. (2006). Examining literate lives as students engage with multiple literacies. *Theory Into Practice, 45* (4), 359-367.

Thiessen, V., & Looker, E. D. (2007). Digital divides and capital conversion: The optimal use of information and communication technology for youth reading achievement. *Information, Communication & Society, 10*(2), 159-180.

Thomas, J. (1993). *Doing Critical Ethnography*. Sage: Newbury Park.

Thorne, B. (2007). Crafting the interdisciplinary field of childhood studies. *Childhood*, *14*(2), 147-152.

Trayhurn, D. (2001). Brickies or bricoleurs? gender in computing and design courses. In S. Lax (Ed.), *Access denied in the information age* (pp. 93-106). London: Palgrave

Turkle, S. (1988). Computational reticence: Why women fear the intimate machine. In C. Kramarae (Ed.), *Technology and women's voices*, New York: Routledge.

Turkle, S. (1984). *The second self: Computers and the human spirit.* New York: Simon & Schuster.

Tyner, K. (1998). *Literacy in a digital world.* Mahwah, NJ: Lawrence Erlbaum.

Valadez, J. R., & Duran, R. (2007). Redefining the digital divide: Beyond access to computers and the Internet. *The High School Journal*, 31-44.

Valentine, G. (1997). 'My son's a bit dizzy.' 'My wife's a bit soft': gender, children, and cultures of parenting. *Gender, Place and Culture, 4*(1), 37-62.

Valentine, G., Holloway, S.L., & Bingham, N. (2000). Transforming cyberspace: children's interventions in the new public sphere. In S. L. Holloway, G. Valentine (Eds.), *Children's geographies: living, playing, learning.* London: Routledge.

Valkenburg, P. M., Schouten, A. P., & Peter, J. (2005). Adolescents' identity experiments on the internet. *New Media & Society, 17*(3), 383-402.

van Dijk, Jan A.G. M. (2006). Digital divide research, achievements and shortcomings. *Poetics, 34*(4-5), 221- 235.

van Dijk, Jan A.G. M. (2005). From digital divide to social opportunities. Retrieved June 2, 2008, from http://www.gw.utwente.nl/vandijk/news/international_conference_for_b/051214_from_digital_divide_to.doc/

van Dijk, J., & Hacker, K. (2003). The digital divide as a complex and dynamic phenomenon. *Information Society, 19*(4), 315–326.

Van Rumpaey, V., Roe, K., & Struys, K.(2002). Children's influence on internet access at home: Adoption and use in the family context. *Information, Communication & Society, 5*(2), 189-206.

Van Schie, E. G. M., & Wiegman, O. (1997). Children and videogames: Leisure activities, aggression, social integration, and school performance. *Journal of Applied Social Psychology, 27*, 1175-1194.

van Zoonen, L. (2002). Gendering the internet: claims, controversies and cultures. *European Journal of Communication, 17*(1), 5-23.

Volman, M. (1997). Gender-related effects of information and computer literacy education. *Journal of Curriculum Studies, 29*(3), 315-328.

Volman , M., & van Eck, E. (2001). Gender equity and information technology in education: the second decade. *Review of Educational Research, 71* (4), 613-634.

Volman, M., Eck, E. v., Heemskerk, I., & Kuiper, E. (2005). New technologies, new differences: Gender and ethic differences in pupils' use of ICT in primary and secondary education. *Computers and Education, 45*, 35-55.

Wacquant, L. J. D. (1992). Toward a social praxeology: the structure and logic of Bourdieu's sociology. In P. Bourdieu & L. J. D. Wacquant (Eds.), *An invitation to reflexive sociology* (pp. 1-59). Chicago: Chicago University Press.

Wainwright, D. (1997). Can sociological research be qualitative, critical and valid? *The Qualitative Report, 3*(2), Retrieved July 11, 2006, from http://www.nova.edu/ssss/QR/QR3-2/wain.html

Walden, E. (2006). Subjects after new media. *Quarterly Review of Film and Video, 23*(1), 45-53.

Walkerdine, V. (1999). Violent boys and precocious girls: Regulating childhood at the end of the millennium. *Contemporary Issues in Early Childhood, 1*(1), 3-23.

Warschauer, M. (2002). Reconceptualizing the digital divide. *First Monday, 7*(7).

Warschauer, M. (2000) The changing global economy and the future of English teaching. *TESOL Quarterly, 34*(3), 511-35.

Wartella, E. A., & Jennings, N. (2000). Children and computers: New technology. Old concerns. *The future of Children, 10*(2), 31-43.

Webb, J., Schirato, T., & Danaher, G. (2002). *Understanding Bourdieu*. London: Sage.

Webster, F. (2001). The postmodern university? The loss of purpose in British universities. In S. Lax (Ed.), *Access denied in the information age* (pp. 69-92). London: Palgrave.

Weiner E. J. (2003). Beyond doing cultural studies: Toward a cultural studies of critical pedagogy. *The Review of Education/Pedagogy/ Cultural Studies, 25*(1), 55-73.

Wenger, E. (1998). *Communities of practice: learning, meaning, and identity*. Cambridge University Press.

Wheelock, J. (1994). Personal computers, gender and an institutional model of the household. In R. Silverstone & E. Hirsch (Eds.), *Consuming technologies, Media and information in domestic spaces* (pp. 97-112). London: Routledge.

Willett, R. (2007). Technology, pedagogy and digital production: A case study of children learning new media skills. *Learning, Media and Technology, 32*(2), 167-181.

Williams, K. (2003). Literacy and computer literacy: Analyzing the NRC's being fluent with information technology. *Journal of Literacy and Technology, 3*(1), 1-20.

Willis S., & Tranter B. (2006). Beyond the digital divide Internet diffusion and inequality in Australia. *Journal of Sociology, 42*(1), 43-59.

Winseck, D. (2002). Illusions of perfect information and fantasies of control in the information society. *New Media & Society, 14*(1), 93-122.

Wolf, A. (1998). Exposing the great equalizer: Demythologying internet equity. In B. Ebo (Ed.), *Cyberghetto or cybertopia? race, class, and gender on the internet,* (pp. 15-32). London: Praeger.

Woolgar, S. (2002). Five rules of virtuality. In S. Woolgar (Ed.), *Virtual society? Technology, cyberbole, reality*. (pp. 1-22). Oxford: Oxford University Press.

Worthington, V. L., & Zhao, V. (1999). Existential computer anxiety and changes in computer technology: what past research on computer anxiety has missed. Retrieved December 8, 2002, from http://www.msu.edu/~worthi14/anxiety.html

Wright, K. (2000). In their own voices: 'Girls on Track'. Retrieved November 25, 2004, from http://www.womengamers.com/articles/girltrack.html

Wynn, E., & Kate, J. E. (1997) Hyperbole over cyberspace: self-presentation and social boundaries in internet homepages and discourse. *The Information Society, An International Journal, 13*(4), 297-328.

Yates, S. J., & Littleton, K. (2001). Understanding computer game cultures: A situated approach. In E. Green & A. Adam (Eds.), *Virtual Gender: Technology, consumption and identity* (pp. 103-123). London: Routledge.

Žižek, S. (1999). Is it possible to traverse the fantasy in cyberspace? In E. Wright & E. Wright (Eds.), *The Zizek reader* (pp.102-24). Oxford: Blackwell Publishers.

Žižek, S. (1998). The interpassive subject. Retrieved April 10, 2007, from http://www.egs.edu/faculty/zizek/zizek-the-interpassive-subject.html

Žižek, S. (1997). *The plague of fantasies*. London; New York: Verso.

Žižek, S. (1989). *The sublime object of ideology*. London; New York: Verso.

Zurawski, N. (1996). Ethnicity and the Internet in a global society. Retrieved June 5, 2005, from http://www.uni-muenster.de/PeaCon/zurawski/inet96.html

國家圖書館出版品預行編目

兒童與網路 ：從批判角度探討偏遠地區兒童網路使用 / 林宇玲著. --一版. -- 臺北市 ：秀威資訊科技, 2008.09
面 ； 公分. --(社會科學類 ; AF0091)
BOD 版
參考書目 ：面
ISBN 978-986-221-073-4 (平裝)

1.網路使用行為 2.兒童 3.偏遠地區教育

312.014 97017018

社會科學類 AF0091

兒童與網路

——從批判角度探討偏遠地區兒童網路使用

作　　者 / 林宇玲
發 行 人 / 宋政坤
執行編輯 / 黃姣潔
圖文排版 / 黃莉珊
封面設計 / 莊芯媚
數位轉譯 / 徐真玉　沈裕閔
圖書銷售 / 林怡君
法律顧問 / 毛國樑　律師
出版印製 / 秀威資訊科技股份有限公司
台北市內湖區瑞光路 583 巷 25 號 1 樓
電話：02-2657-9211　傳真：02-2657-9106
E-mail：service@showwe.com.tw
經 銷 商 / 紅螞蟻圖書有限公司
台北市內湖區舊宗路二段 121 巷 28、32 號 4 樓
電話：02-2795-3656　傳真：02-2795-4100
http://www.e-redant.com

2008 年 9 月 BOD 一版
定價：470 元

讀　者　回　函　卡

感謝您購買本書，為提升服務品質，煩請填寫以下問卷，收到您的寶貴意見後，我們會仔細收藏記錄並回贈紀念品，謝謝！

1.您購買的書名：________________________

2.您從何得知本書的消息？

☐網路書店　☐部落格　☐資料庫搜尋　☐書訊　☐電子報　☐書店

☐平面媒體　☐ 朋友推薦　☐網站推薦 ☐其他__________

3.您對本書的評價：(請填代號　1.非常滿意 2.滿意 3.尚可 4.再改進)

封面設計____　版面編排____　內容____　文/譯筆____　價格____

4.讀完書後您覺得：

☐很有收獲　☐有收獲　☐收獲不多　☐沒收獲

5.您會推薦本書給朋友嗎？

☐會　☐不會，為什麼？________________________________

6.其他寶貴的意見：____________________________________

____

____

____

讀者基本資料

姓名：________________　年齡：_____　性別：☐女 ☐男

聯絡電話：______________　E-mail：________________

地址：____

學歷：☐高中(含)以下　☐高中　☐專科學校　☐大學

☐研究所(含)以上 ☐其他______________

職業：☐製造業 ☐金融業 ☐資訊業 ☐軍警 ☐傳播業 ☐自由業

☐服務業 ☐公務員 ☐教職　☐學生 ☐其他__________

請貼
郵票

To：114

台北市內湖區瑞光路583巷25號1樓

秀威資訊科技股份有限公司　　收

寄件人姓名：

寄件人地址：□□□

(請沿線對摺寄回,謝謝!)

秀威與 BOD

BOD（Books On Demand）是數位出版的大趨勢，秀威資訊率先運用 POD 數位印刷設備來生產書籍，並提供作者全程數位出版服務，致使書籍產銷零庫存，知識傳承不絕版，目前已開闢以下書系：

一、BOD 學術著作—專業論述的閱讀延伸
二、BOD 個人著作—分享生命的心路歷程
三、BOD 旅遊著作—個人深度旅遊文學創作
四、BOD 大陸學者—大陸專業學者學術出版
五、POD 獨家經銷—數位產製的代發行書籍

BOD 秀威網路書店：www.showwe.com.tw
政府出版品網路書店：www.*gov*books.com.tw

永不絕版的故事・自己寫・永不休止的音符・自己唱